KB077914

파이

뇌로부터 영혼까지의 여행

PHI
a voyage
from the brain
to the soul

파이
뇌로부터 영혼까지의 여행

줄리오 토노니 지음 | 려원기 옮김

쌤앤파커스

CONTENTS

Φ Part II 이론 _ 사고 실험

Φ　Part III　적용 _ 의식이라는 우주

Φ 에필로그

Φ 덧붙여서

매일 밤, 꿈을 꾸지 않는 잠에 빠져들 때면 의식은 사라진다. 저마다 가진 고유한 세상이─사람과 사물, 색깔과 소리, 쾌락과 고통, 생각과 느낌, 심지어 우리 자신마저─녹아 없어져 버린다. 우리가 깨어나거나 꿈을 꾸기 전까지.

　의식이란 무엇일까? 그리고 무엇을 의미할까? 우리를 둘러싼 세상과는 어떻게 연관을 맺고 있을까? 의식은 무엇으로 만들어져 있으며, 어떻게 뇌 속에서 생겨나는 것일까? 과학이 어떤 실마리를 제공해줄 수 있을까? 어쩌면, 의식은 과학이라는 이름의 장막 뒤에서만 머무를 수는 없을지도 모른다. 의식이란 과학적으로 접근할 수 있는 객관적인 대상 이상의 것이기 때문이다. 의식은 주관적인 것이기도 하다.

앞으로 펼쳐질 내용은 의식이 무엇인지 탐구하기 위해 여정에 오르는 늙은 과학자, 갈릴레오의 이야기이다. 그는 자연으로부터 관찰자의 입장을 배제하여 과학이 객관화될 수 있는 길을 열었다. 어쩌면 이러한 이유로 관찰자를 다시 자연 속으로 돌려보내려는, 주관성을 과학의 일부로 만들려는 작업에 참여하게 된 것인지도 모른다. 혹은, 이 책에서 즐겨 사용될, 사고실험의 달인이었다는 이유가 작용했을 수도 있겠다.

여정 동안 갈릴레오는 동시대를 살았던 사람들과 다른 시대 사람들을 만나 여러 가르침을 얻고 많은 생각들을 하게 되며, 때로는 깨어 있는지 꿈꾸는 중인지 혼란스러워 하기도 한다. 하지만 각 장*마다 앞서 나왔던 내용을 토대로 한 일종의 설명이 이어질 것이고, 갈릴레오의 깨달음도 늘어갈 것이다.

갈릴레오는 이 책의 첫 부분에서 어째서 뇌의 특정 부위는 중요한 반면 다른 부위는 그렇지 않은지, 혹은 어째서 잠자는 동안에는 의식이 사라지는지와 같은 의식과 뇌에 관한 진실들을 배우게 된다. 이어지는 두 번째 부분에서는 앞에서 배운 이러한 진실들이 의식에 관한 과학적 가설―이 책의 제목이자 통합된 정보를 나타내는 기호인 Φ(파이)를 의식과 관련짓는 가설―을 통해 합쳐지고, 이해될 수 있음을 알게 된다.

마지막 세 번째 부분에서 갈릴레오는 가설에 함축된 바를 어느 정도 깨닫고, 이것이 우리 모두와 관련되어 있음을 보게 된다. 의식은 우리가 가진 전부이며, 우리 존재의 모든 것이기 때문이다. 경험들 하나하나는 통합된 정보로 이루어진 독특한 형상—최대 크기이자 환원될 수 없는 형상—다시 말해 깨달음의 형상임을 갈릴레오는 자각하게 된다. 그리고 이것이야말로 정말로 실재하는 유일한 형상—존재하는 가장 진실한 것—이다. 독자들은 이 늙은 과학자의 숙고가 과연 이치에 맞는지 판단해볼 수 있을 것이다.

각 장의 마지막에는 주[#]를 달아, 인용한 내용과 사용된 작품들의 출처를 명시하고자 노력하였다(몇몇 작품과 인용구에는 수정이 있었다). 이 책에 등장하는 가설과 유사한 과학적 해석에 관심이 있는 사람들은 〈통합된 정보로서의 의식Consciousness as Integrated Information〉(《생물학 보고Biological Bulletin》, 2008)과 그 참고문헌을 찾아보기 바란다.

프롤로그

Prologue

갈릴레오의 꿈

꿈의 여정 가운데쯤에서,
어둠 속을 표류하는 자신을 발견했다.
위치도, 영문도 모른 채.

보이는 것은 온통 암흑이었다. 그의 영혼은 빠르게 솟구치고 있었다. 어쩌면 추락하고 있는지도 몰랐다. 갈릴레오는 어느 쪽이 위인지 알 길이 없었다. 그의 영혼은 고개를 돌려 별들을 바라보았다. 저 멀리 단단히 고정된 은하들과 무심한 텅 빈 공간을 공전하고 있는 행성들이 보였다. 지구 역시 움직이고 있었지만 태양은 보이지 않았다.

이윽고 동틀 녘이 찾아왔다. 지구는 희미한 반달마냥 스스로를 색칠하여 한쪽은 일출을, 다른 한쪽은 일몰을 마주하고 있었다. 점점 더 날이 밝아져 왔다. 부드러운 아침 햇살이 높디높은 산들의 이랑을 쓸었고, 그림자가 물러나며 계곡 위에 드리우는 것을 볼 수 있었다. 곧 키 큰 나무 꼭대기들은 볕을 응시하였고, 수풀 사이로 그가 젊은 시절 머물렀던 수도원이 나타났다. 땅 위로 갈릴레오만의 작은 잔디밭이, 손님을 맞을 채비를 하러 나왔다.

공중에서 맴돌던 그는 지난 날 자신이 쓰던 방 안으로 미끄러져 들어갔다. 침대 위를 떠돌던 영혼은 그 자신을 보았다. 눈은 감겼고 입은 반쯤 열려 있었다. 늙은이의 얼굴이었다. 하지만 영혼은 가벼워 육신의 골격으로부터 느슨해져 있었다.

그의 육-신(b-o-d-y)! 그는 육신이란 철자를 읽어낼 수 있었다.

(무대 오른쪽으로) 들어와서는, 가득한 모습으로 떠 있더니
—그리도 급히—떠나버리네
테두리를 검게 눈화장한 작은 달과 꼭 닮아
o는 b에서 d까지의 궤적을 그려본다지
—대답이 없는, y가 무대의 문을 두드릴 때.

그는 자신의 가슴에 귀를 대고 심장소리를 들었다. 어떻게 맥박은 평생 동안 끊임없이 뛸 수 있었을까? 어떤 기계도 실수 없이 그렇게 긴 시간 동안 작동하지 못했을 것이다. 박동하는 기계가 고장 나려는 순간이 와도 애원하지는 않으리라고 다짐했다. 그런데 그때는 언제

쯤일까.

들숨과 날숨소리를 들었다. 풀무 같은 흉곽이 쌕쌕거리며 들어갔다 나왔다 하는 광경을 한동안 지켜보았고, 얼마만큼의 숨이 남아 있을지 궁금해졌다. 머지않아 그 흐름이 사그라들지라도 애원하지 않겠노라고 다짐했다. 모든 풍선은 새어나가기 마련이니.

몸속으로 숨결을 불어 넣으려 애쓰고 있던 그때, 갑작스레 갈릴레오는 공기에 휩쓸렸다. 그리고는 두개골의 어두운 동굴 속 좁은 콧구멍을 통해 자신의 영혼이 빨려 들어가고 있음을 느꼈다.

안에서는 새로운 하늘이 보였다. 두개골의 검은 하늘, 그곳에 별은 뜨지 않았다. 하지만 갈릴레오의 영혼은 다시 한 번 고개를 돌려 또 다른 지구를 보았다. 광활한 대지 위를 떠돌며 산들을 보았고 골짜기 위를 날아올랐다. 또 다른 여명이 밝아왔다. 산등성이와 계곡들은 숲으로 줄지어 있었다. 그곳은 마치 젊은 시절의 수목들로 이루어진, 자연이 지닌 성질과 영혼이 지니지 못한 성질에 관해 공부했던 그때의 그늘진 계곡인 것만 같았다. 젊음의 내음이 공기 중에 떠돌았고, 둥그런 산들 역시 숨을 쉬며 그의 심장박동에 맞추어 천천히 부드럽게 뛰고 있었다. 그러고 나서야 자신의 영혼 아래로 펼쳐진 것이 무엇인지 깨달았다. 그것은 뇌였다. 마치 내부에서 태양을 붙잡아 둔 것 마냥 빛이 비치는 뇌였다.

그는 내려와 뇌 속으로 뛰어 들었다. 나무들 사이로, 숲 지붕 아래 뇌 속 깊숙한 곳에서 자신의 수도원이, 세포들이 길게 늘어선 광경이 다시 보였다. 다시 한 번 방이 보였다. 아직 소년이었을 무렵의 방이었다. 침대에는 자신이 누워 있었다. 침대 맡의 류트에서는 음악이 연주되기 시작했다. 그는 그 음색과 곡조를 잘 알고 있었다. 뇌는 하늘보다도 넓었다.

하지만 곧 생각에 잠겼다. 저 소년의 머릿속에도 뇌가 있겠지. 또 다른 우주, 젊은 시절의 파룻파룻 팽창하는 우주를 품은 뇌 말이다. 그 우주 안에는 또 다른 소년들과 또 다른 뇌 그리고 그들의 류트와 떠오르는 태양이 있을 것이다. 하늘은 수백만의 뇌를 품고 있을 터이며, 살아있는 모든 뇌는 불타는 별과 닮아 있으리라.

그러나 세상의 삼라만상에 비하면 한 사람 한 사람의 뇌는 그저 미

미한 존재에 불과했다. 뼈로 만들어진 컵 속에 쏙 들어가는 흔들리는 젤리, 모자로 덮을 수 있는 조그마한 덩어리, 고작 한 잔의 와인 정도로도 흠뻑 적셔지는 조잡한 스펀지, 한 번 움켜쥐는 것만으로도 으스러뜨리기에 충분한 것. 그런 뇌가 어떻게 하늘을 품을 수 있을까?

한때는 뇌가 세상에 색깔을 칠하고 소리를 입혀 숨결을 불어넣으며 맛과 냄새를 스며들게 만든다고 생각했었다. 하지만 지금은 그 이상의 일을 할 것만 같은 느낌이 들었다. 꿈을 꾸게 하고 만물을―류트나 방, 산과 행성, 별들을―있는 그대로 만들어 내는 일, 뇌는 그런 일을 하고 있으리라.

나의 두뇌야말로 골풀 꽃망울에서부터 솔방울 껍데기, 향나무 열매들에 이르기까지 실재하는 모든 것들을 태어나게 하지 않는가. 그는 생각했다. 말벌이나 해초, 크고 작은 모든 사물, 가까이 보이는 초원과 멀리 있는 산봉우리는 이로 인해 태어나는 것이다. 뇌는 점화된 채 빛을 반짝인다. 뇌에는 아무런 이름도 붙어있지 않다. '나'라는 이름 이외에는.

그는 생각했다. 무언가 존재한다는 것은 그 무언가가 느껴진다는 뜻이 아닐까. 현실은 순전히 경험으로만 이루어져 있다. 뇌는 영혼을 낳을 수 있기에 하늘을 품을 수 있고, 영혼이 태어날 때 하나의 우주도 생겨난다.

하지만 곧 아무런 소득도 없었다는 사실을 깨달았다. 뇌는 어떻게 영혼을 만들어내는 것일까? 어머니가 아이를 출산하는 일이 놀랄 만한 것임에는 틀림이 없다. 그러나 아이의 뇌야말로, 깨어 있을 때나 꿈을 꾸는 내내 의식을 일으킬 수 있는 영혼의 진짜 아버지가 아닌가. 육신은 육신을 낳고, 대지의 품은 새로운 씨앗을 싹틔운다. 이는 분명 경이로운 일이지만 기적이라 부르기엔 부족하다. 단순히 물질에 지나지 않는 것에서부터 어떻게 마음이 생겨날 수 있을까? 이것이야말로 불가사의이자, 무원죄잉태설immaculate conception(성모 마리아가 잉태를 한 순간 원죄가 사해졌다는 기독교의 믿음_역주)보다 기묘하며, 믿겨지지 않는 불가능함이리라. 어쩌면 뇌에는 의식이 수태됨을 축복하는 어떤 특별한 부위, 내부의 성스러운 장소가 있을지도 모른다. 어쩌면 성찬의 빵이 예수님의 몸으로 변하는 것이 아니라, 뇌가 영혼으로 변하는 전환점이 존재할지도 모른다. 어쩌면 말이다.

하지만 갈릴레오의 생각은 순풍을 잃고 도중에서 오도가도 못 하고 있었다. 그의 뇌는 이제 노쇠하여, 머리칼마냥 빛이 바래 있었기 때문이다. 만약 뇌가 정지한다면 그의 세계에는 어떤 일들이 드리워질까? 머릿속의 빛이 꺼진다면 그의 친구들, 집과 나라는 어둠속에 파묻혀 버리는 것일까? 기억은 영원히 사라지게 될까? 기억 속의 모든 이들 그리고 모든 것들이 없어질까? 만약 이 모든 것이 뇌 속 어딘가에서 태어나고 묻혔다면, 그렇다면 뇌가 죽을 그 때에 우주 역시 소멸해버릴 것이다.

갈릴레오의 영혼은 가라앉았다. 하지만 저 멀리서 합창소리가 들려왔고, 꿈결 속에서 그에게 얘기하는 것처럼 보였다.

뇌는 뭉툭하고 가운데는 얄팍하며 그림자들은 그곳에서만 합쳐지지요. 하지만 영혼은, 영혼은 단지 깃들어 있을 곳 이상을 원해요. 영혼은 절대로 한 점 위에 머무르지 않는 답니다.

갈릴레오는 다시 산들바람에 몸을 맡겼다. 그 합창소리가 옳았을 테다. 아마도 영혼이라 함은 그저 뇌의 어두운 궁전을 찾아오는 손님, 며칠 밤만을 거기에서 묵는 손님이자 정착을 바라지 않는 방랑자, 아무런 속박 없이 배회하는 집시와 같은 것이리라. 자유의지를 가진 자유로운 영혼은 물리의 법칙에 좌우되는 것이 아닐 터.

그때 어떤 목소리가 들려왔다.

"구속되지 않은 것만이 자유롭다오. 뇌 안에 이리저리 얽혀 있는 사슬과 자물쇠들 사이에서 잃어버린 자유의 열쇠를 찾고자 하는 것이오? 두개골 속에서 썩어가는 불결한 구정물에서 허깨비 같은 영혼을 맑게 증류해낼 수 있으리라 소망하오?"

목소리는 거대한 저울에 매달린 나무 의자로부터 들려왔다. 온도계와 추를 든 채 의자에 앉아 있는 사내는 누구였을까? 그는 갈릴레오에게 모습을 드러내었다. 저울에 일평생을 바친 의사, 만물에는 무게가 있으며 있어야 한다고 생각한 이, 산토리우스^{Sanctorius}였다. 산토리우스는 갈릴레오의 도구를 빌려 하늘과 천체가 아닌 사람의 신체와 그 속의 모든 체액을 측정하였다. 산토리우스는 한 사람에게 들어오는 모든 것과 나가는 모든 것의 무게를 달아 둘 사이에 차이가 있음을 발견한 바 있었다. 설명할 수 없던 몸의 따뜻한 증기가 조용히, 부지불식간에 피부의 구멍에서 빠져나가 몸을 건조하게 말렸던 것이다. 어쩌면 산토리우스가 발견한 것이 영혼일지도 모른다고 갈릴레오는 생각했다.

　하지만 매달린 의자에 앉아 산토리우스는 크게 웃었다.

　"진실로 영혼이 무엇인지 알고 싶소? 측정을 통해서만 알 수 있다오. 나는 평생을 저울질해 왔소. 이를 통해 내가 알게 된 것을 말해주겠소."

　산토리우스는 다시 한 번 웃었다.

　"남녀 셋의 몸무게를 죽기 직전과 막 임종한 후 재어보았다오. 허나 체중은 줄지 않았지, 눈곱만큼도 말이오. 몸에서 떠난 것은 아무것도 없다오. 증기의 유령조차도. 이 세상에 영혼을 위한 자리는 없다오. 영혼이란 없소. 갈릴레오, 오직 몸만이 있을 뿐이오. 그리고 몸이란 오래되고 때 묻은 기계라오."

　난데없이 합창소리가 다시 울려 퍼졌다.

"영혼은 가볍고, 찾기는 힘들어요. 아무것도 아닌 것 마냥 뇌 속에 숨어있네요. 오, 영혼은, 영혼은 신의 무게임이 틀림없어서 무게가 전혀 없다지요."

Φ

갈릴레오의 저작 가운데, 혼란스러운 이 꿈에 관한 보고는 어디에도 없다. 작가가 만들어 낸 이야기일 가능성이 크다. 인용구들이 이를 입증한다. 인용구들은 제임스 메릴James Merrill의 〈ｂｏｄｙ〉, 에밀리 디킨슨Emily Dickinson의 〈뇌The Brain〉에서 참조하고 난폭하게 수정된 여러 문구들, 그리고 가브리엘레 단눈치오Gabriele D'Annunzio의 〈낮잠Meriggio〉에서 참조한 문구이다(제임스 메릴은 ｂｏｄｙ라는 철자를 이용하여 중의적인 시를 썼다. ｂ와 ｄ는 각각 birth와 death를 나타낼 수도, 달의 형태가 ｂ로부터 ｏ를 거쳐 ｄ의 모양으로 변하는 것을 의미할 수도 있다. ｙ는 why와 발음이 같다_역주). 여하튼, 대부분의 꿈들과 마찬가지로, 이 꿈도 과거와 현재가 뒤섞여 있고, 친숙하면서도 괴기스럽다. 장면이 갑자기 바뀌고, 사고는 느슨한 연상으로 진행되며, 인물과 목소리(산토리우스와 합창소리)는 갑작스럽게 등장하는 것처럼 보인다. 날거나 부유하는 듯한 느낌은 꿈을 꿀 때 흔한 것이긴 하지만, 때때로 갈릴레오의 보고는 임사체험臨死體驗처럼 보인다. 유체 이탈이나 완전한 암흑의 영역으로 들어가는 느낌이 이를 말해준다. 어쩌면 단시간 동안의 심장 마비가 있었을 지도 모르겠다. 하늘을 나는 꿈이나 유체 이탈의 경험 모두 관자놀이 아래 뇌 영역의 혈류 부족에 기인한다.

갈릴레오의 꿈속에 깔려 있는 주된 물음은 분명하다. 의식(꿈꾸는 동안에는 세세한 구분을 할 수가 없기에 그저 영혼이라 애매하게 표현한다)이 뇌라는 물질에서 나올 수 있는 것인가, 그렇다면 어떻게 그럴 수 있는가? 명백히도, 갈릴레오에게는 아무런 단서가 없다.

《시금자試金者, The Assayer》속의 유명한 구절에서 갈릴레오는 다음과 같이 썼다. "감각 및 감각과 연관되는 것들에 대해서 이해해보고자 하나 거의 아는 것이 없다. (…) 따라서 그 문제는 거론하지 않고 남겨두겠다." 주관적인 속성에 대해서는 자신의 무지함을 잘 알고 있었기에, 갈릴레오는 현명하게도 신체의 객관적인 속성에 대해 연구하기를 택했다. 자연을 연구함에 있어서 주관성을 제거하고, 이를 산술과 측량으로 바꾸어 놓은 인물로 갈릴레오가 꼽히는 것도 이런 이유 때문이다. 하지만 꿈속의 그는 두 가지 마음이 있는 것으로 보인다. 의식은 뇌에 의해서 생겨나는가(그렇다면 어떻게 뇌가 그리할 수 있는가) 혹은 육신과 별개인 영혼으로서 존재하는가? 《시금자》에서 갈릴레오는 신체의 객관적인 속성과 주관적인 속성 간의 구분을 지었다. "만일 귀, 혀, 코가 없어진다면, 형태나 양, 움직임에 관한 판단능력은 남아 있을 것이다. 하지만 냄새나 맛, 소리는 더 이상 없을 것이다." 하지만 꿈에서 갈릴레오는 후대의 버클리Berkeley나 칸트Kant와 마찬가지로 소위 말하는 객관적인 속성 역시—진실로, 전 우주가—의식이 만들어낸 산물이 아닌지 의문을 품기 시작한다. 놀랍지 않게도, 이 문제에 대해서도 그는 두 가지 마음이 있는 듯 보인다.

산토리우스는 파도바^{Padua}에서 의학 이론을 가르쳤고 그곳에서 갈릴레오를 만났다. 그는 맥박을 재기 위해 추를 개량했고, 임상 온도계를 발명했다. 오랜 기간 무게를 측정한 결과, 피부나 점막에서 수분이 증발하는 현상인 불감증산^{perspiratio insensibilis}을 발견했다. 1900년대 초 미국인 위사 던컨 맥두걸^{Duncan MacDougall}은 산토리우스와 같이, 죽어가는 환자 여섯의 몸무게를 임종 직전과 직후 측정했다. 이를 통해 영혼의 존재를 과학적으로 증명했다고 주장했고 영혼은 측정 가능하다고 말했다. 하지만 죽어가는 개들에게 동일하게 실험했을 때는 체중에 변함이 없었다.

PART
I

증거
자연의 실험

Evidence
·
Experiments of Nature

서론

발상의 전환

"지식과 지혜는 병상에서부터 시작되지요."

산토리우스의 말이었다. 육신의 골격에 난 자그마한 금 하나에 영
혼의 뼈대가 흔들려, 진혼나팔인 양 울리리라.

한 남자가 갈릴레오의 침대 맡에 앉아 있었다. 밤색 상의를 걸친
키 큰 사내였다. 그가 말할 때마다 긴 눈썹이 곧게 뻗쳤다. 이윽고 스

스로를 소개하고는—그의 이름은 프릭이었다—무슨 일이 있었는지 갈릴레오에게 털어놓기 시작했다. 그는 온갖 종류의 책을 읽었고 다양한 연령대의 사람을 만나곤 했으며, 세상에는 그가 연구하고픈 이 세상과 인간 그리고 영혼에 대한 주제가 잔뜩 있었다. 그런 식으로 성경보다 더 풍부하고 더 경악스러운 새로운 발견들로 가득 찬 이야기를 배우곤 했다. 이 이야기는 성경처럼 우리를 위해 특별히 준비된 복음福音은 아니었다. 우리가 사는 세상을 위한 것도, 인류를 위한 것도, 우리의 영혼을 위한 것도 아니었다. 선이든 악이든 천벌을 강제하지 않는 이 이야기는, 아이들을 위로하는 동화가 아니라 성숙한 어른을 위한 것이라고 프릭은 말했다.

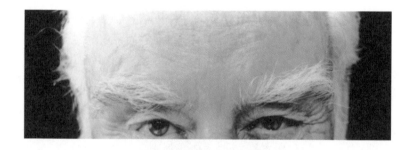

첫 번째 위대한 발견은 갈릴레오가 예언해왔던 것이었다. 그것은 우주 속 지구의 위상에 관한 것이다. 갈릴레오와 그의 망원경은 옳았다. 지구는 평범한 별 주위를 도는 작은 행성에 지나지 않았다. 성능 좋은 렌즈들이 나와 더 많은 사실이 밝혀지자 상황은 더 나빠졌다. 우리가 사는 별은 우리 은하에 속한 무수히 많은 별들 가운데 하나에 불과했고, 우리 은하 역시 수많은 다른 은하들 가운데 보잘것

없는 하나일 뿐이었다. 그리고 이 모든 것들은 하나의 거대한 우주 속에서 태어나 멀어지고 있었다. 어마어마한 세월 동안 팽창했고, 또 어마어마한 시간이 흐른 후에는 소멸할 이 우주 역시, 어쩌면 여러 우주들 중 하나일지도 모를 일이었다.

"어떤 선지자라 할지라도, 지구의 미미함이 이루 말할 수 없음에 현기증을 느낄 수밖에 없을 것입니다." 프릭이 말했다.

"세상에는 수없이 많은 태양이 존재하며, 무수히 많은 지구가 그런 태양 주위를 돌고 있습니다."

기둥에 묶여 화형에 처해지기 전 브루노^Bruno는 이렇게 외쳤다. 아마도 자신의 광기 안에서 그는 미래를 보았으리라 갈릴레오는 생각했다.

"비록 인간이 높이 날아 다른 행성에 발자국을 남겼을지라도, 우주의 중심까지 도달할 가망은 없겠죠. 우주의 중심이란 게 있다손 치더라도 말입니다." 프릭이 말했다.

"우리가 말하는 선지자란 그저 위대한 제국에서 한참 떨어진, 외딴 마을에 살고 있는 고독한 목자에 불과해요. 백만 번을 죽었다 깨어나도 로마까지 가볼 수는 없을 겁니다. 로마라는 게 정말로 존재한데도 말이죠. 아니, 먼발치에서 그 위대한 수도를 힐끔 볼 기회조차 없을 걸요. 그리고 만약에 어떤 소식이 용케 그 미지의 구석까지 전해져온다 할지라도 그에게 당도할 무렵이면 수천 년이 흐른 뒤겠지요."

프릭은 이어나갔다.

"과학은 발달하고 번영해왔어요. 비록 최선의 결과였는지는 두고 보아야 할테지만. 인간은 자연을 지배하는 많은 법칙에 통달하게 되었답니다."

몇몇은 갈릴레오가 짐작했던 것이었으나 어떤 것들은 상상조차 하지 못했던 것이었다.

"과학이 발전하면서 우리는 위대한 힘을 얻었죠. 빠르게 달리고, 굉장한 양의 열을 생산하고, 새로운 결정체와 금속을 만들어내며, 순식간에 지구 너머로 단어나 그림을 전송할 수 있는 힘을 말입니다. 하지만 이러한 발명들이 우리에게 시사하는, 벗어날 수 없는 사실이 있어요. 우리는 영원토록 우주 속 머나먼 변두리에 갇힌 존재라는 것이죠. 그리고 그 우주에 있어 우리네 존재는 찰나의 움직임, 한 점 속에 함몰된 것과 다를 바 없겠죠."

갈릴레오는 테라스에 서서 밤하늘을 바라보던 젊고 열정적이던 자신의 모습을 떠올리며 전율했다. 자신이 느끼는 감정이 자긍심인지 초라함인지 알 수 없었다.

두 번째 발견은 인간이라는 종種의 위상에 관한 것이었다.

그 위상 역시 특별할 게 없었다고 프릭은 말했다.

"지구상에 존재하는 분자들이 저절로 뭉쳐져 나타난, 가장 단순한 형태의 작고 원시적인 생명으로부터 시작된 길고 긴 종의 계보를 따라 인류가 내려왔다는 사실을 우리는 알게 되었거든요. 아주 오랜 시간이 지나면서 지상을 활보하던 대부분의 종들이 멸종했고 다시는 돌아오지 못했죠. 나머지 종들은 세상의 가혹한 법칙에 적응하거

나 변화하며 한동안 살아남았어요. 이러한 생존자들 가운데 우리와
가장 가까운 것은 나무를 타는 털북숭이 친구들이랍니다. 허나 달팽
이나 파리들조차도 우리와 그리 멀지는 않은 친척이지요."

옛날 어느 시인의 노랫말과 닮았구나. 갈릴레오는 생각했다.

그리고 대지는 별난 얼굴과 몸통을 한 많은 괴물들을 만들었다네.
손발이 없는 놈들, 입이 없는 벙어리들. 아무것도 보지 못하는 눈먼
것들. 팔다리가 몸통에 붙어 꼼짝달싹 못하는 녀석들. 하지만 종들
에 있어 살아가고, 번식하기 위한 모든 몸부림은 당연한 이치. 그리
고 많은 녀석들이 죽어나갔지. 어디서건 살아남은 피조물을 보게 된
다면, 녀석을 구한 건 재주나 힘, 아니면 속도.

　　인간의 몸이란 전지전능한 기술자가 만들어낸 걸작품이 아니라
낭비된 영겁의 시간에 걸쳐, 가혹하고도 눈먼 시행착오를 통해 진화
된 것이었다. 확률과 운명에 의해 거듭 수정된 인체의 설계도는 단
순한 분자들 속에 보관되어 꼬여진 긴 가닥들로 누벼졌다. 원자들은
분자를 이루고, 분자들은 세포를, 세포들은 살, 근육, 심장 게다가 뇌
도 만들어내었다. 원자와 텅 빈 공간만이 있을 뿐이다.
　　갈릴레오는 시인이 노래한 것을 다시금 떠올렸다.

　　"자활自活하는 만물은 두 가지로 이루어져 있다지. 그 속에서 점지되
　　고 그곳에서 맴도는 실체와 무無로."

　　수많은 원자가 어우러져 만들어진 분자들이 세포를 이루고, 세포
들은 우리 몸 전체를, 그리고 다른 모든 이들과 온갖 동물이나 식물
의 몸을 구성한다. 그 어디에도 마술적인 힘 따위는 없다. 모든 것은
기계적일 뿐.
　　프릭이 말했다.

"이러한 지식 역시 인간에게 위대한 힘, 질병과 죽음과 맞설 힘을 가져다주었죠. 하지만 인류나 인간의 몸 혹은 뇌에 특별할 건 아무것도 없답니다. 누군가 원하기만 한다면, 늙어버린 당신의 피부 껍데기로부터 여러 명의 똑같은 당신을 만들어낼 수도 있어요. 젊고 강한데다 야심이 끓어오르고 격정적인 목표를 마음속에 세운 채 동등한 지력을 가지고 논쟁할 준비가 된 여러 명의 갈릴레오를요. 필요한 설계도는 온전히 그곳에 있답니다. 이 우주라는 거대한 동물원 속에서 당신은 그저 한 마리 또 다른 짐승에 지나지 않을 뿐이라구요."

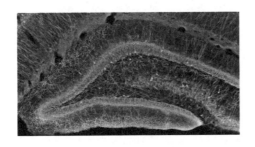

마지막으로 세 번째 발견이 있었다. 셋 중 가장 골치 아픈 문제로, 인간이 지닌 영혼의 위상에 관한 것이었다.

"당신, 당신의 기쁨과 슬픔, 기억과 야망, 정체성과 자유의지는 분자들로 이루어진, 뇌 속 수많은 뉴런들의 활동에 지나지 않아요. 당신이란 뉴런들의 덩어리, 분자들의 묶음 그 이상도 이하도 아니에요." 프릭이 말했다.

이 프릭이란 친구는 꽤나 만족스러운가 보지, 갈릴레오는 생각했다. 그러자 프릭이 정곡을 후벼 팠다.

"당신은 똑똑하다고 자부하겠지요. 너무 똑똑해서 천체의 원리와 씨름할 정도이죠. 하지만 모든 것은 당신 뇌 속 어딘가에 있는 잘난 신경세포들에 달려있을 뿐이에요. 마치 사나운 짐승의 근육 속에 더 굵직한 세포들이 들어있는 것과 마찬가지에요. 당신은 스스로 경건하고 인정이 많은 사람이라 생각하고 자랑스러워하지요. 하지만 실상은 이래요. 비열한 범죄자들과 비교했을 때, 단지 확률적으로, 뇌세포 속 어딘가 좀 더 단단하게 연결된 구석이 있을 뿐이란 말입니다. 당신은 의지가 강하고, 양심에 따라 결정을 내릴 수 있는 사람이라 확신할 겁니다. 그렇지만 순전히 당신은 신경세포 무더기가 시키는 대로 움직이는 꼭두각시에 불과하답니다. 지시문에 쓰여 있는 글자 한 자, 토시 하나도 틀리지 않고 움직일 겁니다."

프릭이 계속 말했다.

"갈릴레오 씨, 당신은 빈껍데기에요. 영혼이란 없어요. 수태될 그때 미완의 육신으로 들어오는 것은 아무것도 없습니다. 죽음에 이를 때 시신에서 빠져 나가는 것 역시 없고요. 당신은 죽음을 피하지 못하는 기계에 묶인 노예에 지나지 않습니다. 그게 없다면 당신은 힘을 잃을 테고 그것의 죽음은 곧 당신의 종말과 같지요. 그때는 환상의 종말이 될 겁니다."

프릭의 긴 눈썹은 마치 제대로 한 방 먹인 것인지 확인하려는 듯 그를 응시하고 있었다. 우주 한 가운데 지구가 서 있다는 주장은 그야말로 환상이었으리라. 갈릴레오는 생각했다 동식물이나 인류가 창조되었고, 완벽불변의 존재라는 것 역시 환상일지 모른다. 심지어 그 옛날의 시인조차도 무작위적인 진화와 적자생존을 노래하지 않았던가.

하지만 영혼은? 어떻게 영혼이 환상일 수 있을까? 어찌하여 의식이란 게 단지 원자나 분자들이 펼치는 기계적인 연극에 불과할 수 있단 말인가? 내가 보고, 느끼거나 소망하는 대상이 무엇인지에 대해서는 착각할 여지가 있을지도 모른다. 하지만, 지금 내가 보고, 느끼고, 소망하고 있다는 사실 자체에 대해 착각할 수 있을까. 젊은 시절의 수도원에 와 있다는 생각은 착각이었다. 꿈을 꾸고 있었기 때문이다. 어쩌면 지금도 꿈꾸고 있어 이 역시 착각일지도 모른다. 온 세상, 나 자신, 모든 삶, 역사와 과학 모두가 한낱 꿈속의 형상이나 생각일 수도 있으리라. 그럼에도 꿈을 꾼다는 그 자체는 진실이다. 꿈을 꾸든 깨어 있든 나의 의식은 실재하는 것이다. 만약 의식이 환상에 불과하다면, 오직 환상만이 진실이며 그 이외의 모든 것은 추측이리라. 원자와 무無로써 의식을 설명할 길은 없으리라.

혹여 그런 게 가능할까? 꿈인지 생시인지, 허상인지 실재인지 알 수 없었지만, 산토리우스와 프릭은 똑같은 이야기를 들려주었다. 어쨌든 우리의 영혼, 의식, 세계 이 모든 것은 우리 두개골 속에 든 무언가에 의해 만들어진다는 것이다. 어떻게 그럴 수 있을까? 이를 알 수 있는 길이 있기만 하다면 갈릴레오는 일어나 질문을 던져야만 했다. 그리고 긴 눈썹의 사내는 일어나 그 길을 향해 앞장섰다.

Φ

자신의 한정된 지식에 비추어 진실이나 사건, 심지어 시구詩句들을 재해
석하려는 갈릴레오의 의도는 참작될 수 있을지도 모르겠다. 우리가 우주
의 중심이 아니라는 것은 익히 들었다. 비록 우리는 변방에 있지만 사명
은 그렇지 않다고 자신을 위로하면서 말이다. 우리가 좀 더 단순한 생명
체의 후손일지 모른다는 것도 받아들여야 한다. 그 열등한 곳에서 이렇게
높은 위치로 올라온 자신에 대해 자랑스러워해도 될 듯싶다. 하지만 우
리의 영혼이 죽음을 면치 못할 뿐만 아니라 기계적이기까지 하다는 것,
다윈Darwin의 친구 토마스 헉슬리Thomas Huxley가 말했던 "철제 기관차가 내
는 경적소리와 다를 바 없다"는 식의 이야기는 좀처럼 받아들이기 힘들지
모르겠다. 인간사 대부분을 자연선택에 의한 진화로 설명할 수 있다고 확
신한 헉슬리이지만 의식에 대해서는 갈피를 잡지 못한 채 여지를 남겼다.
"신경조직이 흥분함에 따라 의식이 출현한다는 희한한 얘기는, 요술램프
를 문지를 때 요정 지니가 튀어나온다는 것만큼 터무니없이 보인다."

　이 책의 첫 번째 부분에서 갈릴레오를 인도하는 인물은 프랜시스 크릭
Francis Crick(인물 사진이 반절 정도만 보인다)이다. DNA의 이중나선 구조를 밝혀
낸 크릭은, 이후 크리스토프 코흐Christof Koch와 함께 의식에 대한 뇌의 기반
을 연구하며 평생을 보냈다. 크릭은 헉슬리와는 달리 영혼의 존재에 대

한 여지를 털끝만큼도 남겨두지 않았다. "당신, 당신의 기쁨과 슬픔들은 뉴런 무더기의 활동에 지나지 않는다"는 문구는 그의 저서 《놀라운 가설 : 영혼에 대한 과학적 탐구The Astonishing Hypothesis: The Scientific Search for the Soul》 (Scribner, 1994)에 등장한다. 반면 코흐는 그보다는 덜 단정적인 듯 보인다.

지오다노 브루노Giordano Bruno는 일찍이 코페르니쿠스식 관점을 지지했던 인물로, 《무한한 우주와 무한한 세계에 관하여De l'infinito universo e mondi》 (London, 1584)에서 우주는 무한하다고 주장했다.

해마형성체 그림에서 노란 삼각형의 세포체 각각은 피라미드 뉴런이다. 나무와 비슷하게, 각 뉴런들은 긴 뿌리(축색돌기)를 내려 다른 뉴런들에 신호를 전달하며, 여러 갈래의 굵은 가지들(수상돌기)을 뻗어 다른 뉴런들의 축색돌기와 연결(시냅스)을 이룬다. 인간의 뇌에는 약 1,000억 개의 뉴런이 존재하며 최소 그 1,000배에 달하는 시냅스가 그 사이에 있다. 뇌속의 수많은 별들은 공허 속에 쓸모없이 떠 있기만 한 것이 아니다.

갈릴레오가 읊은 시구는 루크레티우스Lucretius의 작품이다. 그는 《만물의 속성에 관해De rerum natura》에서 과학적인 설명을 시의 형식을 빌려 풀어내려 했다. 그 후로 이러한 장르는 별반 성공을 거두지 못했다.

(이번 장에서 언급되는 내용들은 지그문트 프로이트Sigmund Freud의 패러디로 보인다. 프로이트는 인류에게 자기애적 충격을 준 과학사의 3가지 사건으로 코페르니쿠스의 지동설, 다윈의 진화론, 그리고 자신이 연구한 무의식의 발견을 꼽았다_역주)

대뇌

의식이 깃든 민주주의의 도시

비탄의 도시에 이르고자 하는 이, 나를 거쳐 가리라. 영원한 고통에 닿고자 하는 이, 나를 거쳐 가리라. 파멸한 자들 무리에 섞이고자 하는 이, 나를 거쳐 가리라. 관문을 지나칠 무렵 갈릴레오에게 떠오른 생각이었다.

희미한 빛이 비치는, 텅 빈 좁은 복도를 따라 수 없이 많은 문들이 줄지어 있었다. 한때는 병원으로 쓰이다 방치된 건물의 일부로 보였다. 갈릴레오는 줄곧 프릭이란 사내를 쫓아 좁고 경사진 층계를 올랐고, 또 다른 회랑을 보았다. 프릭은 문턱 사이로 빛이 새어 나오는 첫 번째 문을 살며시 열었다. 좁은 침대 위에 어떤 늙은이가 누워 있었고 자세는 이상하리만치 굽어 있었다. 주변에는 다음과 같은 제목의 책이 한 권 놓여 있었다.《천체의 회전에 관하여De revolutionibus orbium coelestium》(1543). 그 해는 코페르니쿠스가 죽은 때였다.

　코페르니쿠스가 자신의 저서 서문에 썼던 내용을 갈릴레오는 기억해 냈다. 그의 관점에 따르면 우주는 하나의 질서정연한 완전체로, 어느 하나라도 어긋난다면 천구 전체가 와르르 무너져버릴 것이었다. 반면 그의 선조들은 머리와 팔다리가 뒤죽박죽 붙은, 흡사 괴물과 같은 사람의 모습을 상상하곤 했다. 하지만 지금은 코페르니쿠스 그 자신이 괴물이 된양, 오래된 떡갈나무의 뒤틀린 가지처럼 뻣뻣이 굽은 팔다리를 하고 있었다.

코페르니쿠스의 발치에는 고개를 떨군 채 무릎을 꿇은 여인이 있었다.

"저 아가씨는 쭉 그와 함께 있어요," 프릭이 갈릴레오에게 말했다. "그의 숨이 붙어 있기에 부활을 바라고 있는 것이죠."

그는 그녀를 쳐다보았다.

"이봐요, 뇌가 죽었다면 그 누구라도 살아날 수 없어요. 거기에는 아무도 없어요. 아가씨, 그 몸엔 아무도 살지 않는다고요."

여인이 고개를 들었다.

"낯선 분. 어찌 그리 확신하실 수 있죠? 그분은 제게 미소도 한번 보이셨단 말입니다. 물을 드리려 고개를 들어 올리던 밤이었어요. 이따금씩은 마치 말을 하시는 듯 입술을 움찔거리셨답니다. 그리고

는 웃으셨죠. 저는 그렇게 생각해요. 전에는 한 번도 웃음을 보여주
신 적이 없었거든요."

코페르니쿠스는 꼼짝 않고 누워 있었지만 조용히 숨을 쉬는 것이
갈릴레오에게 보였다.

"뇌 안으로 피가 왈칵 쏟아져들어 대뇌가 부서졌어요."

프릭이 두 팔을 뻗어 코페르니쿠스가 누워 있는 침대에 몸을 기대
며 말했다.

"그래도 여전히 숨은 쉴 수 있죠. 심장도 계속 뛰고요. 왜냐하면
뇌 아래쪽 부분은 멀쩡하거든요. 호흡이 남아 있는 것처럼 말이죠."

프릭은 들릴 듯 말 듯 덧붙였다.

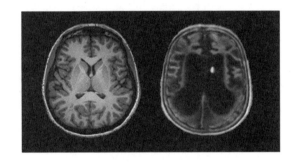

"광활한 대뇌피질과 피질에서 웅크리고 내려온, 뉴런들의 자그마
한 침대와도 같은 귀중한 시상이, 다시 말해 피질시상계 전체가 부
서졌단 말입니다. 보시는 바와 같이 피질은 이 침대보만큼이나 넓고
얇은 시트입니다. 구불구불 주름진 것도 꼭 닮았지요. 그리고 이 침
대보는 실로 어마어마하게 넓은 숲이라서, 뇌의 이랑과 골짜기 전체

를 빠짐없이 덮고 있답니다."

꿈속에서 봤던 것처럼 말이지, 갈릴레오는 생각했다. 프릭은 이어 갔다.

"나무 한 그루 한 그루는 신경세포랍니다. 나무들이 능선을 따라 빼곡히 들어 차 있는 것처럼 뉴런들 역시 종종 자기네들끼리 무리지어 집단을 이룹니다. 아마 이런 집단 하나마다 100개 정도의 뉴런이 들어 있을 겁니다. 보다시피, 이 뉴런의 소집단들이 뇌를 이루는 벽돌이 되고, 가느다란 선을 통해 멀리서도 서로 신호를 주고받지요."

프릭은 그런 식으로 설명했다. 프릭의 설명은 계속됐다.

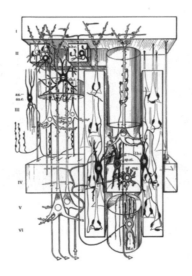

"보시는 것처럼 피질 내의 뉴런들이 이루는 소집단은 각각 수행해야 할 자신만의 특별한 기능이 있어요. 대뇌 뒤쪽에 자리한 뉴런집단은 시각을 담당하고, 가운데에 늘어선 것은 청각을, 또 다른 것은 촉

각, 후각, 미각을 담당하죠. 그리고 뇌의 앞쪽에 위치한 뉴런집단은 사고하는 일, 아니면 분노나 기쁨 같은 감정들을 다룬 답니다. 하지만 역할분담은 이 정도에서 끝나지 않아요. 대뇌 뒤쪽의 뉴런집단 가운데 일부는 색상에 관심이 있어서 물체가 붉은색인지 노란색인지는 식은 죽 먹기로 구분해내지요. 허나 그게 사탕무인지 레몬인지는 전혀 신경을 쓰지 않아요. 실은 알 길이 없는 거죠. 반면에 다른 녀석들은 형태에만 관심을 보여요. 어떤 것은 각뿔 형태를 좋아하고, 또 다른 것은 구형을 좋아하겠지요. 하지만 빨강이나 노랑의 차이에 대해서는 모른답니다. 또 다른 녀석들은 움직이는 방식에만 신경을 쓴답니다. 형태나 색깔에는 무심한 채 말이죠. 예상하셨겠지만 그 녀석들 중 몇몇은 그저 수평 방향의 움직임만이 관심사이고, 다른 몇몇은 수직 방향의 움직임만을 챙기지요."

프릭은 갈릴레오의 눈앞에서 손가락을 휘저으며 말했다.

갈릴레오는 언젠가 파도바의 해부용 테이블 위에서 본 적 있는, 주름져 창자를 닮은 반투명한 덩어리를 떠올렸다. 그러고는 활기 넘치는 대도시를 상상해 보았다. 그곳에는 필요할 때면 언제나 찾을 수 있는 다양한 길드나 장인들, 렌즈 장인과 보청기 장인, 온갖 옷을 만드는 재단사와 향수 제조자, 와인 제조자와 요리사, 기하학자와 수학자, 논법가와 웅변가 그리고 시인과 예술가와 음악가들이 있었다.

"도시 속 서로 다른 길드나 직종에 속한 구성원들이 서로 이야기하고 주문을 하며 물건을 주고받는 것처럼 뇌 속 여러 부분들도 마찬가지랍니다. 대뇌 덩이의 상당 부분은 가는 선들로 이루어져 있는

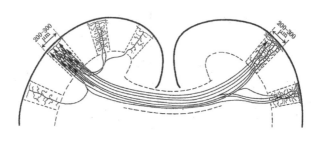

데, 이를 통해 대뇌 안의 특화된 부분들은 서로 소통합니다. 매순간 밀었다 당겼다 하면서, 오래 지속되지는 않는 연합을 형성했다가 또 다른 상대로 갈아타는 일을 반복하지요. 마치 피렌체의 여러 가문들처럼 말이죠. 선들은 수없이 많은 데다 그 길이는 이탈리아에 있는 어떠한 길보다도 길답니다. 수많은 다발이 함께 모여 뇌 속의 백질을 이루는데, 이는 회백질이라는 침대보 아래에 놓이는 두꺼운 지방 그물이지요. 이런 선들이 없다면 뇌는 전혀 작동하지 않을 겁니다. 도로가 폐쇄되었을 때 대도시가 마비되는 것과 꼭 같은 이치입니다."

"그렇다면 코페르니쿠스의 뇌에는 도대체 무슨 일이 일어났던 겁니까?" 갈릴레오가 물었다. "출혈에 휩쓸려 뇌 속을 통치하던 부분들이 부서져버린 건가요? 위대한 도시의 업무를 관장하던 군주와 그의 모든 조언자들 말입니다. 혹은 의식에 있어서 결정적인, 대단히 특별한 역할을 하는 몇몇 부분들이 사라져 버린 것인가요?"

그러자 프릭은 큰 소리로 말했다.

"뇌 속은 민주주의예요. 혼자서 모든 걸 보고, 듣고, 독단적으로 결정하는 군주나 교황 같은 존재는 뇌 속에 없다고요. 의식에 있어서 선택받은 자리는 없어요. 의식은 많은 전문가의 협력이 필요해요. 각각 자신만의 특별한 재주를 제공하는 거죠. 만약 병마가 색깔을 구별하는 뇌의 특정한 부분을 파괴한다면 그 사람은 색맹이 될 거에요. 태양은 하얗게, 하늘은 회색빛으로 변하겠죠. 만약 그 부분이 얼굴을 인식하는 데 특화된 곳이라면, 자기 자식을 앞에 두고서도 누구인지 알아보지 못할 겁니다. 그리고 또 다른 부위들이 파괴된다면 움직임을 인식하지 못하거나, 감정을 느끼지 못하게 될 수도, 언어를 이해하지도 뱉어내지도 못하게 되거나, 논리적으로 생각하지 못하거나, 옳고 그름을 판별하지 못하게 될 것입니다. 하지만 그때마다 단지 의식의 일부분만을 잃게 될 뿐이랍니다. 전체가 다 없어지는 게 아니라요."

프릭이 덧붙였다.

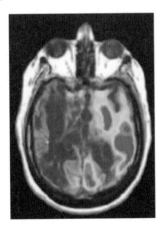

"의식이 통째로 사라지려면, 반드시 손상이 광범위해야만 합니다. 코페르니쿠스처럼 피질 영역 대부분이 죽어버린 경우, 아니면 서로

대화를 연결해주는 선들이 고장 나거나 끊어지는 것처럼 말입니다. 때로 조그마한 손상이 대재앙을 일으킬 수 있기는 해요. 특히 대뇌 깊숙한 곳, 중심에 가까울 때는 말이죠. 그런 영역은 중추와도 같아서 다른 모든 부위 사이의 교통을 통제합니다. 교통이 끊긴다면, 의식이라는 건조물은 저절로 폭삭 내려앉아버리겠지요. 하지만, 모든 생명을 쓸어가는 홍수처럼 대뇌 속에서 출혈이 일어난 경우라 할지라도, 때때로 일부는 살아남을지 모릅니다. 홍수가 끝나고 쓰레기로 가득한 바다 위를 표류하는 작은 섬처럼 말이죠. 의식은 사라져도 몇 가지 개별적인 기능은 남아 있을 수도 있어요. 황량한 도시 속에 홀로 남겨진 불쌍한 구두 수선공이 끙끙 신음하는 셈이죠."

코페르니쿠스는 말없이 누워 있었다. 그의 이름을 불렀고, 과연 들을 수 있는지, 이곳을 아는지, 고통을 느끼는지 물어보았다. 어떠한 질문에도 그는 입을 열지 않았다. 프릭이 가볍게 건드리자 팔과 다리는 뒤로 움찔거렸다. 하지만 갈릴레오가 찌르려는 시늉을 했을 때 코페르니쿠스는 아무런 반응도 없었다.

허나 그의 두 눈은 떠진 채 안와眼窩 속을 이리저리 배회하고 있는 걸. 갈릴레오는 고민했다. 움직이는 눈과 더불어 뱅그르르 공전하는 생명이 조금이나마 존재하지는 않을까? 안에서도 무언가가 활동하지는 않을까? 생각의 불꽃은 여전히 흔들릴까?

"때로 피곤한 듯 하품을 하고, 기지개를 펴고 싶은 듯 끙 앓는 소리를 내겠지만 그것들은 그저 반사, 뇌 아랫부분에서 신경 하나가 다른 신경을 잡아당길 때 일어나는 반사에 지나지 않습니다. 여기서 우리가 보고 있는 사람은 개안성開眼性 혼수상태, 즉 식물인간이랍니다.”

꼼짝 못하는, 늙고 일그러진 식물이로구나. 갈릴레오는 생각했다.

“어떤 이들은 몇 년이고 이런 상태로 남아 있어요.” 프릭이 말했다. “정말로 식물과 다를 바가 없는 처지이죠. 나무처럼 껍데기는 세월을 타지만, 나이를 먹어도 현명해질 수 없답니다. 경험이란 것이 존재하지 않고, 느끼고 배울 수 있는 여지가 없기 때문이지요.

잔혹한 그리스 신화에서처럼 식물로 변해버렸구나. 갈릴레오는 생각했다.

“나무라니요!” 그때까지 잠자코 있었던 여인이 소리쳤다. “어떤 나무가 그분이 쓰러질 때처럼 뜨거운 피를 흘리나요? 무슨 껍데기가 가슴 너머 저에게 속삭이는, 두근대는 심장을 품 안에 간직하고 있나요? 그 어떤 나무도, 한때 그분이 그랬던 것처럼 머리칼을 쓸어내리는 손길을 보려 고개 돌리지는 않을 겁니다. 그 어떤 눈물도 꽃잎의 살결을 따라 주르륵 흘러내리지 않겠지요. 이슬이 맺힐지언정 이슬은 절대 슬픔의 소금기를 머금지 않으니까요.”

“아가씨, 당신은 단지 텅 빈 껍데기에다 자신의 소망을 투사할 뿐이에요.”

프릭은 단호한 눈빛으로 말했다.

“당신이 해야 할 일은 자신을 추스르는 것입니다. 시체를 기다리다 늙고 지쳐버리지 마세요.”

독백이라도 하듯 여인은 중얼거렸다.

“주교님은 제가 이 집으로 들어오는 것을 금하셨지요. 하지만 어

째서 사랑은 죄로 낙인찍혀 교감이 아닌 이별로 끝나야 하나요? 주교님은 저에게 닥칠 불행을 경고하셨지만 저는 나 혼자만이 짊어질 일이라 생각했답니다. 오, 신이시어. 남은 생은 죄 많았던 삶의 응보인가요?"

그녀는 침묵하다 읊조렸다.

"우리의 죄는 그 무엇보다 다정한 죄였답니다."

프릭이 말했다.

"아가씨, 당신이 지은 유일한 죄목은 투사라는 죄입니다. 그의 눈동자 속에서 당신의 도움을 원하고 당신의 목소리를 듣는 영혼과 마주하길 바라겠지요. 너무나도 간절한 나머지 이제는 그의 공허한 시선에도 의미가 담기고, 끙끙 신음 소리에서 메아리치는 그의 얘기가 들리겠지요. 내 말을 들어요. 저 시선 이면에 있는 것은 당신의 영혼일 뿐입니다. 거울에 비쳐 보이는 것과 같다고요. 거울 저편은 텅 비어 있어요."

여인이 침묵했기에 프릭은 계속 이어 나갔다.

"제가 말하는 죄가 무언지 알고 있을 겁니다. 사랑에 빠질 때와 마찬가지죠. 뭇 남자들은 아름답고, 정숙하고, 기품 있는 여인을 원합니다. 어떤 기질들이 예민해질 무렵의 사내에게 조잡하게 그려진 어느 여인의 스케치 하나를 줘보세요. 그 녀석은 상상 속에서나 존재하고 실재하지 않는 자신의 온갖 소망과 미덕을 머리에서부터 발끝까지 입힐 겁니다."

프릭은 갈릴레오를 향해 웃었다.

증거-자연의 실험
•
55

"나무로 만든 둥근 모형에다 자신의 욕망을 투사하는 물고기들도 있어요. 붉게 칠해져 있기만 하면 말이죠. 평생을 그 모형과 짝짓기 하는 놈들이에요. 우리는 그런 물고기를 보고 비웃지만, 웃고 있는 우리는 누구일까요? 우리는 수족관에 자신이 갇혀 있음을 깨닫지 못하고, 우리가 가진 기질은 족쇄처럼 우리 발목을 잡지요. 저를 믿어요. 투사라는 죄는 원죄랍니다. 인류는 번개가 치는 광경을 보고, 천둥소리를 듣고, 땅이 울리는 것을 느꼈을 겁니다. 그리하여 심장에서부터 공포스러운 그 무언가, 마음으로는 설명이 안 되는 그 무언가를 천국 위에 올려놓았고, 신이라 불렀답니다."

여인은 프릭을 향해 고개를 돌려 두 눈을 빤히 쳐다보았다.

"모든 걸 다 아는 듯 말씀하시네요, 낯선 분." 그녀가 말했다. "만약 당신께서 말씀하신 과학 역시 모든 게 명확하고 확실해야 하며, 설명 가능해야 한다는 필요에 의해서 만들어진 허상이라면요? 만약 당신의 과학 역시 하늘로, 땅으로 투사해대는 또 다른 종류의 종교라면 어떡하시겠습니까?"

그녀는 일어나 말했다.

"저를 보세요. 제 이름은 안나입니다. 코페르니쿠스만의 안나. 그분은 저에게서 한 번도 가져보지 못한, 아니면 다른 이들이 발견하지 못한 아름다움을 봐주셨어요. 그래요, 낯선 분. 당신이 옳아요. 저를 지금의 저로 만들어주신 건 정말로 그분의 사랑이었어요. 그러니 이제는 제가 그분의 영혼을 상상하게끔, 눈동자 이면의 광채를 보게끔, 침묵하는 입술 사이에서 웃음을 읽게끔 허락해주세요. 그분을 위해 심은 사랑의 노래가 저를 위해 자라도록 해주세요. 당신이 옳아요, 낯선 분. 하지만 당신이 생각하는 방식대로는 아니에요. 무언가 존재한다는 것은, 어떤 일을 일어나게 할 수 있다는 뜻이에요. 그렇다면 그분의 영혼, 육신에 잠들어 있는 그분의 영혼은 지금 제게 사랑과 비탄을 동시에 채워주고 계세요. 그러니 그분은 틀림없이 존재하는 것이죠."

프릭은 어떤 식으로 대답해야 했을까?

"실제와 겉모습은 서로를 용납하지 않아요."

마침내 그가 입을 열었다.

"언제나 그렇지요. 선생도 보시다시피 이 아가씨는 한쪽 편을 고른 것 같네요." 갈릴레오를 향해 돌아서며 프릭이 말했다.

진실로, 실제와 겉모습은 서로를 용납하지 않는다, 갈릴레오는 되뇌었다. 하지만 그대가 서고 싶은 편은 어느 쪽일까 분명치가 않다.

그러자 안나는 갈릴레오의 손을 끌어 꽉 움켜잡았다. 망가진 기계처럼 이따금 코페르니쿠스의 입은 움찔거렸으나 들리는 것은 없었다. 하지만 조금 더 유심히 지켜봤다면 그의 이야기, 소리 없는 입모양을 알아차릴 수 있었을지도 모른다. 갈릴레오에게 그 입모양은 이렇게 얘기하고 있었다.

"그래도 여전히 움직인다오 $^{E\ pur\ si\ muove}$."

Φ

주

꽤나 적절한 첫 인용구는 갈릴레오가 암송하고 있던 단테^{Dante}의《신곡》지옥편, 제3곡^{Inferno Canto III}에서 가져왔다. 여기서 언급된 관문이 병원을 향하는지(갈릴레오는 그렇게 추측했지만 의사나 간호사는 없었다), 수도원을 향하는지 혹은 감옥을 향하는지는 불분명하다. 갈릴레오가 태어나기 전 코페르니쿠스가 죽었다는 사실만큼은 확실하다. 따라서 그 당시 가능한 수준보다 식물인간 상태가 훨씬 더 오래 유지되었다는 가정 없이는, 그와 갈릴레오가 만나지 못했을 것이다. 어쨌든 코페르니쿠스는 뇌출혈로 사망했고, 죽기 전 단기간은 의식을 잃고 식물인간 상태로 있었다. 어쩌면 자신의 저서가 마침내 출간이 되는 광경을 짧게나마 접할 수도 있었을 터이다.

안나^{Anna Schilling}는 코페르니쿠스의 가정부였다. 주교^{Dantiscus}는 천문학자이자 사제였던 코페르니쿠스의 집에서 그녀를 쫓아냈다. "무언가 존재한다는 것은, 어떤 일을 일어나게 할 수 있는 것"이라는 그녀의 말은 인과적 존재론의 원칙을 명백히 밝히고 있는데, 이것이 그녀의 입에서 나왔다는 사실이 꽤나 놀랍다. 반면에 '투사'에 관한 갖가지 이야기들은 좀 생뚱맞아 보인다. 투사란 확실치 않은 심리학적 방어기제의 일종으로, 프릭은 이에 거의 보편적인 의미가 담긴 듯 간주해 말한다(투사란 받아들일수 없는 내부의 충동과 그 파생물이 자신의 외부에 있는 것으로 지각하고 행동하는 것으로, 정신분석적 방어기제의 일종_역주).

순결한 요정 다프네는 월계수 나무로 변하여 태양의 신 아폴로의 추적을 피했다. 오비디우스는 다음과 같이 전했다. 다프네가 변신하는 동안 몸의 대부분은 이미 나무껍질로 뒤덮였지만, 아폴로는 여전히 그 속에서 뛰고 있는 그녀의 심장박동을 손으로 느낄 수 있었다. 의식은 희미하게 사라졌지만, 심장이 계속해서 뛰고 있는 식물 상태의 환자들도 이와 비슷하다. 일부만 기능하는 뇌가 섬처럼 남은 환자들이 실제로 존재한다. 이들은 간혹 산발적으로 단어를 말하거나 움직임을 보이기도 한다.

"그래도 여전히 움직인다$^{E\ pur\ si\ muove}$"는 갈릴레오가 종교 재판장을 떠나면서 얼버무렸던 말이라 전해진다. 그는 이단이라는 명목으로 유죄 판결을 받았고, 코페르니쿠스적 세계관을 포기하도록 강요당했으며, 구금당한 채 일생을 마쳤다.

4

소뇌

의식화되지 않는 침묵의 감옥

"일어나는 일의 대부분은 마음이 알아차릴 수 없는 수면 아래에서 부글부글 끓고 있답니다. 대게의 움직임은 탁한 물속에 잠긴 채 일 렁이지요."

프릭이 문을 활짝 열어젖히며 말했다.

방 안 큰 캔버스 앞으로, 한 남자가 다리를 널찍이 벌린 채 서 있었다. 그가 붓질을 할 때면 손이 떨렸다.

"저 화가, 아는 사람입니다."

갈릴레오가 프릭에게 말했다.

"위대한 푸생Poussin이지요. 저 그림도 본 적이 있어요. 보세요. 야누

스는 과거와 미래 사이에 끼인 찰나를, 의식적인 현재의 순간을 뜻합니다. 오른편에는 시간이 치터 선율로 박자를 세기고 있습니다. 춤과 생명의 리듬이지요. 그리고 가운데 춤추는 남녀들은 사계절과 세월의 순환을 나타냅니다."

"시간은 순환하는 게 아니오. 존경하는 갈릴레오 선생."

캔버스 뒤로 누군가 불쑥 나타나 대꾸했다.

"행성은 공전할지 몰라도, 인간의 시간이란 그렇지 않소."

그는 교황의 주치의, 로마인 프로토메디쿠스Protomedicus였다.

"푸토(아기천사)들을 보시오. 오른쪽에 있는 녀석은 모래시계를 들었소. 시간의 흐름은 돌이킬 수 없노라 말하오. 왼쪽 녀석은 의식이 비눗방울처럼 잠시 동안만 지속되는 것이라 얘기하오."

갈릴레오는 대답하지 않았다. 대신 의사의 귀에 뭐라고 속삭였다.

"떨림이라?" 의사는 큰 소리로 말했다. "물론 나도 알고 있소. 푸생은 줄곧 저러고 있었다오. 확실히 붓놀림에는 문제가 생겼소. 하지만 내 장담컨대 건강은 염려할 필요가 없다오. 나는 비슷한 다른 증례를 보았소. 똑같이 몸을 떨고, 서있을 땐 다리를 활짝 벌려야 하는 젊은 여인이었소. 출산 도중 그녀가 죽자, 나는 뇌를 부검하였다오. 그녀는 두개골 뒤쪽, 뒤통수 아래에 있어야 할 것이 없었소. 작은 양배추나 생명의 나무를 닮은 주름 가득한 뇌, 소뇌가 사라졌다는 말이오. 우리 푸생 선생 역시 소뇌를 잃었음이 틀림없소. 아마도 뇌졸중이었겠지. 소뇌, 이 조그마하고 예쁜 뇌가 맡은 역할은 우아하게 발걸음을 떼고, 손을 떨지 않도록 하는 것 같다오."

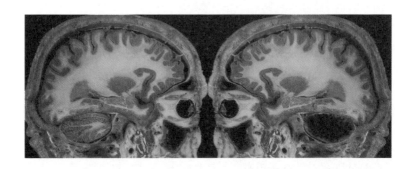

"얼추 맞아요." 프릭이 앞으로 나오며 말했다. "하지만 세련된 다른 작업들도 하지요. 녀석은 우리 스스로 알아차리기도 전에 훨씬 더 빨리 우리 움직임을 추적해요. 그러고는 교정하고 유지시키죠. 녀석은 대뇌만큼이나 복잡한 뇌 덩어리에요. 심지어 신경 세포의 개수는 더 많지요. 그리고 대뇌와 마찬가지로 감각기관에서 신호를 받고, 한치의 오차도 없이 우리 움직임을 조율한답니다."

갈릴레오는 생각했다. 캔버스는 웅장하고 그림의 주제는 고귀했으며 진실로 의미심장해 보였다. 하지만 지극히도 정적이었다. 비록 주제는 시간이었지만 그 시간은 얼어붙은 듯 보였다. 어디건 시간을, 움직임을 심지어 춤사위를 짚어내고 있었지만, 실재하는 시간, 맥박이 뛰는 시간, 시계추가 흔들리는 시간과 같은 그런 시간은 없었다. 마치 화가의 맥박과 시계추가 멈춘 듯 보였다.

그 순간 화가가 그들을 향해 다가왔다.

"감각만으로 판단해서는 안 된답니다. 이,이성이 필요하지요."

그의 목소리는 괴이하게 떨리고 있었다.

"제 손이 떨,떨릴지는 몰라도, 제 마음은 그렇지 않습니다. 사고를 당했지만 실체들은 변함이 없거든요. 겉,겉모습을 떠나, 이데아를 생각하세요. 원뿔형, 원주형, 구형…."

그는 잠깐 쉬며 숨을 고르고는 말했다.

"가장 순,순수한 것은 선善에 대한 이데아, 진실에 관한 이데아입니다."

그리고 다시 한 번 쉬었다.

"이것들이야말로 너무나 그리기 힘든 것들이지요."

"좋은 말씀입니다." 프릭이 답했다. "대뇌 피질 속 많은 신경계가 하는 일도 꼭 이와 같아요. 그 녀석들은 세상 속에서 변치 않고 유지되는 것이 무엇인지 배우죠. 비록 겉보기엔 시시각각 변화무쌍한 듯 보일지라도요. 녀석들은 세상이 놓여 있어야 하는 바 그대로를 그려냅니다. 마치 선생님처럼 말이죠. 감각이 순간순간 전해오는 온갖 세세한 변화에는 별반 신경 쓰지 않는답니다. 그리하여 우리가 다양한 각도에서 원뿔을 볼 때, 안구에 맺히는 그 형상은 매번 달라지겠지만 의식 속에서는 하나의 원뿔 모양으로 존재하는 것이죠. 그 때문에 따스한 일몰의 햇볕에서나 차가운 번갯불 아래에서나 잘 익은 과일의 색깔은 여전한 겁니다. 비록 그 표면에서 반사되는 빛은 그렇지 않겠지만."

프릭이 이어나갔다. "그래요. 우리는 관념적인 광경 속에 살고 있어요. 체험이라는 것은 그럴싸하게 느껴지는, 어느 영리한 장인이 그리는 작품입니다. 현실은 지엽적이고 표면적인 변화의 회오리 속에 휘말릴지도 모릅니다. 하지만 정보는 변치 않고 포괄적이며 심오한 어떤 것에 자리합니다. 그런 류의 정보야말로 의식에게 필요한 것이죠. 예술이 추구하는바 역시 그렇지 않습니까?"

"저는 보이는 것이 아니라, 알고 있는 것을 그립니다." 푸생이 답했다.

"하지만 당신이 알고 있는 게 그저 눈에 보일 뿐이라면 어쩔 겁니까?" 프릭이 물었다.

"이런 관념 따위는 그만 제쳐두고, 우리 푸생 선생을 괴롭히는 수전증에 대해 조사하는 게 어떻겠소?" 의사가 말했다.

"그것도 괜찮겠죠." 프릭이 말했다. "불변의, 추상적인 것을 그려내고 자신의 관점대로 세상을 상상하고 예측하는 푸생 씨의 대뇌피질, 의식을 만들어내는 장본인인 그 대뇌피질은 여전히 모든 게 멀쩡해요. 고장 난 것은 소뇌겠지요. 변치 않고 포괄적이며 심오한 것에는 관심을 두지 않는 대신, 지금 이곳의 상황이 어떤지, 즉 붓을 잡으려면 얼마만큼 손가락을 벌려야 하는지, 캔버스의 모서리를 쳐다보려면 어느 정도 눈을 움직여야 되는지, 뻗어 올린 손을 유지하기 위해서는 얼마만큼 팔에 힘을 줘야 하는지, 그림을 그리기 위해 들어 올린 어깨를 지탱하려면 몸통은 얼마만큼 긴장해야 할지 등에 대해 지치지 않고, 세세한 하나하나까지 정확히 알아야만 하는 시스템 말입니다. 이런 시스템은 세상이라는 장대한 광경을 그려낼 필요가 없으며, 그 모든 게 의미하는 바가 무엇일지 고민하지 않습니다. 그 속 많은 부분들은 서로 대화가 필요하지 않아요. 단지 각자에게 특화된 개별적인 일을 정확하고 신속하게 처리할 뿐이죠. 그 이외에는 생각이 없어요. 본질이 어떤지는 관심 밖입니다. 만물을 한꺼번에 완벽히 손아귀에 쥘 수는 없는 노릇이지요."

"그러하오. 진실로 그대는 만물을 잡을 수 없소."

의사는 푸생을 향해 고개 돌리며 끼어들었다.

"최소한 나머지는 탈이 없는지 확인해보오. 푸생 선생, 떨림이나 걸음걸이 말고는 문제가 없소? 시각이나 청각, 촉각은 어떻소? 냄새나 맛은? 오래도록 힘껏 움켜쥘 수는 있소?"

화가는 의사를 훑어보았다.

"선생님이 위대한 의사실지는 모르겠지만, 저만큼 눈썰미가 있지는 않나 봅니다. 저는 모든 게 괜찮거든요. 색상과 형체를 보고, 소리를 듣고, 만지고, 맛보고…. 여느 때와 다르지 않아요. 제 마음속 커, 커다란극장에서 연,연극은 계속해서 이어지지요. 맞아요, 선생님. 제가 못하는 것들이 있군요. 저는 연기할 수가 없어요, 춤출 수도 없고, 그러하기에 그 광경을 그립니다. 하지만 선생님, 제 생각의 발걸음이 절뚝거린다 해도 여전히 선생님보다 더 빨리, 더 멀리 나아갈 수 있어요."

그는 완성된 캔버스를 가리켰다.

"가,갈릴레오 씨, 말해주세요. 의사 선생님의 해부와 제 예술 가운데 어느 쪽이 더 진리에 가까운가요?"

하지만 갈릴레오는 주의를 기울이지 않고 있었다. 그의 마음은 대뇌와 소뇌를 저울질하고 있었다. 대뇌가 부서진다면 모든 세상이 부서진다. 하지만 소뇌가 죽는다고 해도 죽는 것은 아무것도 없다. 코페르니쿠스는 사라졌지만, 푸생은 여전히 화가로 남아 있다. 따라서 대뇌는 의식에 필수적이고 소뇌는 그렇지 않다. 하지만 소뇌 역시 대뇌만큼이나 신경이 풍부하고 잘 만들어졌으며, 외부 세계와 소통하고 있지 않은가.

"당신은 대뇌를 대도시에 비유했어요. 하지만 소뇌도 그렇지 않을

까요." 갈릴레오는 프릭을 쳐다보며 말했다.

"맞아요. 그리고 보면 의식이란 녀석은 어째서 그렇게 까다롭게 굴어야 할까요. 소뇌 속 신경 세포가 적은 것도 아니고, 뇌를 뇌답게 만들어주는 다른 무언가가 있는 것도 아닐 텐데 말이죠. 어쩌면 설계된 양식에 달려 있는 것일지도 모르겠어요."

그는 잠시 사색한 후 말했다.

"제가 말한 적 있었죠, 대뇌 속 세포들은 직접적으로, 혹은 몇 다리를 건너서 모두 연결되어 있다고. 녀석들은 항상 소통하고 있어요. 소뇌 속 세포들은 아마도 적절한 연결이 부족할 거예요. 각각 받아들이고, 처리한 뒤 내보내는 내용을 서로가 공유할 수가 없겠죠."

"내가 한 연구들은 구닥다리구려." 의사가 말했다. "하지만 그대가 하는 말을 들으니 옛 이야기가 하나 떠올랐소. 두 도시에 관한 이야기요. 들어보시오."

옛날 옛적에 커다란 도시를 지배하는 왕이 살았습니다. 왕은 부유하고 권세를 누렸으나, 백성들이 서로 어떤 이야기를 나눌지 염려스러웠답니다. 그는 시민들이 법을 잘 지키고, 자신들의 왕을 존경한다는 사실을 알고 있었습니다. 하지만 왕은 '지켜보는 사람이 아무도 없을 때, 무슨 이야기를 나눌지 어떻게 알아?'라는 생각에 사로잡혔습니다. 그래서 충직한 부하 몇을 고용하여 시민들을 감시하고, 들리는 것을 면밀히 기록하도록 명령했습니다.

부하들은 명에 따라 중요한 것이든 사소한 것이든 시민들이 하는 말을 모조리 기록하고 또 기록했습니다. 하지만 일은 잘 풀리지 않았답니다. 이를 주관하는 큰 관청이 세워졌지만, 아무도 보고서를 읽어볼 겨를이 없었기 때문이지요. 게다가 있다손 치더라도, 시민이 한 말의 이면에 다른 뜻이 담겨 있을지 누가 알 수 있을까요? 더욱이 정보원이 잠든 동안 무슨 일이 있었을지 어떻게 알까요? 그래서 왕은 교대근무를 명했습니다. 한 명이 게슴츠레 뜬 눈으로 일하러

나오면, 다른 한 명은 과도한 필기로 아픈 팔을 부여잡고서 자러 갔답니다. 그리고 왕은 정보원들 역시 감시될 수 있도록, 비밀리에 감시자들의 감시자를 조직했습니다. '한동안 안심할 수 있겠군.' 왕은 생각했답니다.

하지만 얼마 안 가 왕은 자신이 부주의했음을 깨달았습니다. 시민들이 거리에 모여 있을 때 들리는 이야기라면 쉽게 알 수 있겠지만, 부부사이에 오가는 말은 어찌 알 수 있을까요? 그리고 그저 식사시간의 담소가 아니라 침대에 누워 은밀히 속삭이는 이야기라면요? 어머니가 딸에게 결혼생활의 비밀을 이야기해줄 때는, 다른 어떤 비밀들이 흘러나올까요? 해결책이 없어 보였습니다. 왕은 조언자들을 소집했지만, 뾰족한 수를 떠올린 사람은 없었습니다. 그때, 궁중 광대가 손을 들었습니다. 광대의 이름은 모듈러스였습니다. 그는 왕이 확신할 만한 제안을 내놓았습니다.

다음 날, 왕실의 석공들과 목수들은 일을 하러 나왔습니다. 봉급이 2배였기에 그들은 즐겁게 일을 하였고, 얼마 지나지 않아 왕의 명령을 완수했습니다. 가장 늙은 석공이 마지막 임무를 마쳤을 때, 왕은 궁의 가장 높은 탑에 올라 창문을 통해 도시를 바라보았습니다. 그는 그 광경을 보면서 기뻐했습니다. 가장 늙은 석공에서부터 다른 모든 석공들과 목수들, 장인들, 여관집 주인과 하녀들, 모든 아이와 할머니들까지 한 명도 빠짐없이 각자 칸막이 처진 구획 안에 들어가 있었기 때문입니다.

각각의 구획은 두꺼운 벽으로 둘러싸여 있었고 창문도 없이 견고했습니다. 구획 안에는 한 사람에게 필요한 모든 것이 갖추어져 있었습니다. 침대와 등불, 흐르는 물, 그리고 음식은 매일 매일 조그마한 문으로 배달되었습니다. 매우 작은 문이기에 아이라 할지라도 빠져나갈 수 없었습니다. 광대의 생각은 빈틈이 없었습니다. 왕실의 개들이 모든 것을 성 안팎으로 실어 날랐고, 그리하여 작은 문을 통해 장인들의 작품이 전달되어 나갔습니다. 도시의 명물을 새긴 모형 조각품, 대장장이가 만든 칼, 금 세공사가 만든 보석, 제봉사가 수놓은 옷, 그리고 하녀가 요리한 음식에 이르기까지 말입니다.

왕은 모든 것이 만족스럽고 안전하다고 생각했습니다. 그리고 정말로, 그에게 아무런 불평도 들리지 않았답니다. 대신에 장인들이 구획 안에서 부지런히 망치질하는 소리, 요리사들이 열정적으로 주전자와 냄비를 부딪치는 소리가 들려왔습니다. 그렇지 않다면 도시는 기분 좋은 침묵으로 덮였을 것입니다.

광대가 말한 그대로, 왕은 더 이상 백성들이 무슨 말을 할지 걱정하지 않아도 되었습니다. 왜냐하면 서로 대화할 수 있는 방법이 없었기 때문입니다. 그리하여 왕은 오래도록 평화로이 통치할 채비를 갖추게 되었고, 저 높은 곳에 올라 끝이 보이지 않는 평원과, 셀 수 없는 구획들로 나뉜 점점들과, 그 구획 안에서 자신의 백성이 열심히 일하는 모습을 감상했습니다.

그러던 어느 날, 광대가 다시 한 번 손을 들더니 말했습니다. 꿈속에서 적군이 아무런 저항 없이 도시로 쳐들어오는 광경을 보았다는 것입니다. 시민들이 서로 이야기할 수 없다면, 어떻게 적군을 격퇴할 수 있을까요?

"뭐라고?" 왕은 성을 냈습니다. "시민들은 각자 성에서 하달된 명령을 묵묵히 따르면 그만 아닌가. 백성들이 대화할 필요가 있는가?"

광대가 말했습니다. "폐하, 만약 적을 목격한 이가 다른 이들에게 알릴 수 없다면, 무기를 들라고 그리고 적재적소에 강력한 군대를 조직하라 전할 수가 없다면 우리는 적들로부터 무사하지 못할 겁니다. 듣기로 적들은 우리의 개를 산 채로, 뼈째 날것으로 잡아먹는다고 합니다."

그들은 도시로, 광활한 평원으로 내려와 첫 번째 구획에 다다랐습니다. 왕은 작은 문을 두드리고는 열라고 명했습니다. 하지만 아무런 대답이 없었습니다. 왕은 차고 있던 칼로 작은 문을 갈랐습니다. 그들이 낡고 더러워진 구획 안으로 들어가자, 늙은 석공이 큰 돌 위에 앉아 있는 모습이 보였습니다.

"늙은 석공이여, 무슨 일이 있었는가?" 그들은 물었습니다.

"저는 마음을 잃어버렸습니다." 석공이 답했습니다. "내내 독방에 홀로 지내왔기에, 저는 마음을 잃어버린 게 틀림없습니다."

"도시 전체가 미쳐버린 것인가?" 왕이 물었습니다.

"도시라고요?" 늙은 석공이 소리쳤습니다.

"구획을 세울 때 나는 가장 솜씨 좋은 목수들과 대장장이들을 불렀단 말이다."

"아, 그들은 정말 대단한 장인이었지요! 폐하, 각각의 밀실마다, 그 각각마다, 그들은 나무와 철로 된 기가 막힌 기계를 만들어주었습니다. 폐하께 물건을 바치기 위해 시민 각자가 부여받은 간단한 작업을, 그 기계는 얼마든지 할 수 있었습니다. 한마디 말도 섞을 필요 없이 말입니다. 그리하여 요리사에게는 음식 제조기를, 구두장이에는 자동 구두 수선기를, 유리장이에는 자동 유리 제조기를, 백정에게는 칼이 달린 자동 단두대를, 그리고 신부님께는….."

"그렇다면, 모두 뭘 하고 있단 말이냐?" 왕은 석공이 끝내기도 전에 물었습니다. "기계가 온갖 일을 하는 동안 밀실 속에서 게으름이나 피우고 있단 말이냐? 지금은 적과 맞서기 위해 모두의 힘이 필요한 때다. 적들은 우리의 개들을 산 채로 집어 삼킨단 말이다."

"하지만 폐하께서는 아무도 찾을 수 없을 것입니다. 아무도 없습니다." 늙은 석공이 말했습니다. "모두들 떠났습니다. 이미 오래 전에 말이지요. 그리고 새로운 마을을 건설했습니다. 그렇습니다. 하루 종일 이야기가 끊이지 않는 마을이지요. 소리치고, 획책하고, 물물교환하고, 입씨름하고…. 모든 일을 함께 합니다. 한량들이 연주하고 소란스레 합창하며, 그리고 그곳에서는… 그곳에서는…." 늙은 석공의 표정은 오만상 일그러지기 시작했습니다. "그곳에서 사람들은 지금도 여전히…." 석공은 벌떡 일어났습니다. 그의 볼은 잔뜩 부풀어 올라 터지기 직전처럼 보였습니다. "그곳에서는…." 석공은 더 이상 참을 수가 없어서 웃음보를 터뜨렸습니다. "그곳에서는 모두가 비웃고 있을 것입니다. 당신을요. 마치 행복한 술주정뱅이처럼 웃고 있을 거에요. 웃음소리는 밤낮으로 마을 회관을 가득 메우죠. 회관 한쪽 끝으로 농담이 전해지기가 무섭게 또 다른 농담이 시작되어 더 떠들

썩한 고함이 되고 함께 노래합니다. 곡조는 계속해서 바뀌지만, 전부 당신에 관한 겁니다. 불경한 곡들이죠. 그리고 말할 수 없었던 것들을 흥얼거립니다. 가장 시끄럽게 떠드는 이들은 여학생들입니다. 저 같은 늙은이들은 너무 웃어재껴서, 가슴 속에 숨이 남아나지 않을 지경입니다. 제가 알고 있는 게 뭐냐고요? 폐하, 저는 한낱 미치광이 늙은 석공일 뿐입니다." 그리고 석공은 다시 주저앉았습니다. "하지만 폐하, 한 가지는 확실합니다." 그의 목소리는 침착했습니다. "방들은 텅 비었습니다. 오래된 도시로부터 영혼은 사라졌다고요."

갈릴레오는 생각했다. 뇌 속에는 2개의 거대한 도시가 있구나. 대뇌란 각양각색의 시민들이 서로 논쟁할 수 있고, 함께 결정내릴 수 있는 곳이다. 그리고 소뇌란, 더 많은 이들이 살고는 있으나 모두 홀로 떨어져, 누구와도 대화하지 않고, 각자의 방 안에서 자신의 일에만 신경을 쓰는 곳이다. 거대하고 혼잡한 대도시, 생기 넘치는 민주주의인 대뇌에 의식이 깃드는 이유는 아마 이 때문이리라. 그리고 소뇌는, 광대하지만 침묵하는 감옥이리라.

Φ

푸생은 말년에 수전증이 생겼다. 하지만 그의 붓놀림을 분석했을 때, 이는 소뇌의 문제라기보다는 파킨슨병에 의한 것으로 추정된다. 패트릭 해거드Patrick Haggard의 저작 〈니콜라 푸생(1594-1665)의 운동장애The Movement Disorder of Nicolas Poussin(1594-1665)〉 및 샘 로저스Sam Rodgers의 《운동장애Movement Disorders》(2000)를 보라. 푸생의 말이 마구 튀어나오는 것은 일부 소뇌 질환의 특징이다. 푸생의 자화상은 루브르에 소장되어 있으며, 신비스런 분위기의 그의 작품 '아르카디아의 목자들Arcadian Shepherds' 역시 마찬가지이다. 이는 이데아를 잘 표현한 이상적인 그림이다. 푸생이 예술에 대해 언급한 대목은 플라톤의 말과 명백히 유사한 점이 있다. 그리고 프릭이 간략히 설명했듯, 대뇌 피질 조직 역시 마찬가지다. 피질의 가장 고위부에 위치한 뉴런들은 쏟아져 들어오는 신호들의 소나기로부터 변치 않고 포괄적이며 심오한 어떤 것을 추출해낼 수 있게 된다. 가변적이고 개연성이 떨어지는 신경반응에 대해 고위부로 갈수록 점점 더 개의치 않고, 더욱 관념적이고 행동에 유의미한 반응을 보이게 되는 것이다. 그리고 이 뉴런들은 세상에게도 동일한 카테고리를 적용하여, 대상이 어떤 것일지 가늠해 본다. 우리는 상상할 수 있는 것들을 보는데 어쩌면 이것이 우리가 무엇인가나마 볼 수 있는 이유인지도 모르겠다. 의식은 이와 같은 항상성, 관념성과 심오함 속에 깃들어 있다. 때로는 예술 역시 그러하다. 최소한 푸생은 그리 생각한 듯 보인다.

반면, 빠른 조정이 필요한 과제는 국지적인 관심사에 불과한 것처럼 보이며, 의식 외부에 속하는 방대한 지적 내용을 필요로 하지는 않는 듯 하다. 이러한 과제는 자동적으로 실행될 수 있으며, 두뇌 속 전용 모듈들에 의해 신속 정확하게, 상대적으로 독립적으로 수행된다. 실제로 논의나 협의가 별로 필요치 않는 작업인 경우, 자동적이고 반복적인 일일 경우 일관 작업으로 넘겨버릴 수 있다. 대뇌피질이라는 활기 넘치는 대도시는 이를 소뇌의 효율적인 구획들에 넘겼다. 하지만 프릭이 말했듯, 대뇌피질 내에도 이런 전용 시스템이 존재할 듯 보인다. 구달Goodale과 밀러 Milner가《보이지 않는 이들의 시각Sight Unseen》(Oxford University Press, 2004)에서 소개한 연구에 따르면, 피질 일부에 병변이 생긴 환자들은 특정 능력을 잃어버리게 된다. 예를 들어 이들은 물체를 잡기 위해 손가락을 어떤 모양으로, 어느 정도 간격으로 벌여야 할지 가늠하지 못한다. 하지만 물체의 모양과 크기를 의식적으로 보고하는 데는 아무런 문제가 없다. 반면 또 다른 피질 부위의 병변을 가진 환자들은 모양과 크기를 지각하는 능력을 상실하게 되지만 손가락으로는 물체의 모양과 크기를 '보고' 정확하게 움켜 줄 수가 있다.

5

2명의 맹인 화가

눈의 실명과 영혼의 실명

본다는 것은 옛 기억을 조합해내는 것, 포악한 독재자가 이끌어내는 개인적인 꿈, 밖에서 소리쳐 들려오는 교대순서에 불과한 것.

다음 방으로 들어가며 갈릴레오는 그렇게 생각하였다. 그 방 안에도 호기심을 자극하는 사물이 잔뜩 보이는 커다란 캔버스가 놓여 있었기 때문이다. 캔버스 근처에 서 있는 한 남자는 부자연스러우리만큼 천천히 그 표면을 더듬어 가며 움직이고 있었다. 이곳은 병든 화가들의 집합소일까? 그리고 그 옆에 앉아 가슴에 손을 얹고 있는 저 부인은 또 누구일까?

남자가 말했다. "보시다시피, 이 그림은 깜짝 놀랄 정도로 화려하지요. 이걸 다시 한 번 넘기는 데 거의 두 시간이 걸렸습니다. 이 그림 속에서 그림을 감상하고 있는 여인은 의인화된 시지각視知覺임이 틀림없습니다. 그리고 예술품 보관실은 그 자체로 우리의 시지각을 뜻하겠죠. 보시다시피 이것은 시각을 은유한 것입니다. 눈에서 떠난 빛이 우리 주변의 물체 위에서 빛날 때 우리는 그것들을 보게 된다는 말입니다."

그는 캔버스에서 손을 떼면서 말했다.

"한동안 저는 이렇게 생각했습니다. 눈이 태양처럼 빛나지 않는다면, 눈으로 태양을 볼 수 없을 것이라고. 하지만 저는 틀렸어요. 눈은 빛이 우리 마음속으로 들어올 때 통과하는 문에 불과한 것이었습니다. 시각은 눈이 아니라 마음속에 있어요."

갈릴레오는 케플러가 줄곧 하던 말을 떠올렸다. 시각은 망막의 어두운 표면 위에 맺힌 상을 통해 나타난다(안구는 암실 카메라와 같아서 상이 뒤집어져 맺힌다). 그런데 어째서 세상이 뒤집어져 보이지는 않는지 케플러는 상대방에게 짓궂게 묻곤 했다(그도 답을 알지 못했다). 하지만 만약 시각이 마음속에 있는 것이라면, 망막의 상이 거꾸로인 것은 아무런 문제도 되지 않을 것이다. 갈릴레오는 생각했다.

"옳아요." 프릭이 끼어들었다. "망막은 의식적으로 보는 것과는 거의 관련이 없지요. 망막의 중심부에는 시신경이 빠져나가는 장소가 있는데, 심지어 그 부분은 빛에 반응하지도 않아요. 하지만 우리 시야 한가운데가 구멍 뚫린 것처럼 보이지는 않지요. 그리고 망막의 바깥 부분은 색깔을 구분하지 못하지만, 황금빛 태양 주변의 하늘이 회색으로 보이지는 않고요. 마지막으로, 안구는 모르는 사이에도 움직이고 있어서 망막의 위치도 시시각각 변하지만, 의식적으로 보이는 광경은 전혀 움직이지 않아요. 견고하고 장엄해 보일 뿐이지요."

갈릴레오는 여전히 캔버스를 손으로 훑으며 꼼꼼하게 감상하는 남자를 보았다. "당신도 화가인가요?" 갈릴레오가 물었다.

"좋으실 대로 생각하십시오. 한때는 콤파 자베르나^{Compá Zavargna}가 제 이름이었습니다. 제 이야기를 들으신 적이 있는지 모르겠네요. 낯선 선생님."

사내가 말을 이어갔다. "아카데미의 제 사제들 중 하나가(우리는 바커스 신의 가호 아래에 은밀히 만났습니다) 저를 위해 영약을 만들었답니다. 회양목을 증류하고, 발 디 블레니오의 버섯을 끓여 넣었다고 했습니다(그 이외에는 무엇이 들어갔는지 저는 모릅니다). 달콤한 맛이 나는 그 약은 제 능력을 끌어 올려주었지요. 제가 그걸 마시자 제 마음은 부풀어 올랐답니다. 제 예술도 마찬가지였고요. 색깔들은 더 생생해졌고, 형태도 좀 더 또렷이 보였습니다. 얼굴은 살아 숨 쉬는 듯 살갗이 붙었고, 다리는 캔버스 밖으로 걸어 나왔습니다. 마치 저를 반기고, 자신들의 운명에 대해 통곡하려는 듯 보였지요. 그리하여 저는 제 걸작 '반역 천사의 추락The Fall of the Rebel Angels'을 구상하기 시작했습니다. 상상 속에서 저는 생생하게, 마치 제 눈앞에서 펼쳐지는 듯 그 광경을 잡아둘 수 있었답니다. 그리고 붓놀림 하나하나를 떠올렸습니다. 이쪽을 우아하게 다듬고, 저쪽을 실감나게 묘사하고, 작품 구석구석이 유희였습니다. 매일 아침 침대에 누워 있을 때면 제 마음은 약에 취해 흔들렸답니다. 저는 거침없이 제 위대한 '반역적 추락Rebel Fall'을 작업해 나갔고, 이제껏 보아온 그 어떤 것보다도 훌륭한 작품으로 자라나는 것을 보았습니다. 티치아노의 색감과 미켈란젤로의 윤곽, 만테냐의 열정과 레오나르도의 천재성 그 모두가 하나의 캔버스 속에 녹아들었습니다. 제가 그린 입술은 비명을 지르고, 눈동자는 자비를 간청하고 있었죠. 그림은 너무나도 생생했기에, 저는 그 속으로 빨려 들어갔고 제 영혼은 거의 말라 죽을 지경이었어요. 제 스스로 그려낸 조물주와 가장 높은 경지의 예술에 대해 논박하기 전까지는요."

"제가 당신의 작품을 보았던가요. '반역 천사의 추락'은 어디에 걸려 있습니까?"

남자는 눈을 감싸며 말했다. "낯선 선생님, 이해를 못하신 것 같습니다. 아니면 못한 척하시는 건가요. 그날 아침 '추락'은 제 마음 속에서 완성되었기에 저는 그림을 그리러 일어났습니다. 너무나도 또렷이, 세세한 하나하나까지 제 의식 속에 새겨져 있었기에 제가 할 일은 그저 캔버스 위에 그걸 옮기는 것뿐이었지요. 세상 모든 이들을 능가하는, 가장 위대한 승리자가 될 예정이었던 그날 아침, 제가 눈을 떴을 때 방안은 컴컴했습니다. 그리고 그 후로 점점 더 어두워졌지요. 영약 속에 들어 있던 독이 대가를 치르게 한 것입니다. 제 머릿속에는 여전히 그림이 빛나고 있지만 안쪽에서 잠겨버렸어요. 제 마음 안에 틀어박혀 눈에 띄지 않는 죄수가 되어버린 거지요. 그날 이후로 저는 더 이상 그림을 그리지 않습니다."

"당신의 걸작은 영원히 사라져버렸나요? 아니면 여전히 마음속에 간직하고 있나요?"

"고통 속에 살면서 행복했던 순간을 떠올리는 것보다 슬픈 것은 없지요. 상상 속에서 그것은 계속 머물고 있습니다. 하지만 예전 같지는 않아요. 이제는 모든 생명이 빠져나가 버렸답니다."

"괜찮다면, 당신이 만져보았다는 그 캔버스에 대해 말해주실 수 있겠어요? 눈을 감고, 그림 속에서 그림을 감상하던 여인을 마음속에 떠올려 볼 수 있나요?"

"물론이죠. 낯선 선생님, 저는 이미 그 여인을 여러 번 만져보았습니다. 그리고 제 친구들은 제가 놓친 부분을 알려 주었답니다."

"그렇다면, 그녀가 두르고 있는 천이 무슨 색인지도 들었겠네요?"

"그럼요. 청록색 빛깔의 숄이었습니다."

"마음속에서는 색상이 또렷하게 보이나요?"

"물론 저는 마음속에서 밝게 빛나는 청록색 숄을 볼 수 있습니다. 화가는 사물이 어떻게 보일지 상상하는데 능해야 합니다. 그렇지 않다면, 모든 색깔을 시험 삼아 전부 캔버스에 칠해 봐야 할 테지요. 미리 어떤 색깔을 고르는 대신 말입니다."

"그러면 잠이 들어 불꽃이 피어오르는 꿈을 꿀 때, 그 색깔이 보이나요?"

"당연합니다. 제 그림들 중 다수는 꿈속에서 떠오른 것입니다. 상상 속에 나타날 수 있는 모든 것이 형태로써, 눈을 통해 보인다는 사실이 이해되지 않습니까?"

눈먼 화가가 말했다. 눈을 치켜뜨며, 신랄한 목소리로 덧붙였다.

"저는 화가들의 왕자, 위대한 드루이드의 소묘 실력에 필적하기를, 그의 창작력과 맞먹기를 원했어요. 하지만 제 나이가 주님께서 십자가에 못 박혀 돌아가신 나이에 이르렀을 때, 운명은 저를 눈먼 무덤의 십자가에 매달았답니다. 이제 제 두 눈은 독으로 썩어 문드러졌어요. 없어진 것과 다를 바 없지요. 그리하여 단지 상상 속에서만 그림을 그리는 사람으로 남게 되었습니다. 빛과 색깔은 제 모든 작품에서 사라졌습니다. 저는 애를 쓰지만, 절대 창조하지 못하는 이가 되었습니다. 아이를 갖는 비법을 논문으로 쓰지만, 정작 자신은 자식을 가질 수 없는 사람이지요.Osc' che l'oc' nol ve com gal nol cant. "

눈먼 화가는 침묵에 빠졌고, 고개를 숙였다. 그러자 그때까지 전혀 움직이지 않던 노부인이 부드럽게 그의 팔을 쓰다듬고서는 말했다.

"얘야, 내 가슴 속에서 네 고뇌가 느껴진단다. 그렇고말고. 나 역시 그림을 그리는 게 힘들거든. 사람들은 언제나 내게 요구하지만 나는 너무 지쳤어. 나는 거의 100살이 다 된 걸 너도 알지, 그렇지?"

남자는 몸서리쳤다. "저를 엮으려 들지 마세요, 어리석은 노파 같으니. 당신의 눈은 진작 죽음으로 감겼어야 해요, 제 눈이 어둠으로 덮이기 훨씬 전에."

그는 갈릴레오를 향해 얼굴을 들었다.

"젊은 시절을 돌이켜보자면, 이 노파는 전 유럽의 선망의 대상이 었어요. 수많은 귀족들이 작품을 원했죠. 하지만, 지금은 할머니 역시 저처럼 시각이 마비된 채 남의 도움을 받아, 짐짝과 같은 삶을 살고 있지요."

"얘야, 어째서 내 눈이 멀었다 우기고 싶은 게니?" 노부인은 웃으며 답했다. "그리 말하면 기분이 좀 풀릴지도 모르겠구나. 하지만 이해는 잘 안 된단다. 나는 여전히 용모를 잘 가꾸고 있단다. 고개를 돌려 내 얼굴에 주름을…. 아, 지금 무슨 말을 하고 있는 거지? 정신 차려, 이 늙은 소포니스바^Sofonisba야. 하필 이 젊은이는 왜 주름에 대해 상관한담?"

"당신과 당신의 주름! 만약 당신이 정말로 볼 수 있다면, 어째서 항상 하녀를 데리고 다녀야 하나요? 방문객이 말을 걸기 전까지는 어째서 알아차리지 못하는거죠?"

"얘야, 늙은이들은 거동이 힘들단다. 대꾸하기 전에 두 번은 생각해야지. 그리고 내가 있는 집 안은 어두워. 대부분 커튼이 쳐져있단다."

"부인, 언제나 똑같은 변명이에요. 매번 눈이 멀었다는 것을 부인하지만 당신은 아무것도 볼 수 없어요. 제가 보는 바로는, 분명히 당신은 저보다 훨씬 더 심한 맹인일 겁니다."

그는 계속했다.

"저는 적어도 앞이 보이지 않는다는 게 어떤 것인지는 알거든요. 실명이라는 제 짝은 오래 전부터 저와 함께 해왔습니다. 하지만 저는 제 짝으로부터 배운 게 많아요. 그녀의 잔인한 변덕 덕분에 여전히 볼 수 있다는 사실을 깨달았지요. 제 앞으로 스쳐지나가는 공간이, 사람과 야수들의 모습이, 붉고 푸르고 창백하고 밝은 사물들이 마치 티치아노가 그린 것처럼 생생히 보입니다. 그리고 꿈속에서 여전히 그림을 봅니다. 잠이 들면 나타나지요. 만약 보이지 않는다면, 어떻게 제가 논문을 쓸 수 있었을까요? 하지만 당신은요? 당신은 눈이 멀었다는 게 무슨 뜻인지조차 모르고 있어요. 본다는 것이 어떤 뜻인지 모르기 때문이죠. 당신은 당신의 예술과 더불어 완전히 실명했어요. 심지어 원근이 무엇인지, 무슨 뜻인지조차 알 수 없겠죠."

"아니란다. 얘야. 원근이란 가까이 있는 사람이 먼 친척이나 완전히 낯선 사람보다 더 크고 더 중요하게 보이는 마음의 습관이지 않니. 낯선 사람은 아주 조그마한 모습일테지."

"구제불능이군요." 눈먼 화가는 갈릴레오를 쳐다보며 말했다. "하나 더 해보죠. 부인, 제가 만지고 있는 커다란 캔버스 속 왼쪽 테이블 위에 놓인 액자에는 무엇이 그려져 있는지 답해 보실래요? 제 친구들 대부분이 첫눈에 알아차리지 못한 이상한 물체에요. 하지만 저는 눈의 도움 없이도, 단지 이 독특한 감촉을 느끼는 것만으로도 이게 무엇인지 알 수 있어요."

"물론이지. 식은 죽 먹기라고. 어디 보자, 이게 뭘까. 음… 간단히 말해서, 이건 뭐든지 될 수 있겠군. 은빛 반짝이는 거미줄? 확실치는 않네. 하지만 아마 여러 가지가 속에 들어가 있을지도 몰라. 어쩌면 전부다 들어가 있겠지. 어떻게 묶어놨을까?"

"보셨죠. 그녀는 아무것도 몰라요."

눈먼 화가는 갈릴레오를 향해 소리쳤다.

"부인, 캔버스에 그려진 어떤 것이라도 이름을 대보세요."

"그래, 얘야. 어려운 일이야. 주위는 뭔가 텅 빈 듯하니깐."

"비었다고요? 나폴리에 있는 어느 시장터만큼이나 북적이고 있는데요? 어떻게 비었다고 할 수 있죠?"

"물론 그렇지. 내 말 뜻은 그게 아니야. 당연히 온통 북적이고 있어. 그 비싼 것들로 방을 채우는 데 얼마가 드는지 알기만 한다면 말이야."

눈먼 화가가 말했다. "선생님, 믿어지시나요? 이 할머니는 두더지처럼 눈이 먼 데다 그 사실조차 모르고 있어요. 자기가 무슨 말을 하는지도 모르는 거죠. 우리가 그림을 묘사하고 있는 줄도 모른 채, 자기 방에 대해 떠드는 게 낭비라 여기네요."

"얘야, 제발 무례하게 굴지는 말아주렴. 알겠지만, 다 이유가 있어.

만약 여기가 내 방이라면, 그리고 온갖 종류의 진귀한 것들을 채워넣으며 시간을 보냈다면 분명히 그림도 걸어놓았을 거라고."

"뭔가 심각하게 잘못되었어요. 부인, 시각은 모든 감각들 중 가장 위대한 여왕이에요. 그녀의 왕국은 마음속에서 가장 강력하다고요. 그녀의 영토는 다른 왕국들보다 넓고도 다채롭죠. 하지만 그녀의 왕국은 마음속에 있는 것이지 눈 속에 있는 게 아니에요. 이 위대한 여왕은, 당신의 마음을 고아로 남겨둔 채 떠나버린 듯 보이는군요."

프릭은 온종일 잠자코 듣고만 있었다. 이제 그가 갈릴레오에게 다가와 귓속말을 속삭였다.

"눈먼 화가의 말이 맞아요. 그는 단지 눈을 잃었을 뿐, 뇌 속에서는 여전히 볼 수 있어요. 반면, 저 노부인은 피질맹cortical blindness이에요. 의식에서 시각을 담당하는 피질시상계 일부를 잃어버린 것이지요. 그녀의 실명은 눈이 아니라 영혼의 실명인 셈입니다. 아마 그녀의 눈에는 이상이 없을지도 몰라요. 하지만 그녀는 더 이상 본다는 게 어떤 의미인지 알지 못할 것입니다."

"꿀벌이 꽃에 대해 어떻게 생각할지, 우리가 알지 못하는 것처럼 말인가요?" 노부인은 넋을 놓은 채 물었다.

"그렇습니다. 부인." 갈릴레오가 답했다. "눈, 망막은 그저 방아쇠에 불과합니다. 무수히 많은 톱니가 달린 방아쇠이긴 하지만요. 우리가 깨어 있을 때, 그리고 눈을 떴을 때, 눈은 마음에게 무엇을 봐야 할지 말해줍니다. 밖을 쳐다보고는, 의식이라는 거대한 미술관에 소장된 다양한 작품들 가운데서 골라냅니다. 그 작품은 빛이 비쳐야만 하겠지만. 그러나 그 자체는 본다는 일을 하지 않습니다. 그것은 마음이 하는 고유한 일입니다. 고로 잠들었을 때나 눈을 다쳤을 때 눈은 감길지라도, 마음은 여전히 볼 수 있습니다. 눈먼 화가처럼 말이죠. 그리고 무엇을 볼지 마음은 자신의 의견으로 결정합니다."

갈릴레오는 생각했다. 노부인의 눈은 멀쩡할지 몰라도 보이는 것은 없을 것이다. 하지만 눈먼 화가는 볼 수 있을 것이다. 만약 의식적인 이미지를 만들어내는 곳이 망막이 아닌 대뇌라면.

Φ

각각 망막과 피질의 문제로 맹인이 된 두 화가의 대화는 지안 파올로 로마쪼Gian Paolo Lomazzo와 소포니스바 아귀솔라Sofonisba Anguissola를 모델로 하고 있다. 로마쪼Lomazzo는 이른 나이에 맹인이 되어(꼭 메탄올 중독 때문이라 볼 수는 없다) 저명한 예술 이론가로 전향하였다. 그는 바커스신을 모시는, 혁신적인 발 디 블레니오 아카데미의 일원이었다. 또한 반쯤은 지어낸 방언을 사용하여 그로테스크한 시구들을 남겼다. 발 디 블레니오의 수도원장으로 불리는 그의 자화상(추정)은 밀라노 피나코테카 디 브레라Pinacoteca di Brera에 소장중이다. 로마쪼는 소포니스바를 방문한 바 있다. 소포비스바는 96세의 나이로 맹인이 되었으나, 본 장에 묘사된 것과 같은 피질성 실명은 아니라 안구의 문제였을 것이다.

프릭이 갈릴레오에게 말한, 망막이 시각에 기여하는 바가 없다는 이야기는 정확하다. 프랜시스 크릭과 크리스토프 코흐는 여러 저작에서, 특히나 코흐의 책《의식의 탐구The Quest for Consciousness》(Roberts, 2004)에서 이에 대해 매우 명확히 설명하고 있다. 완전한 피질맹은(이를 '영혼의 실명' 혹은 Seelenblindheit 라고 묘사한 독일인 신경과 의사의 이름에서 따와) 안톤 증후군이라 불리는데, 이는 양측성 후두엽 손상을 입었을 때 초래되는 드문 상태이다.

세네카Seneca는 그의 저작《루실리우스에게 보내는 편지Letters to Lucilius》

(Liber V, Epistula IX)에서 유사한 상태를 기술한 바 있다. "제 아내의 얼간이 친구, 하파스테스Harpastes가 마치 물려받은 짐짝마냥 저희 집에 들어앉았다는 사실은 알고 계실 겁니다. (…) 이 바보 같은 여인은 갑작스레 시력을 잃어버렸습니다. 믿기 어려우시겠지만, 제가 말하려는 것은 모두 사실입니다. 그녀는 자신이 눈이 멀었다는 사실을 모릅니다. 그래서 몇 번이고 거듭해서 보호자에게 어딘가로 데려다 달라고 합니다. 그녀는 저희집이 어둡다고 우겨댑니다." 이번 장에 등장하는 소포니스바와 마찬가지로, 하파스테스나 안톤의 환자는 실명했지만 자신의 상태에 대해 부인하였다. 그들은 물체에 걸려 넘어지기도 하고, 벽을 향해 돌진하거나 닫힌 문을 지나가려며 친지들을 알아보지도 못했다. 대신에 전혀 그곳에 있지도 않은 사람이나 물건에 대해 묘사하였다. 이런 환자들은 본다는 것이 무엇을 뜻하는지 그 의미에 관한 지식을 상실한 것이다. 하지만 언어적인 기억들이 방대하게 저장되어 있었기에, 이를 통해 상상조차 하지 못하는 '보이는' 사물들에 관해 이야기를 지어낸다. 이러한 결손에 대한 무지無知는(질병인식불능증anosognosia이라고도 알려져 있다) 특정 피질에 병변이 있는 경우에 드물지 않게 발생한다(또 다른 환자들은 자신의 사지가 마비된 것을 부인하기도 한다).

다른 형태의 질병인식불능증은 종종 편측무시hemineglect로 나타난다. 이는 보통 우측 두정엽의 병변에 기인하는데, 환자들은 좌측의 세상을 무시하는 모습을 보인다. 예를 들어 편측무시를 보이는 화가의 경우(11장에서 간단히 기술된다), 자화상을 그릴 때 오로지 오른쪽 절반의 얼굴만을 그리며, 식사를 할 때도 접시의 오른쪽만을 먹으며, 사물의 우측만을 상상한다. 옷을 입을 때 오른쪽만 입는 것은 말할 필요도 없다. 편측무시 환자의 경우, 세계의 왼쪽 편에 대해서는 아무리 이야기를 해도 알아듣지 못한다. 왼쪽이란 그저 존재하지 않는 것일 뿐이다. 만약 우리의 뇌가 벌의 뇌로 되어 있다면, 세상이 어떻게 생겼는지 아무리 설명해도 우리가 알아차릴 수 없을 것과 같은 이치이다.

6

안에서 갇혀버린 뇌

바윗덩이 같은 육신, 우주와도 같은 의식

신의 무력한 의지는 질병이라는 서커스를 부지기수로 여는, 변덕스러운 여왕의 지배를 받고 있다. 다음 방에서는 어떤 이를 만나게 될까? 갈릴레오는 생각했다. 목소리가 안 나오는 가수? 언어를 잃어버린 시인?

화려한 목공예 장식이 새겨진 벽장 옆으로 긴 콧수염을 드리운 사내가 기대고 서 있었다.

"걱정하실 필요는 없어요. 제 몸뚱이는 튼실하거든요. 갈릴레오 선생님." 그가 단언했다.

"그렇군요."

갈릴레오는 주위를 살폈고 프릭이 어디로 사라졌을까 의아해 하면서 답했다. 그때 벽장 가운데로 솟아나온 황동 레버들이 눈에 띄었다. 왼편으로는 두꺼운 종이 두루마리가 걸린 막대가 있었다. 갈릴레오는 남자에게 물었다.

"이 이상한 벽장의 쓰임새를 알려 주시겠습니까? 일종의 오르간입니까?"

"아, 아닙니다. 하지만 교회에서 쓰는 물건은 맞습니다. 벽장 속에는 자동 고해성사기가 들어있습니다."

"고해성사를 듣는 기계란 말인가요?"

"원하신다면 그리 부르셔도 좋습니다. 이건 P 신부께서 만드신 겁니다. 제작 동기요? 로마로 모여드는 순례자들이 너무 많은 까닭에 죄들을 사해주는 수도사들은 매일 끙끙 앓는다고 하셨습니다. 그래서 P 신부님은 이 기계를 생각해내셨고 시험 삼아 이곳에 보내주셨습니다. 신부님이 만드신 계산기도 충분히 훌륭했지만, 이 자동 고해성사기는 비할 바 없이 강력합니다."

"어떻게 작동하는 겁니까?"

호기심이 생긴 갈릴레오가 물었다.

"기계가 어떻게 움직이는지는 저도 잘 모릅니다. 제가 알고 있는 것이라곤 각각의 죄목을 다루는 장치들이 있다는 것입니다. 어떤 장치는 오만을, 어떤 장치는 태만을, 또 다른 것은 질투를 혹은 음욕을 담당하는 식입니다. 죄인은 레버를 이용해 속죄문을 글자로 입력합니다. 지엽적인 것 하나하나까지 꼼꼼히 말이죠. 마지막에는 자신이

참회하는 만큼 우측의 붉은 색 레버를 세게 잡아당깁니다. 그러면 기계는 속죄문을 분석해 비밀스런 장치를 돌려 각 죄목에 해당하는 온갖 사례를 평가한 뒤 경중을 따지고 참회의 정도를 측정한 다음 종이 두루마리 위에 치러야 할 대가를 찍어냅니다. P 신부께서 말씀 하시길, 이런 기계만 있으면 신부들은 그저 죄를 사하노라고 선언하 기만 하면 그뿐이라 하셨습니다. 물론 극악무도한 죄가 감지된 경우 에는 벨이 울릴 겁니다."

"그래서 이게 쓰이게 되었나요?"

"전혀요. 이단적인 악취가 너무 심한 나머지 기계에 대한 소문이 퍼지자마자 그 냄새는 로마에 가득했답니다. 신부님의 몫으로 죄를 사하는 일만을 남겨놓는 것은 마치 영혼을 포기한 몸뚱이 위에 무화 과 잎사귀 한 장만 덮어놓는 것과 다를 바 없음을 그들은 단번에 알 아차렸지요. 오늘은 그저 이 기계를 쓰는 것이지만 내일이면 또 다른 기계가 나타나 신부님뿐 아니라 교황님을, 모든 성자나 천사를 대신할 터이고, 그리고 누가 알겠습니까? 하느님 아버지마저도 대신해버릴지."

"그럴지도요. 하지만 사람의 수고로움을 덜 수만 있다면, 그것도 나쁘진 않아 보이는데요. 어차피 그저 기계일 뿐이니까요."

"그렇지 않습니다. 이것은 입만 살아 있는 이교도적인 우상입니다. 그리고 사람들은 어리석지요. 그들은 곧 우상이 내어놓는 답을 신봉하게 될 것입니다. 기계가 아무것도 이해하지 못한다 하더라도 말입니다."

그는 계속 이어나갔다.

"태만, 질투, 인색, 음욕 등의 예시를 헤아리고, 적당한 속죄행위를 계산하는 일은 별개의 문제입니다. 각각의 죄목을 맥락에 맞춰 살피는 일과는 전혀 다르지요. 예컨대 인간의 삶이라는 진흙덩이를 체를 쳐 걸러낼 때 탐욕이라는 허물에 대해서만 돌아가는 톱니바퀴는 그것 말고는 아무것도 모릅니다. 음욕이란 죄목을 찾으며 더러운 찌꺼기를 빨아 당기는 또 다른 장치는 음탕한 냄새가 나는 것과 그렇지 않은 것으로 인간의 생각과 행동을 구분하겠지만, 만약 음욕이 사라진다면 그 장치는 삶이 어떤 것인지 알 길이 없습니다. 음탕한 것과 그렇지 않은 것, 그것만이 장치가 이해할 수 있는 전부입니다. 사실 음욕마저도 다양한 종류가 있습니다. 자궁을 닮은 꽃이나 지평선 위 둥근 젖무덤 모양의 언덕을 보며 느끼는 감각적 만족, 새의 깃털에서 느껴지는 외설적인 미감, 심지어 숭고한 천상의 아름다움, 성모의 눈부신 위엄조차도 불경한 종류의 열망을 불러일으킬 수 있습니다. 죽은 아들 앞에서 비탄에 잠긴 어머니의 굽이치는 목소리가 예민하고 불안정한 수도자의 마음을 미쳐 날뛰는 황홀경에 빠뜨릴지도 모르죠."

"무슨 말인지 모르겠어요." 갈릴레오는 퉁명스레 끼어들었다.

"흥분해버렸군요." 사내는 사과하며 작은 그림 한 장을 주머니에서 꺼냈다. "보잘것없는 저희 교회와 묘지입니다. 아주 예전에 이걸 스케치했을 때는 그저 순수한 그림으로만 보였습니다. 하지만 지금은 무엇이 문제인지 뚜렷이 보입니다."

그는 배경에 그려진 언덕을 가리켰다.

"하지만 이 그림에 무엇이 문제인지 기계가 알기 위해서는 그저 읽어내는 게 아니라 선생님이나 제가 보는 식으로 보아야 할 것입니다. 그리고 보이는 것이 무엇인지 이해를 해야만 할 것입니다. 나무와 산들의 윤곽, 움직이는 구름의 형태, 사물이 다른 사물과 연관되는 방식 따위를요. 우리가 죄를 짓는 방식을 이해하기 위해서는, 혹은 삶이나 예술, 꿈속에서 그 죄악을 찾아내기 위해서는, 우리가 아는 모든 것을 인식하고 있어야만 합니다. 그것이 무엇이고, 무엇이 아닌지, 무엇과 연관이 있고, 무엇과는 연관이 없는지 말입니다. 신속정확함만으로 따지자면 기계야말로 가장 훌륭한 신부일 것입니다. 절대 지치지 않고 연민에 치우치지도 않을 겁니다. 하지만 어두운 고해성사실의 그럴싸한 장식이 달린 창 뒤편에 놓여 있을지라도 진짜 신부님처럼 헤아릴 수 없다면, 죄는 고사하고 죄인을 이해하지도 못할 것입니다."

"좋아요. 하지만 만약 이게 신부님보다 더 예민하게 죄를 찾아낼 수 있다면, 무슨 근거로 기계의 이해가 부족하다 말할 수 있을까요?"

"의미를 헤아려보지 않은 채, 행동으로만 판단할 때는 주의가 필요합니다. 교리에 따르면 결과도 중요하지만, 과정 역시 중요합니다. 똑같은 행동이라 할지라도, 그 행동은 맹목적이었을 수도, 의식이라는 빛 안에서 만발하였을 수도 있습니다."

"어떻게 구별할 수 있죠?" 갈릴레오는 미심쩍게 되물었다.

"그냥 질문을 던져보세요. 작위적인 질문을요. 훌륭하신 신부님은 어떠한 질문이라도 그게 무엇이며, 무엇이 아닌지 답하실 수 있겠지요. 하지만 기계는 어떨까요? 이걸 보시죠."

그는 레버를 당겨 일련의 철자들을 입력해 넣었다. '침묵하는 죄는 얼마나 큰가?' 그러자 벽장 옆 커다란 바퀴가 한동안 철컹거리며 돌더니, 두루마리 종이가 나오기 시작했다. 기계의 대답은 종이 위

붉은 대문자로 인쇄되어 있었다.

'신성모독이 죄입니다. 거짓 증언이 죄입니다.'

"보셨죠. 이 기계는 부작위^{不作爲}의 죄를 죄라고 여기지 않아요. 주위 사람들의 침묵, 마땅히 행하였어야 하지만 그렇지 않았던 행동에 대해서는 판단하지 못합니다."

"레버를 당기는 게 번거롭지만 않다면, 저도 한번 질문해보죠." 갈릴레오가 말했다. "답해주세요. 착한 일을 하고자 하는 야망은 선인가요, 악인가요?"

'야망은 죄입니다. 착한 일을 하는 것은 선입니다.' 인쇄된 종이가 풀려나왔다.

"그럴 듯하면서 그렇지 않은 말이네요." 수염 난 사내가 끼어들었다.

"시험을 해봅시다." 그는 레버를 당겨 입력했다. '원인과 결과 중 어떤 것이 더 중요한가?'

'원인은 결과로써 판단됩니다.' 기계는 답을 뱉어냈다.

'인간은 결과만을 걱정하면 마땅하며, 원인은 하나님의 특권인가?'라고 입력하자, 고해성사기는 이렇게 대답했다.

'아니오, 당신은 둘 다에 책임이 없습니다.'

"보셨죠, 이 기계는 많은 이들을 쉽게 속일 수 있어요. 대다수의 사람들은 창 뒤편에, 모든 걸 다 꿰뚫어보는 나이 많은 신부님이 계실 것이라 생각하겠지요. 하지만 이건 그냥 죄목만을 찾아내고 나머지는 간과해버리는 기계 뭉치일 뿐이에요."

소녀처럼 말이지. 갈릴레오는 생각했다. 각각의 장치들은, 기계 속 각 모듈들은 맡은 일에 능숙하다. 자신의 영역 안에서 빠르고 훌륭하게 답을 찾아내지만, 맥락을 조망하지는 못한다. 하지만 갈릴레오는 이렇게 외쳤다.

"때로는 가면 뒤에 누가 있는지 판단하기 힘들 겁니다."

"선생님이 생각하시는 그 이상입니다. 그 가면 뒤에 누군가 있기는 한지조차 판단하기 힘든 경우도 있습니다. 갈릴레오 선생님, 그래서 제가 선생님께 도움을 청하는 것입니다. 창 뒤에 있는 것이 신부님인지 그냥 기계인지 따위가 아니라, 인간의 얼굴 뒤편에 영혼이 깃들어있는지 그 여부를 알고 싶습니다."

그리고는 다음 방으로 따라 들어오라며 갈릴레오에게 손짓했다. 방안 가득한 공기는 음산하면서 무거웠다. 멀찍한 구석에 놓인 침대에는 목으로 난 구멍을 통해 천천히 숨을 쉬는 한 남자가 누워 있었다. 커졌다 작아졌다 쌕쌕거리는 숨소리에 고통이 담겨 있었다. 갈릴레오는 가까이 다가가 맥을 짚어보았다. 심장은 뛰고 있었으나 그 외에는 아무런 움직임도 없었다. 남자의 몸은 딱딱하고 조용하게 굳어 있었다. 하지만 눈은 뜬 채였으며, 잠든 것처럼 보이지는 않았다. 순간 갈릴레오는 그를 알아보았다. 오랜 친구 M이었다.

갈릴레오가 놀란 가슴을 진정시키기도 전에 수염 난 사내가 큰 소리로 말했다.

"갈릴레오 선생님, 이 때문에 선생님의 도움이 필요했습니다. M은 더 이상 저희와 함께 있지 않아요. 그는 혼자서 공식을 가져가 버렸습니다."

갈릴레오가 어리둥절한 표정을 짓자 사내는 서둘러 설명했다.

"M은 공식을 발견했어요! 소수素數에 관한 공식을요. 그게 틀림없어요. 물론 저는 한달음에 파리로 달려왔지요. 그런데 제가 도착했을 때, 그는 이미 바위처럼 침묵하는 몸이 되어 있었습니다. 소리하나 없이 7일이 흘렀습니다."

"내 친구에게 무슨 일이 생긴 거죠?"

"M은 뇌에서 움직임의 실타래를 풀어내는 부분에 문제가 생겼습니다."

수염 난 사내는 M의 머리를 가리키며 말했다.

"들리시죠, M은 숨만 쉬고 있을 뿐 그 외에는 움직임이 없어요. 다만, 온종일 깜빡이는 오른쪽 눈꺼풀은 예외입니다. 일종의 반사 작용이겠지요."

갈릴레오는 다시금 M의 손을 잡았다. 맥박은 좀 더 빠르게 뛰었지만 아무런 말도 없었다. 그는 살아 있다. 갈릴레오는 생각했다. 하지만 의식이 있을까, 아니면 코페르니쿠스와 마찬가지로 공허 속에 사라진 것일까? 어떻게 확인할 수 있을까? 곰곰이 생각했다. 의사들이라면 의식의 유무를 판단하기 위해 어떻게 할까? 몇 가지 질문을 던질 테고, 만약 환자가 매번 적절한 답을 내놓는다면 의식이 있다고 확신할 테지. 만약 아무런 대답이 없다면, 환자로 하여금 움직이도록 지시하고서 이를 따르려는 징후가 있는지 확인할 것이다. 혹은 위협하는 시늉을 취하고서는 어떤 반응을 보이는지 관찰할 것이고 만약 반응한다면, 아마도 그 속에는 누군가가 있을 것이다. 하지만 M은 움직일 수 없었다. 그의 살갗을 꼬집었지만 손끝하나 까딱하지 않았다. 눈 깜빡임을 제외하고는.

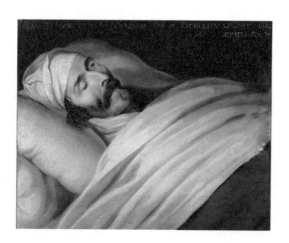

눈 깜빡임! 묘안이 떠오른 것은 갈릴레오가 단념해갈 무렵이었다. M은 눈을 깜빡여서 뭔가 말하려 애쓰고 있던 게 아닐까? M이 목소리를 들을 수 있을까? 그는 M에게 눈을 깜박여 답해보라고, '아니오'라면 한 번, '네'라면 두 번을 깜박이라고 말했다. 그러자 눈은 즉시 두 번을 깜빡였다. M에게 그가 보일까? M은 다시금 두 번 깜빡였다. 누구인지 M이 알아봤을까? M의 눈은 네라고 말했다.

수염 난 사내는 열광했다. 눈 깜빡임에서 알파벳을 받아 써보겠다며 들뜬 아이처럼 말했다. 그리고 실행에 옮겼다. 곧 사내는 알파벳을 한 글자 한 글자 가리키며, 그의 손가락이 원하는 철자 아래에 왔을 때 눈을 깜빡이라고 M에게 강요하기 시작했다.

혹여 M이 느끼고 맛보고 냄새를 맡을 수 있지는 않을까? 더 나아가 생각하고 기억을 떠올릴 수 있지 않을까? 갈릴레오는 두려워졌다. 그는 곧 깨달았다. M의 마음은 여느 때와 마찬가지로 기름칠이 잘된 기계마냥 작동하고 있었다. 반면 수염 난 사내는 M의 눈을 통해 소수에 관한 공식을 이끌어 내고자 애를 쓰고 있었다. 하지만 수학 기호들은 질문하기가 더욱 까다로웠고, 그 어떤 것에도 M은 눈을 깜빡이지 않았다.

한편 M은 마치 시간이 얼마 남지 않았다는 듯 간단한 낱말을 받아쓰게끔 했다. 그의 눈은 매우 빠르게 깜빡였다. 수염 난 사내는 기록을 포기한 채 그저 알파벳 사이로 손가락을 움직일 뿐, M의 눈을 읽고 받아 적는 일은 갈릴레오의 몫으로 남겨두었다.

"어쩌면 낱말 한 글자 한 글자로 공식이 나오고 있는지도 몰라요."

증거-자연의 실험
·

사내가 말했다. 그리하여 갈릴레오는 휘갈겨 쓴 것을 읽어보았다.

··· morior morientis mei corporis captivus ···
··· cogito et non ago ··· non ago ergo non sum ···

"제발, M 이런 것 말고 공식을 알려 달란 말이에요."

수염 난 사내가 말했다. 하지만 M은 묵묵부답이었다.

갈릴레오는 친구를 바라보았다. M은 증명하고 있었다. 완전히 마비되어 있으면서도 완벽히 의식적인 상태가 가능하다는 것을.

"나는 죽어가는 육신에 갇힌 죄수로 죽는다네." M은 말하고 있었다. "나는 생각하지만 움직일 수가 없어. 움직일 수 없기에 고로 존재하지 않네."

그렇게 그는 의식적이었다. 모든 게 너무나도 의식적이었다.

갈릴레오는 사색에 빠져들었다. 말과 움직임을 조절하는 뇌의 부위들은 의식에 필수적이지 않다. 이들은 마음속 의도나 결정이 표현되어 나오는 관문과 같은 것이다. 이들이 하는 일은 그런 명령을 근육에 전달하는 것에 불과하다. 물론 명령은 정밀해야 하기에, 이들은 우리가 말하는 단어들 간의, 연주하는 음표들 간의 차이를 구분할 수 있어야만 한다. 하지만 그 어떤 것도 M이 생각하는 데 필요한 것은 아니다. 눈먼 화가가 심안心眼으로 바라볼 때, 눈이나 귀로부터 신호를 들이는 신경은 필요치 않던 것과 마찬가지이다.

갈릴레오는 다시금 친구를 바라보았다. 이제 M의 눈은 격렬히 깜빡이고 있었다.

··· spiritus numerus ipse ···

그리고 그는 말했다.

··· 안 돼. ··· 기록해주오, 갈릴레오. 당장 기록해주오.
··· 죄를 지었기에, 신이시어 ··· 용서해주소서, 신이시어.

그리고 그의 눈은 천천히 깜빡였다.

··· indulge mihi Domine ··· (주여, 저를 용서해주소서.)

갈릴레오는 M의 손을 잡았다. 그는 생각했다. 우리가 잠들 때면
몸은 마비되지만 꿈속에서 의식은 존재한다. 하지만 이 친구는 악몽
속에서 마비되어 버렸다. 아무리 조심스레 흔들어도 그는 깨어날 수

없으리라. 겉은 바위덩이로, 속은 의식이라는 우주로.

수염 난 사내가 M 가까이 다가와 다른 손을 잡고서 꽉 움켜쥐었다. 그러자 그는 천천히 눈을 감았다.

한 영혼은 생각을 품을 수 있으나, 영원히 감추어버렸구나. 추측해볼 수도, 파헤쳐볼 도리도, 측정할 방법도, 공유할 일도 없이. 갈릴레오는 생각했다. 그러나 영혼이 없을 법한 기계는 여전히 우리 죄에 대한 판결문을 쏟아내고 있었다. 어쩌면 언젠가, 우리는 M이 아니라 기계에 질문을 던지겠지. 그리고 언젠가는 기계가 그 공식을 털어놓겠지.

갈릴레오는 재빨리 방을 빠져나와 기계를 지나쳤다. 기계에서 뱉어낸 종이가 바닥에서 뒹굴고 있었다. 그는 종이를 주워 읽었다.

그대를 사하노니, 편히 잠들라.

Φ

이번 장에는 두 가지 목표가 있다. 첫째는, 뇌 병변으로 인한 M의 경우나, 꿈을 꿀 때 우리 모두가 겪는 것처럼 몸이 완전히 마비되었을 때조차도 의식적일 수 있음을 제시하는 것이다. 두 번째 목표는, 말은 못하지만 분명히 영혼을 가지고 있는(혹은 가졌던) M과, 단순한 장치에 불과한(결코 주저하는 법은 없지만, 영혼은 없어 보이는) 고해성사 기계를 비교하는 것이다. 거의 반응이 없다는 점을 근거로 의식이 거의 없다고 결론을 내릴 때에는 종종 주의를 기울여야 한다. 혹은 반대로, 적절한 반응을 보인다고 해서 반드시 뚜렷한 의식이 있을 것이라 예측해서는 안 되는 경우도 있다.

오늘날의 체스 게임 프로그램을 데카르트가 알았다면 어떤 생각을 했을까? 수염 난 사내는 기계가 적절한 반응을 창출하는 것에는 능할지 모르나 독립적인 모듈들로 이루어져 있기 때문에 의식을 창출해내기는 어려울 것이라 생각했다. 기계는 때때로 적절히 대답함으로써 우리를 속일 수 있을지는 모르지만 오직 의식을 통해서만 가능한, 맥락을 읽고 이해하는 능력은 결여되어 있다. 그의 주장은 코흐와 토노니의 글(《사이언티픽 아메리칸Scientific American》, 2011)에서 논의된 바 있다.

M은 프랑스의 수도승이자 과학자이며, 갈릴레오의 친구였던 신부 마르탱 메르셍Martin Mersenne이다. 메르셍은 모든 소수를 나타낼 수 있는 수식

을 찾고자 했으며, 이 주제를 두고 피에르 페르마Pierre de Fermat와 여러 차례 서신을 교환하였다. 메르셍의 사후, 여러 학자들은 그의 방에 있던 편지들을 발견했는데, 갈릴레오, 페르마, 하위헌스Huygens, 토리첼리Toricelli 등과 주고받은 것이었다. 메르셍은 과학이 찾고자 하는 원리야말로 하느님의 뜻과 같다고 생각했으며, 다양한 사람들과 친교를 맺어 유럽 내 학자들을 모으는 구심점 역할을 하였다. 학자들은 그의 방에서 종종 모임을 갖곤 했다. 그는 과학의 발전을 위해 여러 학자들 간의 협력을 촉진하고자 노력하였고, 자신의 몸을 연구에 사용해달라는 유언을 남겼다. 메르셍은 친구였던 데카르트를 방문한 이후 병석에 앓아누웠다. 하지만 말년에 전신 마비로 고생했을 것이라는 증거는 없다(저자가 라틴어 인용구를 집어넣은 것도 거슬리는 대목이다. 인용구인지 조차도 알 수 없다).

각설하고, 또 한 명의 프랑스인, 장 도미니크 보비Jean-Dominique Bauby는 뇌간의 작은 부위에 뇌졸중이 생겨, 한쪽 눈을 제외하고는 완전히 마비된 채 지냈다. 보비는 심부전으로 사망하기 전, 짧은 작품인《잠수종과 나비The Diving Bell and the Butterfly》를 받아쓰도록 했다. 또 다른 프랑스인, 알렉상드르 뒤마Alexandre Dumas는 선견지명이 있어, 이러한 상태를《몬테크리스토 백작The Count of Monte Cristo》에 등장시켰다. 오늘날 '감금 증후군locked-in syndrome'이라 불리는, 이 상태에 빠진 환자들은 완벽히 의식적임에도 불구하고 눈을 위 아래로 움직이는 방법 이외에는 의사소통이 불가능하다. 꿈을 꾸는 동안 신체는 뇌간 회로에 의해 완전히 마비되나, 의식은 지속된다. 만약 마비가 일어나지 않는다면, 사람들은 꿈결에 몸을 움직여 위험한 결과를 초래할지도 모른다.

7

기억을 잃어버린 여왕

영원히 지속되는 '현재'

뇌에는 강력한 기계장치들이 구비되어 있고 의식은 그 모든 것을 부리는 데 능하다. 세상 속 볼거리를 읽어내는 것들 그리고 그에 맞춰 움직이는 것들이 있다. 그 중에서 가장 정교한 것은 계산하고, 계획하고, 조언하는 장치들과 세상일을 기억으로 저장하는 장치들이었다. 하지만 이 모두는 그저 도구일 뿐, 그 자체로 의식의 일부가 되진 못했다.

갈릴레오가 마주한 이는 기계장치 따위가 아니었다. 눈앞에 서 있는 이는 젊은 시절 그의 넋을 빼앗던, 번번이 베니스로 꾀어내던 부인이었다. 그는 그녀에게 말했다.

어여쁜 이 가운데 당신의 학식은 이름이 높고,

배운 이 가운데 당신의 어여쁨은 도드라지니,

당신은 지知와 미美를 모두 가졌다오.

달콤한 목소리로, 짐짓 아무렇지 않은 척 그녀는 답했다.

"소망을 담은 시를 읊는 당신은 매력적인 분이군요. 하지만 진정하시죠. 온갖 시구에 귀를 기울이는 것은 제 신성한 의무랍니다."

"부인, 이 시의 주인공은 당신입니다만, 세련된 겸손으로 찬사에는 관심 없는 척하는군요."

"나리, 필시 당신은 귀한 분이겠죠. 당신이 누구인지, 어째서 저를 찾아왔는지 말해주세요."

"보잘 것 없는 구혼자를 몰라보다니, 필시 제 외모가 시들고 지쳤나 봅니다. 부인, 과학은 시가만 못하여 경의를 표해야 마땅함을 또다시 인정해야 하나요? 당신만의 은밀한 암구호를 얘기해주오. 저는 제 것을 말해드릴 테니."

"나리, 누군가 제 보석함 속에서 기억이라는 선물을 앗아가 버렸답니다. 어느 날 제가 눈을 뜨자 제 과거는 사라져버렸답니다. 저는 현재에 은둔한 채 살아요. 제가 사는 집은 방이 한 칸뿐이지요."

"그럴 리가요, 부인. 당신의 기억력은 베니스에 소문이 자자했어요. 시구든 사람이든 온갖 은밀한 뜻을 꿰고 있었던 걸요."

"더 이상은 아니에요, 나리. 이제는 그 모든 시구가 이상하게 느껴진답니다. 한 편 한 편이 낯선 환희를 주네요. 여러 번 들었던 것이라고 당신은 말씀하시겠지만 말이에요. 하지만 사랑은 풋사랑일 때, 기억 속에 먼지가 자욱하지 않을 때에야 순수한 법이지요. 그래서 저는 모두로부터, 감히 제 거처를 찾아주시는 모든 이로부터 경험한 적 없던 기쁨을 얻습니다. 매번 저를 처음으로 얻으시지요. 어떠한 지루함도 밀려오지 않고, 상투적인 습관도 없이 나리를 찾으며, 초야初夜에 떠는 신부로 매 순간이 거듭됩니다."

"그 느낌은 어떤가요, 부인? 친구로부터 열렬한 구애를 받던 순간, 그의 연정을 느끼던 순간을 떠올리지 못하고 그 흔적조차 사라져버린 느낌은?"

"확실치 않아요, 혼자서 좀 씨름해볼게요. 아마 이런 것과 비슷하겠지요. 매번 꿈에서 깨며 놀라는 것. 아, 매순간 삶에서 깨어나는 꿈. 매번 저는 홀로 남겨진 채, 과거도 없는 찰나가 지나가는군요. 레

테 강 한복판을 떠내려가지만 둔치는 보이지 않아요. 숨이 차오르지
만 지푸라기 하나 잡을 수가 없네요. 제가 뒤돌아볼 때면 보이는 것
은 그 무엇도 없답니다."

"그렇다면 대답해주세요, 부인. 연정의 온도는 예전처럼 뜨거운가
요? 통증의 얼얼함은, 아름다움이 주는 쾌락은, 벌거벗었어도 기억이
라는 낡은 외투를 걸친 때와 다름없이 그것들은 강렬한가요?"

"더 이상 들볶지 마세요"

갑작스레 프릭이 다시 나타나, 갈릴레오를 떨어뜨려 놓았다.

"확실히, 그녀의 기억 속 많은 사건들은 지워졌어요. 그렇지 않다
면 당신은 진즉 그녀를 울렸겠죠. 그녀의 뇌 속에는 무슨 일이 생겼
어요. 측두엽 깊숙이, 해마가 부서진 게 틀림없어요. 해마는 신경섬
유들이 깔때기 모양으로 들어찬 말단에 위치하여, 의식 속에서 일어
나는 모든 사건을 이루는 개개의 가닥들을 한곳으로 모으는 통로입
니다. 그리고 그 가닥들은 각각 피질의 특정 영역에서 나옵니다. 이
러한 신경가닥들을 한곳에 모음으로써 해마는 이들이 흩어져버리기
전에 재빨리 짜맞출 수 있지요. 그 때문에 우리는 일어난 일 전체를
한꺼번에 기억해낼 수 있는 것입니다."

프릭은 이어나갔다.

"당신은 생전 처음 보는 병원의 구석진 방 안에서 부인을 보았습
니다. 해마는 이 방과 사랑스러운 부인의 얼굴을 함께 매듭지어, 단
단히 보관해둘 테지요. 그리하여 당신이 이 방을 다시 보는 날이 온
다면, 해마 속에서 방에 관한 실타래가 풀려 나오겠죠. 그 가닥은 그

녀의 아름다운 이미지와 함께 엮여져 있기에, 그녀에 대한 실타래 역시 풀려 나올 것입니다. 그리되면, 깔때기 모양으로 수렴했던 가닥들은 반대 방향으로, 뇌의 방방곡곡으로 펼쳐져 해마 속 뭉치들은 피질 내부의 자료를 다시금 불러올 것입니다. 그리하여 기억이 만들어지던 때 무슨 일이 있었는지 떠올릴 수 있겠죠. 하지만, 지금 그녀에겐 과거와 연결된 모든 실타래가 없어졌어요."

갈릴레오는 그녀의 눈빛을 잊을 수가 없었다. 그리하여 뒤돌아 다시 한 번 불렀다.

"부인, 이야기해주오. 건망증은 당신의 변치 않는 아름다움이 간직한 비밀이라고, 신들과 맺은 계약이라고. 시간이 흘러도 육신은 여전히 아름답기에, 덧없는 그대 마음에도 흔적이 없다고."

"확실치 않아요. 혼자서 조금 씨름해보고 있어요."

그리고 그녀는 덧붙였다.

"나리, 필시 당신은 귀한 분이겠죠. 당신이 누구인지, 어째서 저를 찾아왔는지 말해주세요."

갈릴레오는 프릭의 손에 이끌려 나갈 수밖에 없었다.

그의 생각은 해마에 쏠려 있었다. 해마는 수백만 가닥의 고리로 피질과 연결되어 있지만, 어째서 의식의 일부가 되지는 못할까?

"해마는 의식이 부리는 많은 일꾼 중 하나에 지나지 않습니다. 해마는 기억하고 회상하는 능력을 의식에게 바치지요. 일꾼이 없다면, 여왕은 영원히 지속되는 현재의 사슬에 묶인 벌거숭이가 될 겁니다.

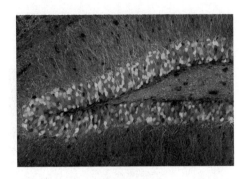

그녀는 보고, 듣고, 느끼고, 생각하지만 어떠한 일도 기억해내지 못하며 어떠한 새로운 것도 상상할 수 없겠지요. 상상이란 기억의 쌍둥이 자매입니다. 하지만 비록 이 모든 연결이 양 방향으로 되어있을지라도 해마는 의식에 참여할 수 없습니다."

프릭은 말을 이었다.

"예를 하나 들지요. 피질에서 나오는 여러 고리들은 뇌의 아랫부분으로 내려가 그곳에 쐐기와 도르래를 달아놓고는 다시 피질로 돌아옵니다. 이와 같은 연결선과 이를 이어주는 쐐기나 도르래들은 피질의 경리사원으로 능숙히 주판질을 합니다. 이들은 피질이 요청하는 계산을 수행하지만, 의식이라는 빛으로 스스로를 밝힐 수는 없습니다. 실은 피질 내부에도 이미지와 소리를 소화하고 대상과 단어를 분석하며 행동과 문장을 함께 엮는 일을 하는 고리들이 다수로 존재할 겁니다."

갈릴레오는 납득할 수 없는 듯 보였다. 그러자 프릭이 질문을 던졌다.

"대답해보시죠. 소수素數를 찾는 깔때기는 누가 고안한 거죠?"

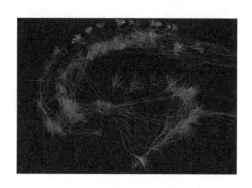

갈릴레오는 아주 잠시 망설이더니, 답을 중얼거렸다.

"알아요. 에라토스테네스(그리스의 수학자, 천문학자, 지리학자. 소수를 발견하는 방법으로 '에라토스테네스의 체'를 고안하였다_역주)죠."

"어떻게 그 이름과 깔때기를 회상해내었나요?" 프릭이 물었다. "생각해보세요. 당신은 분명 의식 속에서 질문을 들었을 겁니다. 그러고 나서는? 그다음에는 의식이 당신 뇌에 있는 어떤 줄을 잡아당겼을 테고. 보십시오. 무슨 일이 일어나고 있는지 알기도 전에 답이 튀어 나왔습니다. 금빛 서판에는 에라토스테네스라는 답이 써져 있었을 것입니다. 뇌의 꼭대기에서부터 아래쪽 핵들로 그리고 다시 뇌의 꼭대기로 돌아오는, 고리모양으로 뻗힌 섬유들은 마음의 일꾼입니다. 이들은 자신의 임무를 지체 없이 해내지만 무슨 일을, 어째서, 누구를 위해서 하는지 알지 못합니다. 이들은 장님이자 벙어리이고 수없이 많은 기계입니다. 소녀와 마찬가지지요. 이들이 없다면, 삶은 거대한 장해물이 될 겁니다. 신발 끈을 묶거나 단추를 채우는 데 종일을 허비하겠지요."

그러고는 다음 방으로 갈릴레오를 인도하였다.

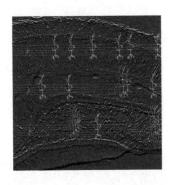

그곳은 어둡고 조용했다. 그때, 낮은 음의 울림 하나가 힘차고 풍부하게 떨려 침묵 속에 퍼졌다. 고요함이 양각으로 아로새겨져, 시간을 타고 길게 늘어지더니 이윽고 정체된 공기 속에 서서히 사라졌다. 비올의 현이 울리는 소리였다.

얼마 지나자 다시 고요함이 찾아왔다. 그때 또 다른 낮은 음이 음산하게 방 안을 울렸다. 두 마디쯤 지나자 또 다른 음이 울렸고 다시 끝나지 않을 듯한 잠잠함이 흘렀다.

"무슨 음악이 이렇죠? 왜 이렇게 연주가 느려요?"

참다못해 갈릴레오가 물었다. 연주자가 병에 걸려 매 동작 천천히, 생각해가며 연주한다고 프릭이 속삭였다.

"한때는 저절로, 아무런 노력이나 생각 없이 튀어나오던 행동을 이제는 의식적으로 계산해야만 하는 거죠. 몸짓 하나하나마다 생각이 필요합니다. 더 이상 손가락이 미끄러지듯 스케일을 짚어낼 수 없어요. 심사숙고를 통해 떠오른 낱낱의 음들, 오직 그 음만이 마치 현재라는 컴퍼스를 채울 수 있는 유일한 것인 양 선택되었지요."

그때 어떤 목소리가 천천히 들렸다.

"오직 본질의 음, 홀로 선 모든 음. 전 생애를 털어놓는 그 음표만이 침묵으로 돌아가는 순간까지 항시 연주되지요."

촛불이 켜졌고 그림자 속에서 한 여인의 모습이 나타났다. 갈릴레오가 알던 여인이었다.

시간은 그의 뮤즈 모두를 잡아채 가버렸고, 머지않아 그 구혼자의 차례 역시 다가올 터였다. 손과 생각은 이미 그 기민한 움직임을 잃어버린 지 오래였다. 언젠가는 뒤편에 남아 비통해 할 기억조차 사라지리라.

Φ

주

시구는 베네치아의 여류 시인이자 고급 매춘부로 잘 알려진 베로니카 프랑코[Veronica Franco]의 작품이다(I, terze rime: e così'l vanto avete tra le belle / di dotta, e tra le dotte di bellezza, / e d'ambo superate e queste e quelle…). 갈릴레오는 파도바에서 교수로 재직할 무렵, 동료와 학생들을 떠나 여가시간을 갖기 위해 실제로 베니스를 주말 동안 방문하곤 했다.

기억이 없는 의식 상태는 헨리[Henry M.]의 증례로부터 처음 밝혀졌다. 간질 치료를 위해 그는 해마와 인접 구조물의 제거 수술을 받았다. 그의 이야기는 필립 힐츠[Philip Hilts]의 저서 《기억의 유령[Memory's Ghost]》(Simon & Schuster, 1995)에서 감동적으로 그려진다. 헨리는 실제로 종종 "혼자서 조금 씨름해보고 있어요"라고 말했다. 의식에 있어 해마가 직접 기여하는 바가 없다는 주장에 대해 프릭과 갈릴레오는 다소 성급해 보이기도 하지만 그 요지는 적절하다.

바바라[Barbara Strozzi]는 메디치가와 연결된 가문에서 태어났으며, 당대의 가장 위대한 음악가 중 한 명이었다. 그리고 아마도 고급 매춘부였던 것 같다. 여기서 그녀는 자동적으로 이루어질 수 있는, 악기 연주와 같은 행위에 있어서 '무의식적인' 모듈의 유용성을 보여주고 있다.

나누어진 뇌

뇌가 나뉜다면 의식 역시 쪼개질까?

2개의 마음이 머리 하나에 들어

각기 다른 운명을 독백합니다.

매일같이 둘의 노래는 어우러진 채 엮여 있으나,

화음은 반목 끝에 깨어질 수 있는 것.

하나의 노래가 둘이 될 때, 선율은 찢어지지요.

그리고 정말로 합창하는 시종들의 성가대가 있어, 신음하는 한 남자 주변을 둘러서 섰다. 시동侍童 하나가 매 박자마다 바이올린 활로 그를 내리쳤다. 이를 꽉 깨문 채, 남자는 돌아서 갈릴레오에게 말했다.

"내가 발견한 것들을 보여주고 싶어 그대를 불렀네. 그럼, 내가 미치광이가 아니란 걸 알게 될 거야."

그는 베노사의 망나니 왕자였다.

"첫 번째 발견은 오래 전 일이였지. 내 시종들 가운데 어릴 때 내가 연주를 가르친 녀석이 있었거든. 놈의 오른손은 지금껏 클라비코드를 눌러본 손 중에 가장 빠른 경이로운 손이었어. 하지만 놈의 왼손은! 쳇! 그 손은 개발이나 다름없었어. 야수가 멋대로 건반을 누르는 꼴이었지. 마치 천사와 짐승이 한 몸뚱이 안에 살고 있는 셈이랄까. 그래서 때가 되었을 때, 나는 주치의에게 두개골을 열어 알아보라고 명했어. 내가 시킨 대로 살레르노가 따랐을 때, 우리는 그의 뇌를 보게 되었지. 그래서 알아낸 건 이거야. 솜씨 좋은 오른손을 움직이는 천사의 마음은 왼편에 깃들어 있었어. 흔히 추측하던 오른편이 아니라."

왕자는 커다란 유리병을 들어올렸다. 속에는 뇌가 완벽히 보존된 시종의 두개골이 있었다. 하지만 두개골 속에는 좌반구만이 들어 있었다. 왕자가 말했다.

"오른쪽은 말이지, 텅 비어 있었어. 공허는 마귀의 표식이야."

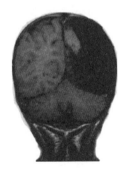

마귀라면 어때. 갈릴레오는 생각했다. 오히려 그건 반쪽짜리 뇌로
도 말하고 연주하며, 마음이라면 으레 할 수 있는 갖가지 일들을 해
내는 그런 온전한 마음을 이루기에 충분함을 증명한 것이다. 하지만
갈릴레오는 더 이상 생각을 이어나갈 수 없었다. 왕자가 눈짓하자
시종들이 나타나 어두컴컴한 나선형 계단을 따라 그를 이끌고 내려
갔다.

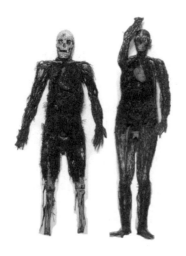

지하실 벽 한쪽 우묵한 곳에 난자당한 두 남녀의 몸뚱이가 있었
다. 가운데에는 대리석 테이블이 놓여 그 위로 어떤 젊은 남자가, 역
시 대리석 같아 보이는 베일을 덮고 있었다. 그의 팔은 머리 너머로
높이 뻗혀 있었고 두개골은 활짝 열린 채였다. 살레르노는 모세관들
로 만들어진, 기다랗고 음침한 구리 격자 2개를 들고서 그 뒤에 서
있었다. 격자는 주변에 놓인 2개의 큰 물통과 연결되어 있었다. 하나
는 얼음으로, 다른 하나는 끓는 물로 가득 채워져 있었다.

"이 시종은 눈을 가만히 두질 못했어요." 살레르노가 속삭였다.
"그래서 저만의 특제 풀을 좀 발랐답니다. 그 후로는 똑바로 정면만
바라보고 있지요."

"이건 내 일생 최고의 발견이야." 왕자가 갈릴레오에게 말했다.
"여기서 보고 있는, 이 늘어진 시종 녀석은 완전히 자유롭게 두 손을
다 쓸 수 있어. 꼬마일 때부터 그리 해오던 것이지. 헌데 온갖 곡을
연주하던 중이었어. 녀석은 뻣뻣이 굳어 비명을 지르고, 거품을 물
더니, 들썩거리며 발작을 하더군. 어쩌면 마귀가 그 완벽함을 질투
한 건지도 몰라. 때문에 녀석의 재주는 물거품이 되었지. 고로 내 명
에 따라, 살레르노는 녀석의 두개골을 열어 살펴보기로 했어. 왼쪽
과 오른쪽 뇌가 여느 시체들에서처럼 가운데를 가로지르는 두껍고
질긴 섬유조직들로 연결되어 있는지, 혹은 마치 모든 관계를 끊어버
린 부부, 두 음악가처럼 떨어져 있는지를 말이야. 하지만 둘은 여전

히 한 집에 살며 노래해."

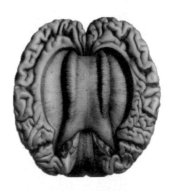

"살레르노는 마법사야. 그는 고통 없이 산채로 머리를 열지. 뇌를
보호하면서도 뇌가 작동할 때면 어찌되는지 볼 수 있게끔 그를 위해
베니스산 유리 덮개를 제작해주었어."

왕자가 말을 이었다.

"그렇다 치더라도 우리는 놀랐단 말이야. 그 두 반구는 떨어진 게
아니라 연결되어 있었거든. 그저 평범한 뇌처럼. 그러자 살레르노는
이런 구리 모세관을 만들었지. 얼음물이나 뜨거운 물을 흘려 넣으
면, 순식간에 차가워지거나 뜨거워지는 물건이지."

살레르노가 말했다.

"갈릴레오 선생, 만약 선생께서 뇌 표면 전체를 냉각시켜 본다면,
정기精氣란 모조리 사라집니다. 소경이자 귀머거리, 벙어리이자 마비
된 몸으로, 시체와 같아지지요. 하지만 오른쪽 뇌만을 냉각한다면,
지금 제가 하고 있는 짓입니다, 왼쪽 팔이 생명을 잃고 기력이 없는
듯 축 처져 늘어지는 광경을 목격하실 겁니다."

정말로 시종의 팔은 대리석 베일 위 가장자리에 떨궈진 채 축 늘어져 있었다. "그의 오른쪽 뇌가 얼어붙어 기절해 있는 동안, 그의 왼쪽 뇌는 살아서 오른손으로 가장 감동적으로 곡을 연주할 수도 있을겁니다."

"손님에게 네가 누구인지 말해주거라." 왕자는 시종에게 명령했다.

"저는 이스마, 처량한 자이옵니다." 마법에 홀린 듯 그는 말했다.

"이걸 봐."

왕자는 로프를 당겨 커다란 대리석 상을 덮고 있던 덮개를 벗기며 큰소리로 외쳤다. 상은 이스마의 시선 앞에 서 있었다.

"이스마, 뭐가 보이는지 얘기해봐."

"어떤 요정의 모습이 보입니다. 아름다워 눈이 부시지만 정숙하게 베일을 드리웠습니다. 그녀의 얼굴은 사랑스럽습니다."

"그 밖에 다른 것은 안 보여?"

"그렇습니다. 그녀에게는 백합의 왕관을 씌워드려야 마땅합니다. 에덴동산은 그녀를 품어야 마땅하며, 새들은 그녀를 찬미하는 노래를 지저귀어야 합니다.”

“기분이 불쾌한가, 이스마?”

“아닙니다. 전혀 불편하지 않습니다. 하지만 눈을 움직일 수가 없습니다.”

“머지않아 움직일 수 있을 게다.”

살레르노가 말했다. 그러고는 갈릴레오에게 얘기했다.

“이런 식으로 시선을 정면으로 고정하면 그의 좌뇌는 가운데에서 오른편에 있는 것만을 봅니다. 그리고 그의 우뇌는 왼편의 것들만 보고요. 그래서 우리는 반대쪽 뇌 몰래, 각각의 뇌에 은밀하고 사적인 질문을 던질 수 있습니다.”

명백하다. 갈릴레오는 생각했다. 좌반구만으로도 하나의 의식, 보고 듣고 생각하고 말하는 의식을 유지하는 데 부족함이 없다. 걸을 땐 두 다리가 필요하나, 사고思考는 하나의 반구만으로 충분한 것. 하지만 빠진 게 있었다. 이 의식은 오직 조각상의 오른편만이 보이는 의식이었다.

“교대할 시간이로군. 살레르노, 시작해.”

왕자가 명령하자 살레르노는 차가운 구리 격자를 좌뇌 위로 옮기고, 따뜻한 격자를 우뇌 위에 올려놓아 우뇌가 영혼을 되찾게끔 했다.

“녀석의 우뇌는 말도 잘 못하더군.”

왕자는 갈릴레오에게 귀띔했다. 왕자는 시종이 왼팔을 들어 올리고, 오른팔이 늘어지는 것을 확인하고는 얼마 후 명을 내렸다.

“네가 누구인지 말해보거라.”

"엘."

시종의 우뇌가 답했다. 그리고 한참의 침묵이 지나간 후 덧붙였다.

"신^{神} 그 자체."('엘티'은 히브리어로 신^{神}을 뜻한다_역주)

"네게 무슨 일이 일어난 거지, 엘? 뭔가 이상한 느낌이 들지 않아?"

엘은 또다시 침묵한 후 말했다.

"아니."

"너는 변했나?"

"아니."

"네 앞에 뭐가 보이나?"

얼마간 시간이 지나서야 엘은 머뭇거리며 말했다.

"짐승 남자."

"그 남자 옆에는 무엇이 있지?"

"아무것도."

"그 밖에는 무엇이 보이냐?"

"짐승 남자."

그렇다면, 갈릴레오는 생각했다. 우반구 역시, 그 자체로 하나의 의식, 즉 보고 듣고 생각하고 말하는 의식을 유지하는 데 손색이 없다. 비록 말은 느리지만. 하지만 이번에는 단지 왼편만이 보이는 의식이었다.

"이젠 이렇게 해보지. 살레르노, 양쪽 뇌를 전부 데우고 가운데를 연결하는 두꺼운 섬유에도 온기가 돌도록 하라."

살레르노가 그의 명대로 따르자 흡사 기도를 하는 듯 양팔이 들어올려졌다. 하지만 두 눈은 여전히 감겨 있었다.

"너는 누구냐?"

"이스마엘이라고 합니다. 하느님의 목소리를 들을 수 있는 자이지요."

"눈을 떠라."

왕자가 명하자 눈을 뜬 시종은 깜짝 놀라 비명을 질렀다.

"왜 비명을 지르지, 이스마엘?" 왕자는 거만하게 물었다. "네가 본

게 무엇이야?"

"왕자님, 저는 두 사람이 모두 보입니다. 두 사람이 함께 있는 모습이요. 아름다운 마님이 보입니다. 그리고 더러운 돼지 놈이 보입니다. 짐승처럼 마님을 끌어안고 올라탔던 놈이요. 저는 그 두 사람이 함께 얽힌 게 보입니다. 그들에게 내려질 처벌이 두렵습니다."

왕자는 진정하라는 듯 손수건으로 하인의 눈을 덮었다.

"이미 벌을 줬어, 이스마엘. 네 여주인은 이제 순결해. 내가 그녀를 회개시켜, 순결한 영혼이 가련한 육체를 빠져 나올 수 있었지."

왕자는 변함없이 미쳐서, 시종의 마음을, 아니 시종 둘의 마음을 가지고 놀고 있구나. 갈릴레오는 생각했다. 하지만 그의 장난은 흥미로웠다. 좌뇌는 이스마였고, 오른쪽은 엘이었다. 그러나 살레르노가 양쪽 뇌를 데웠을 때, 그 둘이 분리되어 나타나지는 않았다. 그 대신 이스마와 엘은 하나의 의식으로 화(化)했고, 하나의 이스마엘이 되었으며, 이스마엘은 조각상 전체를 볼 수 있었다.

"각각의 뇌를 얼리는 대신, 그 두 반구를 연결하는 섬유를 얼린다면 무슨 일이 일어나나요?"

갈릴레오가 묻자 살레르노는 우쭐대었다.

"영악한 질문이에요. 그렇게 해본 적이 있었죠. 그때는 양손에 모두 힘이 들어갑니다. 하지만 이스마엘이란 녀석은 없어요. 대신에 녀석은 이스마와 엘로 분리됩니다. 오른편에 놓인 사물을 의식하는 녀석과, 왼편을 의식하는 녀석으로 말이죠."

뇌가 분리된다면, 의식 역시 나눠지는구나. 갈릴레오는 생각했다.

그때 상상이 떠올랐다. 그는 시종의 팔을 보았다. 왼팔이 올라갔고 오른팔이 늘어졌다. 그리고는 그 반대로, 올라가고 늘어지는 속도가 점점 더 빨라진다. 갈릴레오는 살레르노에게 물었다.

"대답해주세요. 우뇌를 얼렸다가 녹이고, 또 다시 얼렸다 녹입니다. 그걸 신속하게, 시계추가 한 번 움직일 때마다 반복합니다. 그때는 무슨 느낌이 들까요? 자신이 변하고 있음을 깨달을까요? 아니면 그저 자신은 똑같을 뿐이라 생각할까요?"

"각각의 마음은, 각각의 뇌는 무엇이 빠졌는지 모른 채 곧 자신의 감옥에 익숙해질 겁니다. 선생은 선생의 뒤통수 너머를 볼 수 없어요. 하지만 잘못되었다고 느껴지는 점은 없지요. 하지만 만약 선생이 비둘기였다면, 분명 절반의 시야가 안 보인다고 느낄 겁니다. 소경으로 태어난 자는 본다는 게 어떤 것인지 절대 깨닫지 못합니다. 무엇을 상실했는지 알 길이 없지요. 그리고 만약 홀로 자라났다면, 아무것도 보지 못하고 아무것도 인식하지 못한 채 일상을 파나가는 두더지처럼, 잘못된 것 따위는 없다고 생각하겠지요."

살레르노는 말을 이어갔다.

"언젠가 듣기로는, 미국이란 곳에 사는 야만인들은 또 다른 감각, 보고 듣고 만지고 맛보거나 냄새 맡는 감각 이외의 감각이 있다고 하더군요. 그 놀라운 힘으로 그들은 사람의 말과 행동이 믿을 만한지 아닌지 머릿속으로 느낀다고 합디다. 와인이 좋은지 나쁜지 우리가 향기를 맡아 보듯, 그들은 마음 속의 옳고 그름을 알아봅니다. 그리고 새빨간 거짓말이 느껴질 때면, 그들은 으르렁거리는 머리를 붙잡고서 털썩 주저앉아 버립니다. 하지만 선생은 그 감각이 사라졌다고 느껴본 적 있습니까? 그 이상한, 진실을 보는 제6감[※]을요. 그 감각이 없다고 해서 마음이 도둑맞은 것처럼 느껴지나요? 양 미간에 뭔가가 텅 빈 듯한 것이 느껴지냐고요?"

"어찌 알겠습니까? 저는 그 어떤 부족함도 깨닫지 못할 걸요." 갈릴레오가 말했다. "마음은 정말로 우주와 같아요. 하지만 한계가 지어진 우주이겠지요. 경계 밖으로는 한 발자국도 나갈 수 없어요. 그 안이 얼마나 넓은지는 상관없겠죠."

"맞아요. 인간이 필요로 하는 마음은 얼마만큼 일까요?"

Φ

주

베노사의 왕자, 카를로 제수알도Carlo Gesualdo는 갈릴레오와 거의 같은 연배였다. 그는 독특한 인물로 잘 알려졌는데, 그것은 비단 음악적인 영역에 국한된 것이 아니었다. 그는 자신의 부인과 다른 남자의 불륜현장을 목격하고 말았다. 그들을 손수 칼로 베어 죽인 후 그 시신을 왕궁의 광장에 걸어놓았다. 만년의 그는 우울증을 앓았고, 젊은 시종에게 자신을 가차 없이 때리라 명하기도 했다. 나폴리에 있던 그의 왕궁은 산세베로의 군주Raimondo de Sangro에게 넘어갔는데, 그는 전임자와 마찬가지로 어린 소년들의 노래와 연금술에 몰두했다. 전설에 따르면 그와 그의 주치의 살레르노는 어떤 남자와 임신한 여자에게 비밀의 물질을 주입하여 혈관과 장기들을 원형 그대로 굳힌 다음, 왕궁의 예배당에 보관해두었다고 한다.

예배당 한가운데 전시되어 있는 예수의 몸을 덮은 대리석 베일 역시 어떻게 만들어졌는지 알려진 바가 없는 비밀이다. 그다음의 조각상 또한 예배당 내에 있는 푸디치치아Pudicizia('Modesty', Corradini작)로, 왕자의 모친을 모델로 했다. 조각이 상징하는 의미는, 지식을 소유하기 위해서는 반드시 베일을 들춰내야 한다는 것이다. 그다음 조각상은 디싱가노Disinganno('Disillusion', Queirolo작)로, 지식의 도움으로 거짓 믿음에서 벗어나려 몸부림치는 왕자의 부친을 표현한 것이다.

대뇌반구 절단수술을 받고서, 그 후로도 거의 정상적인 생활을 해나가는 많은 환자들이 있다. 살레르노가 행한 실험들은, 와다 테스트라고 불리는 실험에서 영감을 얻은 것으로 몇몇 상상력이 더해졌다. 와다 테스트는 양측 반구의 독립적인 기능을 알아내기 위한 실험으로, 먼저 우측 뇌의 혈행 속에 마취제를 주사한 다음, 좌측 뇌에도 이를 반복한다. 일반적으로 좌뇌는 언어중추가 있는 뇌, 혹은 더 잘 말하는 뇌로 알려져 있다. 가자니가Gazzaniga, 보겐Bogen, 그리고 스페리Sperry가 행한 고전적인 실험에서 뇌가 나누어질 경우, 각 반구들은 시야의 절반만을 볼 수 있고, 반대 측 반구는 이를 알아차리지 못한다는 사실이 입증되었다.

갈등하는 뇌

소통을 거부하는 뇌, 나누어진 의식

"제 마음 주위로 3명의 남자가 다가왔으나, 밖에서 둘러앉았답니다. 사랑이 머무르는 안이 아니라… 사랑은 제 삶의 유일한 주인이시죠."

이렇게 읊조리는 한 여인이 손을 뻗어 더듬거리며 나아갔다. 피소라는 남자가 그녀의 팔을 잡고서 부드럽게 이끌었다. 또 다른 눈먼 여인이라…. 옷차림으로 보아 수녀였던 듯한데. 갈릴레오는 생각했다. 그리고 프릭을 향해 돌아서 물었다.

"이번에는 뭐가 문제인가요?"

"이 아가씨는 꽤 흥미롭지요. 앞서 보았던 두 맹인 화가, 눈이 먼 남자와 시각 피질이 없던 노부인과는 달리 이 아가씨는 잃은 게 없어요. 사실 그녀는 볼 수 있어요. 무의식에서만 그렇다는 점을 제외하면 말이죠. 보세요."

프릭은 다가오는 여인을 향해 긴 막대를 들었다. 하지만 막대에 닿기 직전 그녀는 오른쪽으로 방향을 홱 틀었다. 프릭은 거듭 막대를 그녀를 향해 들었고, 그녀는 또다시 닿기 직전 방향을 틀어 걸어나갔다.

"방금 왜 방향을 바꾸었나요?" 그는 여인에게 물었다.

"소음이 들린 것 같았어요."

"보신 대로입니다." 프릭이 소리쳤다. "그녀는 볼 수 있어요. 하지만 부인합니다. 저는 이것이 뇌 속에서 일어난 일이라 확신합니다. 어떤 이유에선지, 의식을 일으키는 뉴런 무리들이 그녀의 뇌에서 시각을 담당하는 부분에서 철수하기로 결정한 거죠. 그런데도 불구하고 일부 시각 모듈들은, 비록 의식화되지는 않지만 여전히 일을 하고 있어요. 좀비처럼 말이죠."

"좀비란 게 무엇인가요?" 갈릴레오가 물었다.

"무의식적으로 일을 하는, 뇌 속에 들어 있는 하나의 기전입니다. 자동로봇과 비슷한 거예요. 테레사의 경우, 그녀의 뇌 속에 들어 있는 작고 헌신적인 어떤 기계가 장애물을 찾아내고 피해갈 수 있도록 이끌어주고 있어요. 하지만 이를 자각하지 못하는 테레사와는 별개의 일이랍니다."

"잘 맞췄소." 피소가 끼어들었다. "테레사의 증상은 뇌에 기인하는 거요. 나는 몇 년 동안이나 그리 말하고 다녔소. 하지만 내 동료들은 여전히 자궁이 문제란 생각에 그녀에게 강제로 의약용 페사리를 착용시키고, 연기를 집어넣었다오."

피소는 프릭과 갈릴레오에게 속삭였다.

"테레사는 평범한 여인이 아니오. 라틴어를 읽고, 시를 쓸 줄 아는 여인이라오. 그녀의 재치와 논리는 경험 많은 학자도 부끄럽게 만든다오. 하지만 그게 불행의 시작이기도 했소. 어떤 철학자와 사랑에 빠지고 말았거든. 젊고 야심만만한 신사, 자신의 지성을 마치 칼처럼 휘둘러 정적들을 조각내버리는 사람이었다오. 그런데 얼마 안 가 정적들은 그에게 보복했고 그의 일부를 잘라버렸지 뭐요. 연인들에게 본때를 보인다는 명목으로, 그들은 테레사의 눈앞에서 그를 활로 쏘았소. 그날부터 그녀는 앓게 된 거요. 일곱 달 동안 그녀는 아무것도 볼 수 없었고, 지금에 이르러서는 종종 기절까지 하오. 때로는 일어나지도 못하고 때로는 맹인이 되오."

"그 후로는 어떻게 되었습니까?"

"상투적인 일이 일어났소. 그녀는 수녀원으로 들어갔다오. 테레사, 연인에게 무슨 일이 있었는지 우리에게 말해줄 수 있겠소?"

테레사의 눈은 아래로 향했다.

"한때 저희는 비밀결혼을 했답니다. 하지만 그분은 세속의 짝인 철학과 단 하루도 떨어질 줄 몰랐어요. 철학은 라이벌을 견디지 못한다고 하셨죠. 저에게 아내라는 이름은 아무런 의미가 없었어요. 차라리 사랑하고, 사랑받는 정부情婦가 되는 편이 우리의 믿음과 사랑을 매번 확인할 수 있기에, 매일같이 생기 넘칠 수 있기에 더 달콤하겠지요. 결혼이라는 속박에 지친 두 명의 죄수가 아니라요. 그래서 그들이 저희를 갈라놓았을 때, 저는 제 의지를 그분께 드렸답니다. 그리고 그분의 사랑에 충실하기 위해서 맹세로써 미덕을 높일 수 있는 오직 한 분과 결혼하였답니다. 맞아요. 그분이 계신 곳을 알고 싶은 마음은 간절해요. 하지만 제가 맹세해 버렸기에 그분의 사랑이 식은 게 두려워요. 그분은 한 번도 저를 데리러 오신 적이 없었던 걸요. 제가 용서할까 봐 그리고 용서함이 영혼을 구원할까 봐 두려워요. 사랑은 끝나버렸어요."

"그와 헤어지던 때가 기억나오?" 피소가 물었다.

"그분의 곁에서 잠들어 있던 어느 날 밤, 비명이 들렸고 그러고는 사방이 컴컴했어요. 제가 일어났을 때, 제 심장은 가슴에서 떨어져 나가버린 것 같았어요. 그리고 지금은 어딘가 다른 곳에서 뛰고 있겠죠. 저는 둘로 쪼개어졌어요."

"그녀는 자신이 생각하는 것보다 더 많이 알고 있는지도 모르겠소." 피소는 나지막이 말했다. "나는 그녀의 시각을 담당하고 있는 부분이 정말로 무의식적인지 확신하지 못하겠다오. 매번 전혀 보이는 게 없다고 주장하오만, 그녀의 왼손은 맹인들이 흉내 낼 수 없는 일을 할 수 있소. 보여드리리다."

그는 테레사를 부축하여 의자에 앉히고는, 카드 한 벌을 집었다.

"테레사, 말해보시오. 카드들이 보이시오?"

그는 카드를 테이블 위에 펼쳐놓았다.

"저는 눈이 멀었는데, 어떻게 볼 수 있겠어요?"

"이 카드는 무엇이오?" 피소는 클럽 4를 집어 들며 물었다.

"제가 어찌 알겠어요?"

"이 카드들 중 어떤 것을 제일 좋아하시오?"

피소는 카드를 잘 펼쳐, 한복판에 스페이드 잭이 잘 보이도록 늘어놓았다. 테레사는 얼굴을 붉혔다.

"의사 선생님, 저를 놀리시는군요. 무슨 속임수 같은 건가요?" 하지만 그리 말하는 동안 테레사의 왼손은 스페이드 잭을 잡고는 능숙한 솜씨로 테이블 위에 뒤집어놓았다.

"놀랍지 않소?" 피소는 프릭과 갈릴레오를 쳐다보며 말했다. "그녀의 뇌 일부분, 왼손을 조종하는 부분은 카드들을 완벽하게 잘 알아본다오. 그리고 좀비보다 훨씬 똑똑한 듯하오."

증거-자연의 실험

·

"눈이 안 보이는 척 꾸며낸 게 아니란 걸 우리가 어떻게 확인할 수 있죠?" 갈릴레오는 빈정대는 말투였다.

"무엇 때문에 꾀병을 부리겠소?" 피소는 침착히 말했다. "테레사가 안 보인다고 할 때마다 나는 여러 차례 시간을 들여 관찰했소만 그녀는 항상 아무것도 안 보이는 것처럼 행동하였다오. 게다가 때때로 그녀는 앞을 못 보는 것에만 그치지 않고 무아지경에 빠지기까지 한다오. 그러면 누군가 쇄골 위를 꼬집거나, 날카로운 못으로 찔러대도, 전혀 반응이 없다오."

"꽤나 흥미로운데요." 프릭이 갈릴레오를 바라보며 말했다. "히스테리성 시력상실이에요. 누군가는 그런 식으로 불렀지요. 자궁에서부터 올라오는 증기 때문에 생기는 병이라 추측하면서요. 하지만 실제로 보고 나니, 저는 피소 씨의 말에 동의하게 되었어요. 스페이드 잭에서 얼굴을 붉혔듯이, 사물을 보는 게 가능한 그녀의 일부분이 카드를 분간해낼 수 있고 여러 상황에서 적절하게 행동할 수 있다면, 그걸 두고 무의식적이라 말하는 건 힘들 듯 싶어요. 아마, 테레사의 뇌 속에는 제2의 작은 의식이 존재할 것 같은데요. 대부분을 차지하고 있는 그녀의 주된 의식으로부터 떨어져 나온 부수적인 의식이요. 그리고 그 의식이 우리에게 말을 건 것이죠."

갈릴레오는 이스마엘을 떠올렸다. 살레르노가 양 반구를 잇는 신경섬유를 얼리자 그의 의식은 이스마와 엘이라는 두 명으로 나뉘어졌다. 테레사의 의식 역시 말하는 쪽과 보는 쪽으로, 두 쪽으로 나누어진 것일까? 볼 수는 있어도 말을 하지 못하는 테레사는, 엘과 같은

경우라 할 수 있을까? 남들이 보지 않을 때에만 앞으로 나오는, 두개
골 안에 몰래 올라탄 은밀한 승객일까?

"제가 생각하는 게 바로 그거라오." 피소가 말했다. "테레사가 마
법에 홀리면, 마치 눈 먼 여인과 말 못하는 여인이 같은 두개골 속에
서 지내는 것과 비슷하다오. 자신들이 함께 살고 있다는 사실도 모
른 채 말이오. 아마도 뇌 속에서 일시적으로 간극이 벌어져, 말하는
부분과 보는 부분이 떨어진 게 아닐까 싶소."

"맞아요." 프릭이 동의했다. "어쩌면 테레사의 뇌는, 서로 주도권
을 쥐려는 두 종류의 연합으로 채워져 있을지도 모르겠어요. 피질
영역 위에서 서로 싸우고 있겠죠. 전진했다가 후퇴하고, 나눠졌다가
합치기를 반복할 겁니다. 지금은 나눠진 상태이지요. 들을 수 있는
쪽은 뇌의 북쪽 영역을 차지하고는 우리에게 말을 하고, 다음에 무
엇을 할지 결정합니다. 볼 수 있는 쪽은 주도권을 빼앗긴 채 남쪽을

증거-자연의 실험
•

지배하고 있어요. 다른 말로는 시각영역이지요. 이쪽에서는 사물을 보고 그게 무엇인지 이해할 수는 있지만 말을 뱉어낼 수는 없어요. 겨우 이따금씩 반격을 할 뿐이죠. 왼손의 잽싼 손놀림으로요."

"바로 맞췄소." 피소가 말했다. "그리고 그녀의 마음이 합종연횡하는 일은 일시적일 수 있음을 유념해야 할 것이오. 지금부터 내가 하는 것을 잘 보시오. 필시 그녀가 기뻐할 꾸러미를 방금 받아왔소."

그는 프릭과 갈릴레오를 바라보며 윙크했다. 그러고는 테레사에게 말했다.

"테레사, 선물이 왔소. 이걸 볼 수 있겠소?"

피소는 나무로 된 작은 상자를 테이블 위에 올려놓았다. 테레사는 고개를 저었다.

"선생님을 깊이 존경하고 환심을 사려는 어떤 이로부터 온 것이 아닌가요."

테레사는 다시 고개를 저었다. 피소가 나무 상자를 열자, 그 안은 작은 톱니바퀴와 종들로 가득 차 있었다. 그가 손잡이를 돌리자, 상자에서는 즉시 음악이 연주되었다. 마치 노래하는 새소리처럼 들렸다.

"이것 보시구려!" 피소는 프릭과 갈릴레오에게 말했다. "뮤직박스라오. 노래가 어떻소! 여름날 밤, 파리의 젊은 청년들은 연인에게 이 곡을 불러주곤 하오. 무엇보다도, 이 노래의 작사 작곡가는…." 피소는 여기에서 멈추고, 테레사를 바라보았다.

그녀는 두 팔을 뻗고, 무릎으로 털썩 주저앉고는 눈을 감았다. 그러고는 들릴 듯 말 듯 노래를 따라 흥얼거리기 시작했다. 고개가 부드럽게 흔들렸다. 이윽고 노래가 끝나자, 그녀는 일어나 조용히 흐느꼈다.

"나의 노래! 나의 노래, 그분의 노래···. 그분께서 언제나 나를 생각한다는 노래. 그분의 침묵을 깨뜨리고 나를 들뜨게 만드는 노래."

테레사는 천천히 눈을 떠, 하늘을 쳐다보았다. 그러고는 다시 울음을 터뜨렸다.

"주님, 저는 다시 하나가 되었고, 이제는 볼 수 있어요. 수정으로 만들어진 침대에 놓인 영혼의 근원, 신성한 태양을요. 그 눈부신 광채가, 한 점의 불꽃으로 수렴하는 금빛 창이 보여요."

피소는 부드럽게 테레사의 손을 잡았다.

"그의 노랫말을 들으면, 그대가 치유될 것 같았소. 한낱 뮤직박스의 멜로디에 불과했지만. 신사 여러분. 보셨소?"

그는 프릭과 갈릴레오를 부르며 말했다.

"테레사가 자신에게 특별한 노래를 들었기 때문에 뇌 속 시각영역들과 발화영역들은 다시 합쳐질 수 있었던 것 같소. 마치 와인과 물을 갈라놓던 칸막이를 치울 때, 둘이 다시 섞여 하나가 되는 것과 같다오."

혹은 비바람이 몰아치는 와중에 동료와 이야기를 나누고 있는 경우와 비슷할지도 모른다. 바람이 불고 있는 동안에는 서로의 목소리가 상대편에 닿지 못하리라. 그러나 갑자기, 바람이 그친 순간이 오면 목소리는 다시 들려오기 시작할 것이다. 어쩌면 그녀의 뇌 속 부분들은 그녀가 비탄에 빠져 있을 때면 불어오는 일종의 신경성 돌풍

에 의해 나눠졌던 것은 아닐까. 갈릴레오의 생각이었다.

그리고 아마 그런 바람은 비단 테레사의 마음속에서만 부는 것이 아니리라. 우리의 머릿속도 아마 똑같을 것이다. 뇌 속에는 비밀스러운 부분들이 숨어 있어, 교활한 핑계를 대고 밤낮으로 남모를 음모를 획책하고, 우리가 원치 않는 일을 벌일 것이다. 또한 우리를 울리거나 웃기고, 상냥하게 혹은 악의를 품게끔 만들고는 그 이유가 무엇인지는 말해주지 않을 것이다. 우리는 그들과 대화하지 못하며, 그들에게 이성의 목소리를 들려줄 수도 없다. 우리의 뇌를 공유하고 있는 쌍둥이는 몇이나 될까? 마음속에 살고 있는 나 자신은 도대체 몇 명일까?

Φ

주

경험과 추론을 신봉하던 프랑스의 내과의사 피소Charles Le Pois는 1618년, 2000여 년 간 지배적으로 내려오던 히스테리에 관한 학설을 뒤엎었다. 그는 히스테리가 남녀노소 누구나 할 것 없이 생기며, 그 원인은 자궁이 아니라 뇌 속에 있음을 밝혔다. 비록 증명할 방도는 없으나, 히스테리의 몇몇 증상(현재는 전환장애라고 불리고 있다)은 기능적인, 뇌 영역 간에 생긴 가역적인 단선斷線이나 주요 경로들의 차단에 기인할 것이라 추측해볼 수 있겠다. 테레사의 마음은 상당 부분 나뉘어져 있었음이 틀림없는데, 그녀는 다중인격으로 뒤범벅된 모습이었기 때문이다.

그녀의 이야기는 부분적으로 피에르 아벨라르Peter Abelard의 연인이자 비밀결혼식을 올렸던 엘로이즈Héloise를 모델로 하였다. 반대파들의 사주에 의한 것으로 추정되는 습격을 받고 불구가 된 아벨라르는 엘로이즈로 하여금 수녀가 될 것을 강요하였다. 그는 철학자일 뿐만 아니라 시가 작곡가이기도 했는데, 초기작들은 엘로이즈에게 바친 연가들이다. 후기작들은 그가 속세에 흥미를 잃고, 수도사가 된 후 만들어진 것으로 종교적인 주제를 담고 있다. 지금까지 전해 내려오는 아벨라르의 몇 안 되는 곡들 가운데 하나는, '이 얼마나 놀라운가O quanta qualia'라는 희한한 제목으로 성가집에 수록되어 있다.

참조한 또 다른 이야기는 아빌라의 성 테레사Saint Teresa of Ávila에 관한 것이다. 시각을 되찾았을 때의 이야기는 그녀의 말을 풀어쓴 것이다. 알려진 바로는 엘로이즈나 성 테레사가 히스테리에 걸린 적이 없다. 하지만 성 테레사가 체험한 황홀경이나 기타 특정한 종교적 현상들은 때때로 병리적인 경계에 걸쳐 있는 것으로 생각된다. 마비, 맹시, 졸도나 실어증과 같은 히스테리 증상은 첫눈에 반한 낭만적인 사랑의 경우에서도 나타날 수 있으나, 이러한 부분은 이상하리만치 무시되어 왔고, 향후 연구해볼 가치가 있다.

마지막으로, 그리고 무엇보다도 테레사는 피에르 자네Pierre Janet가 기술한 다양한 환자들을 모델로 했다. 자네는 자신의 의학논문 〈히스테리 환자의 정신상태L'état mental des hystériques〉(1892)에서 정신 기능 간의 '해리'에 관한 개념을 소개하였으며, 초기 외상과 증상들 간의 관련성을 강조하였다. 또한 '잠재의식'의 역할에 대한 많은 예시를 제시하였다.

이와 관련하여, 프릭과 피소가 간략히 언급하였던 문제는 사실 복잡한 것이다. '무의식적'이라 여겨지는 감각과 행동이 정말로 무의식적인 것들, 기능적으로 홀로 동떨어진 모듈들, 이른바 '좀비 시스템'에 의해 수행되는 것들일까?(크릭과 코흐의 논문 〈의식의 토대A Framework for Consciousness〉《네이처 신경과학Nature Neuroscience》, 2003) 아니면, 그들은 그들 나름대로의 의식이 있는 것일까? 마치 분할 뇌 환자들에서의 비非우세 반구의 경우처럼, 그들은 지배적인 의식으로부터 숨어 있는 것 뿐일까? 이를 어떻게 분간할 수 있을까?

이번 장의 마지막에서, 갈릴레오는 자신이 얼마만큼 자신의 뇌와 행동을 조종할 수 있는지 고민하였다. 갈릴레오의 머릿속에 있는 또 다른 갈릴레오, 타인의 이목을 꺼리는 수줍은 그가 숨어서 우세 의식이 무시하고 싶은 광경을 보거나 행동을 하도록 시키고, 불미스러운 편견을 가지게 만들고, 말실수를 하도록 유도하는 것은 아닐까? 그렇다면 이를 책임져야 하는 사람은 누구일까? 그리고 말없이 행동하는, 이 은밀한 자가 생각하는 것은 무엇일까?

처음 나오는 시구는 단테의《시집Rime》, 제47곡XLVII에서 인용하였다. 앙드레 브루일레André Brouillet의 그림에서는 파리 살페트리에르Salpêtriére에서 샤르코Charcot가 블랑쉬Marie Wittman의 히스테리 발작을 시연하고 있다. 블랑쉬는 샤르코의 제자였던 신경과 의사 바빈스키Babinski의 후원을 받았다. 자네와 프로이트 역시 샤르코의 강의를 들었다.

사로잡힌 뇌

"동시에 소리친다면 아무도 들을 수 없겠지"

깜빡이는 손전등을 비추며, 갈릴레오는 서너 줄의 판자로 둘러싸인 비좁은 뜰을 겨우 지나갈 수 있었다. 지저분한 행색의 마을 사람들이 빼곡히 모여 서로 조금이라도 더 몸을 내밀려는 통에 판자는 삐걱거리며 흔들리고 있었다. 군중들은 갈릴레오가 알아들을 수 없는 말로 소리쳤다. 고함소리는 마치 저기 높은 곳에서 전해져 오는 듯 종잡을 수 없이 커졌다 작아지기를 반복했다. 여인들은 아기를 팔로 안고 있었다. 이 나라는 사나운 날씨 탓에 병들었구나. 갈릴레오는 생각했다. 돌풍이 불고 밤이 얼어붙자 그는 솜으로 된 귀마개를 덮어썼다.

안뜰의 한가운데에는 16세 정도로 보이는 소녀가 나무로 된 수레 바퀴에 묶여 있었다. 목 언저리와 가슴 주위로는 밧줄이 감겼다. 긴 머리칼 한쪽은 더러운 양동이 속에 잠기고 있었다. 갈릴레오는 망원경을 꺼내 그녀를 자세히 관찰했다. 뚱뚱한 수도사가 그녀 주위로 분주히 움직였는데, 검은 후드에 가려 표정은 잘 보이지 않았다. 수도사의 옆으로는 그 지역 관리로 보이는 한 남자가 서 있었다. 그는 큰 소리로 낭독하는 듯싶었지만, 무슨 이야기인지 들리지는 않았다.

누군가 갈릴레오를 잡아당겼다. 초췌하고 나이 들어 보이는 낯빛의 어린아이 둘이 그의 외투를 쥐고 있었다. 그는 쫓아버리려 겁을 줬지만, 그들은 놓기보단 몇 대 맞겠다는 태도였다. 아이들은 그를 조소하며 우아한 정자체 글씨의 쪽지를 건넸다. 하지만 그들이 쪽지를 놓으려 하지 않는 바람에 종이는 찢어져버렸다. 갈릴레오는 녀석들의 손목을 있는 힘껏 비틀 수밖에 없었다. 하지만 그들의 표정에 고통은 보이지 않았다. 한 녀석이 여전히 조소하며 다른 하나에게 말했다. "우리 중 하나, 우리 중 하나." 적어도 갈릴레오에게는 그렇게 들렸다.

쪽지에는 고명한 의사 헬름스타트의 서명이 보였다. 소녀는 간질을 앓는 환자이며, 그녀로 인해 결국 자신의 이론이 옳았음을 증명할 수 있기를 희망한다고 쓰여있었다. 의사는 생각을 에둘러 표현했다. 마치 경련 발작은 초자연적인 힘 때문이 아니라 뇌 속 생령들이 지나치게 활동할 때 일어난다고 주장하려는 것 같았다. 마을 사람이나 시골뜨기 수도사들이 그녀를 마녀라고, 경련하는 동안 마귀와 성

행위를 하는 마녀라고 생각하는 것도 무리는 아니었으나 그는 좀 더 현명했다.

"종교란 그저 애들의 장난일 뿐. 무지 이외의 죄악은 없다고 봅니다." 의사는 그렇게 썼다.

뚱뚱한 수도사는 하늘을 향해 고개를 쳐들고서 서툰 라틴어로 외쳤다.

"이제 하느님의 도움으로, 자백을 받아낼지어다."

성난 관중이 몰려든 안뜰을 가로질렀던 소녀의 두 손에 그는 커다란 냄비를 쥐어주었다.

"보라, 콩이 모조리 썩었다. 이는 필시 마녀의 장난이다. 하지만 더 중한 혐의가 있다."

남김없이 자백을 받아야겠다는 듯 그 관리는 수레바퀴를 천천히 돌리기 시작했다. 이제야 갈릴레오는 그의 유창한 라틴어를 들을 수 있었다.

"아름다운 여인이 삼가지 아니함은 돼지 코에 금고리 같으니."

그의 말이었다. 그는 양쪽이 뒤집힌 모자를 쓰고 있었다. 갈릴레오는 생각했다. 도구를 손에 들고서 소녀의 뒤로 다가오는 저 남자가 필시 그 의사일 거야.

소녀의 목소리는 들리지 않았다. 군중들은 다시 야유를 보내고 있었다. 별일 없을 터이니 안심하라는 듯 의사는 뒤에 서서 그녀의 머리에 손을 얹더니 마치 값비싼 옷감의 질을 확인하려는 것처럼 머리칼을 부드럽게 넘겼다. 그리고는 근처에 둔 도구로 그녀의 두피를

꼼꼼히 살폈다. 분명 아무런 상처도 남기지 않으려 애쓰는 것처럼 보였다. 하지만 갑자기 큰 외과용 칼 같은 것을 손에 쥐고서 높이 쳐들었다. 몇 번의 거친 손놀림 끝에 아직 밑바닥에 뼈가 붙어 있는 한 줌의 머리카락을 뜯어내었고, 구멍 속을 살피더니 갈릴레오에게 손짓하는 듯했다. 기름등을 들어 의사는 뇌가 드러난 표면에 빛을 비추었고, 재빨리 손가락으로 문질러 닦았다. 그 뇌는 소녀의 피부만큼이나 창백했다.

갈릴레오는 고함치고 싶었으나, 군중들의 굉음에 목소리가 전해질 가망이 없었다. 주의를 끌고자 하였으나, 무슨 짓을 할지 모르는 사나운 무리들 가운데에서는 현명치 못한 행동이었다. 두 아이들 역시 훼방꾼들이었다. 모르는 사이에 녀석들은 그를 더 가까이로 끌고 들어갔다.

의사는 소녀에게 말을 걸어 안심시키려 했다. 수도사가 팔을 뻗

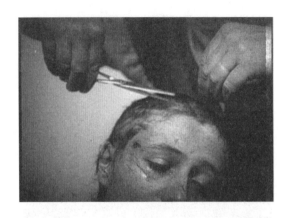

자, 군중들은 일순간 조용해졌다. 소녀의 머리에 뚫린 구멍을 쳐다보며 의사는 갈릴레오에게 눈짓했다. 교회 종소리가 울리자, 소녀의 뇌가 갑자기 부풀어 오르는 것이 갈릴레오의 망원경에 잡혔다. 의사의 눈이 번뜩였다. 그는 소녀에게 기도를 하고 싶은지 물었다. 그녀가

원하여 기도를 시작하자 뇌는 한 번 더 부풀었다가 가라앉았다. 기도를 하면 뇌 속에서 피가 몰리는구나. 갈릴레오는 생각했다.

사내들은 언쟁을 하고 있었다. 의사는 얼마 걸리지 않을 것이라 약속했으나, 그 관리는 참을성이 부족했다. 슐렙퍼스 Schleppfuss—그의 이름이었다—는 건실함으로 젊은 나이에 재판관이 되었다고 했다. 혹은 그리 떠벌리고 다녔다. 그의 좌

우명은 간단했다. 모든 소시지에 두 군데 끝이 있듯, 허물 역시 의심의 여지가 없다. 그는 과학적 탐구에 기꺼이 협조하려는 듯 보였으나 이는 더 큰 이해관계가 걸려 있는 경우에 국한된 일이었다.

의사는 소녀에게 무엇인가 마실 것을 건넸고, 그녀는 컵을 받고 허겁지겁 마셨다. 갑자기 그녀는 날카로운 비명을 질렀다. 얼마 후 사지는 바퀴 위에서 끔찍하게 경직되었고, 등은 밧줄에 묶인 채 아치모양으로 굽었다. 의사는 말을 걸고 여기저기를 건드렸으나 그녀는 반응이 없었다.

"의식을 잃었어요." 그가 말했다. "한 모금만으로도 보내버리기엔 충분하네요. 제가 생각했던 대로입니다."

갈릴레오는 소녀의 얼굴을 바라보았다. 그녀의 입술은 파랗게 변했고, 눈동자는 말려 올라갔으며, 이는 앙다물려 있었다. 이제 소녀는 거품을 물었고, 거품은 붉은빛으로 변했으며, 몸이 심하게 들썩이기 시작했다.

의사의 눈은 반짝였다. 등불 아래, 혈행血行으로 차오른 뇌의 표면이 보였다. 마침내 그는 증거를 찾아낸 것이다. 흥분으로 인해 부풀은 뇌가 발작의 원인이었다. 수도사의 흰 이빨 역시 검은 후드 아래에서 반짝이고 있었다. 그 역시 증거를 찾아내었다. 소녀는 마귀가 들린 것이다. 마귀가 소녀를 이리저리 흔들고 있었다. 얼마 후 그녀의 몸은 마치 죽은 사람처럼 축 늘어졌고, 핏기 없는 피부 위로 눈이 내리고 있었다.

"얼마 지나지 않아 정신이 돌아올 겁니다."

갑자기 갈릴레오의 등 뒤로 나타난 의사가 말했다. 그는 보통 체구의 남자로, 목 언저리에 조그마한 금속 사슬로 고정한 검은 망토를 두르고 있었다. 그의 얼굴은 여전히 매끈했으나 뺨은 이미 세월과 함께 축 늘어져 있었다.

"그들, 몽매한 백성들은 소녀가 악령에 사로잡혔다고 생각합니다. 물론 악령 따위는 없지요. 그저 그녀의 신경을 전율케 하는 혈기일 뿐이죠. 소녀의 뇌 속에는 유황이 너무 많이 들었어요. 그래서 혈기가 과도하게 방전되어 나오는 것입니다. 그 때문에 그녀의 몸은 딱딱하게 굳었다가 들썩이지요."

"그녀에게 마시라고 준 것은 무엇인가요?" 갈릴레오가 물었다.

"장뇌유樟腦油입니다." 의사는 미소를 머금으며 말했다. "그녀는 확실히 간질이 있었죠. 하지만 저는 적절한 시간에 발작을 유도해야 했어요."

갈릴레오는 프릭이 주었던 책들을 떠올렸다. 발작은 분명 신경이 과도하게 방전되기에 일어난다. 의사는 그 나름의 방식으로 옳았다 (하지만 더할 나위 없이 혐오스러웠다). 소녀가 겪었던 강한 발작은 분명

뇌 속 대부분의 세포들이 빠른 속도로 한꺼번에 방전을 일으켰음을
시사하는 것이었다. 이는 몇몇 신경세포 집단만이 강하게 발화하고
나머지 집단들은 조용한, 정상적인 상황과는 전혀 달랐다. 코페르니
쿠스의 경우에서처럼 의식은 뉴런들이 파괴되어 발화하지 못할 때
뿐만 아니라 모든 뉴런들이 동시에 발화할 때도 사라지는 것이었다.
아무튼 모든 이가 동시에 소리친다면, 들을 수 있는 자는 아무도 없
겠지. 갈릴레오는 생각했다.

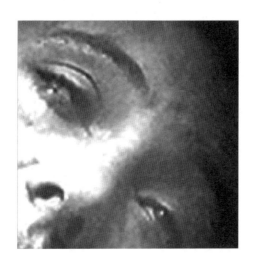

"어차피 소녀는 그리될 운명이었어요." 의사는 갈릴레오의 마음
을 읽은 듯 끼어들었다. "제가 할 수 있는 일은 아무것도 없었어요.
발작의 원인을 밝혀냈으니 그녀에게도 좋은 일이죠."

갈릴레오는 생각했다. 나라고 한들 무슨 수가 있을까? 하지만 곧
다시 생각했다. 이 사나운 날씨 속에서, 이 구역질나는 땅에서 그 누

가 구원의 손길을 내밀 수 있으랴?

Φ

뇌혈류의 변화를 관찰함으로써 뇌 활성의 변화를 잡아낼 수 있음을 알게 된 것은 19세기 말 이탈리아의 생리학자 안젤로 모소Angelo Mosso의 덕이다. 그는 두개골에 결함이 있는 환자의 대뇌피질이 박동하는 모습을 기록하였다. 마커스 라이츨Marcus Raichle의 〈현대 신경영상학의 역사적, 생리학적 근간Historical and Physiological Foundations of Modern Neuroimaging〉(《심리학Psychological Science》, 2003)에는 다음과 같은 기술이 있다.

"모소Mosso는 베르티노Bertino라는 농부의 사례를 연구했다. 그 농부는 상해를 입어 두개골에 지속적으로 박동하는 말랑말랑한 부분이 생긴 자였다. 언젠가 모소가 정교한 도구를 사용해 박동을 기록하려고 할 무렵 정오를 알리는 교회의 종소리가 울렸고, 그러자 갑자기 피질 위로 박동이 빨라지는 현상을 발견했다. 모소는 베르티노에게 정오의 기도를 올릴 의향이 있는지 질문했다. 그가 '예'라고 답하자 다시 박동이 빨라졌다가 느려졌다. 그다음으로 모소는 8에 12를 곱해보도록 시켰다. 이는 아마도 역사상 처음으로 행해진 인지활성화 실험이었을 것이다. 모소가 질문을 던지자 박동수의 증감이 나타났고, 그다음으로 베르티노가 답을 말할 때 역시 증감이 있었다. 이를 근거로 모소는 사고思考와 뇌 혈류의 변화는 관련이 있을 것이라고 결론을 내렸다."

발작을 유발하기 위해 장뇌유를 사용한 유래는 파라셀수스Paracelsus의 시대로 거슬러 올라간다.

이 장에서는 북유럽 국가들에서 벌어졌던 수많은 마녀사냥과 관련된 어떤 장면이 등장하는데, 이는 토마스 만의《파우스트 박사Doctor Faustus》나 카프카의《심판The Trial》에 나오는 내용을 참조하였다. 갈릴레오가 마지막으로 한 생각은 이상하게도 프리드리히 뤼케르트Friedrich Rückert의《킨더토텐리더 : 죽은 아이를 그리는 노래Kindertotenlieder》를 떠오르게끔 한다. "이런 날씨 속으로, 이런 공포 속으로,In diesem Wetter, in diesem Graus / 나는 아이들을 내보내지 말았어야 했다.Nie hätt' ich gesendet die Kinder hinaus; / 아이들은 휩쓸려 가버렸다.Man hat sie getragen hinaus, / 나는 그에 대해 어떤 것도 말할 용기가 없었다!Ich durfte nichts dazu sagen! … / 이것들은 이제 배부른 생각일 뿐이다.Das sind nun eitle Gedanken."

잠든 뇌

꿈꾸지 않는 잠을 잘 때, 의식은 사라지는가?

기억나지 않는 꿈 속 경험은 매번 얼마만큼 사라졌을까? 잊혀진 삶
은 얼마나 될까? 하느님의 존재마저도, 우리는 체험하였지만 망각한
것이 아닐까?

구석에서 스미어 나오는 온기와 불빛을 느꼈을 때, 갈릴레오는 사
색 중이었다. 실내 저편으로 스토브가 달아오르고 있었고, 벽에는
군복 외투와 단검이 걸려 있었다. 그 아래에는 몸을 침낭으로 반쯤
덮은 한 남자가 잠들어 있었다.

프릭은 돌아왔고, 갈릴레오는 그가 시키는 대로 따랐다. 그는 남자
의 어깨를 흔들었다.

"제가 깨우기 직전 당신의 마음속에 무엇이 있었는지 말해주세요."

갈릴레오는 소리치다시피 했다. 젊은 남자는 천천히 눈을 떴다.

"맘속에서는 아무것도 떠오른 게 없었소."

남자는 진한 프랑스식 억양의 목소리로 졸린 듯 뒤늦게 대답했다.

"뭐하는 거요? 잠도 덜 깬 사람한테."

"마음속에 떠오른 게 아무것도 없었나요?"

갈릴레오는 한 번 더 물었다.

"보았던 것, 들었던 것, 생각한 것이 전혀 없었나요?"

"없었다니깐." 남자는 반복했다. "나는 깊이 잠들어 있었소. 깨우지 않았으면 좋았을 텐데. 그런데 수면을 방해하는 당신네는 대체 누구요?" 그는 중얼거리며 반대쪽으로 돌아누웠다.

프릭은 갈릴레오를 빤히 쳐다보며 말했다.

"놀랍지 않나요? 당신은 막 무의식으로부터, 완전한 무無에서부터 솟아나온 한 사람을 목격했습니다."

"뭐가 놀랍죠? 밤만 되면 모두가 겪는 일인데요. 필시 뇌가 휴식하기 위해 잠시 멈추는 통에 생기는 일이겠죠."

"그게 바로 놀라운 일입니다. 사람이 잠든 동안에도 뇌는 잠들지 않아요. 대뇌피질 속 300억 개의 뉴런들은 깨어 있을 때와 마찬가지로 부지런히 발화하고 있거든요."

"그렇다면 뇌 속에서 무엇이 달라진 건가요?"

"한번 봅시다. 깨어 있을 때, 대뇌 피질 속 뉴런의 활동은 얕은 파도가 변화무쌍하게 일렁이는 바다와 같죠. 하지만 이른 밤이 되어,

깊은 잠에 빠져들 때면, 그것은 마치 높은 파도가 서서히 밀려오는 바다가 됩니다."

"깨어 있는 바다 속에 돌멩이 하나를 던진다고 상상해봐요. 그 돌멩이는 여러 방향으로 퍼지는 파문을 일으키겠죠. 빠른 속도로 밀려나가는 잔물결 같은 것 말입니다. 하지만 만약에 잠자는 바다 속에다 돌멩이를 던진다면 던지는 족족 깊은 서파徐波 속에 잠겨버릴 겁니다. 한꺼번에 출렁거리는 물결, 온 바다 전체와도 같은 파도 속으로요. 이와 유사하게, 깨어 있을 때 뇌 속 뉴런들은 활발하게 노래 부르기 시작합니다. 그 노래는 뇌 속 어딘가 다른 곳에 있는 동료에게로 향하겠죠. 하지만 수면 중인 뇌는 개별적으로 노래를 부를 수 없습니다. 마치 스포츠 경기장에 온 것처럼 관중들 모두가 한꺼번에 고함을 치거나 쥐죽은 듯 조용히 있는 바람에 모든 것이 파묻혀버립니다."

"그렇다면 어째서 의식은 사라질까요?"

갈릴레오는 소녀를 떠올리며 물음을 던졌다. 그곳에서는 서로 대화하는 이가 아무도 없었기에 의식이 꽃필 수 없었다. 어쩌면 자는 동안 뇌 속에서는 모두 똑같은 방식으로 행동하고 있기에, 따라서 나눌 만한 얘기가 남아 있지 않기에 의식이 사라질는지도 모른다.

"맞아요." 프릭이 말했다. "이런 식으로 한번 생각해보세요. 깨어 있는 뇌는 다원론적인 사회예요. 다양한 뉴런집단들은 다양한 일에 종사하면서 서로 다른 후보에게 표를 던지죠. 하지만 꿈꾸지 않는 잠에 빠져들면, 뇌는 전체주의 사회가 되어버리죠. 모두가 똑같이 행동합니다. 다 함께 팔을 올렸다 내렸다 하면서 말이죠. 이견이란 있을 수 없습니다. 모노리스식monolithic의 획일적인 뇌입니다. 어떠한 자유도 없기에 대화할 필요도 없는 것이죠."

어쩌면 간질을 앓던 소녀와도 같은 이치일지 모른다. 갈릴레오는 생각했다. 마치 판자 위에서 지저분한 행색의 마을 사람들이 고함치는 것처럼, 모든 뉴런이 동시에 소리 지르기 시작하자 소녀는 의식을 잃고 말았다. 아마 그럴 것이다. 갈릴레오는 다시 한 번 프랑스인에게 질문해 보기로 마음먹고 그를 깨우려 했다. 하지만 프릭은 그를 막아섰다. 반쯤 열린 눈꺼풀 사이로, 잠자는 남자의 눈동자는 왔다 갔다 빠르게 움직이고 있었다. 마치 이리저리 날아다니는 벌레를 쫓고 있는 듯 보였다. 그들은 한동안 남자를 관찰했다.

"이제 깨워보세요. 깜짝 놀라실 겁니다."

갈릴레오는 남자를 다시 흔들어 깨웠다. 이번에는 그가 금세 일어나더니 말했다.

"이런, 깨달음을 주는 꿈을 깨우는 훼방꾼들! 내 두뇌는 뜨겁게 상상의 나래를 펼치고 있었소. 아주 값진 꿈을 꾸고 있었단 말이요. 그런데 당신네들은 채 뭔가 얻어내기도 전에 내 꿈을 산산조각 내버렸소. 까먹기 전에 기억을 더듬어 보아야겠어. 내 앞 테이블 위로는 책이 두 권 놓여 있었지. 하나는 사전이었어. 딱딱하고 별 쓸모없는 사전 말이야. 또 다른 하나는 시詩 선집이었어. 그 속에는 시구의 지혜로움과 철학의 논리정연함이 동시에 담겨 있는 듯 보였지. 책장을 펼치자 고대 시인 아우소니우스Ausonius의 글귀가 눈에 들어왔어. '인생에서 어떤 길을 걸어가야 하나?Quod vitae sectabor iter' 진실로 어떤 길을? 그리고 어째서? 낯선 누군가가 나타나더니 말하더군. '어느 길일지 Est et Non.' 아마 그 낯선 사람은 당신이었겠지…. 하지만 그다음엔 그 사람, 그 책, 그 꿈이 사라져버렸어…. 대답도 듣지 못한 채로. 이성을 가다듬는 데 일생을 바치는 게 내 운명일까? 손수 찾아낸 방법을 스스로에게 적용해보며, 참된 지식 안에서 정진하면서 말이야. 그럴까? 아닐까?"

"보셨죠." 프릭이 갈릴레오에게 말했다. "당신이 처음 프랑스인을 깨웠을 때처럼 수면 중 거의 의식이 없는 경우도 있습니다. 하지만 깨어 있을 때와 꼭 마찬가지로 의식적일 때도 있지요. 꿈속에서 그는 그랬습니다. 이 모든 것은 뇌가 어떤 식으로 기능하느냐에 달려 있어요. 눈꺼풀 아래에서 그의 눈동자가 마치 꿈속 장관을 살피는

듯 움직이던 동안 다시금 그의 뇌는 얕은 파도가 변화무쌍하게 일렁이는 바다가 되었어요. 깨어 있을 때와 다르지 않게요. 그래서 그는 의식적이었던 것입니다. 비록 자신의 주변 상황을 인식하지는 못했지만. 하지만 파도가 깊어지고 느려질 때가 되면 의식은 사라집니다. 그리고 언젠가 생명의 바람이 멎고 물이 얼어붙어버린다면 의식은 영원히 숨을 거두겠지요.”

여태 프랑스인은 듣고만 있었으나 이제는 알고 싶어졌다. 그들은 누구이며 무엇을 원하는지, 어째서 자신의 꿈에 관심을 두는 것인지. 그리고 처음 수면 동안에는 어째서 의식이 없었다고 주장할 수 있는지를.

“나는 여태껏 생각을 중단해본 일이 없소. 앞으로도 그럴 게요. 별일이 없는 한.” 그는 중얼거렸다.

"하지만 당신은 그렇게 말했어요." 프릭은 버럭 소리를 질렀다. "마음속에 떠오른 것이 아무것도 없다고 우리에게 얘기했을 텐데요. 영원히 잠들어버릴 때, 마음속에 아무것도 없게 되는 것처럼 말이에요."

이 말에 프랑스인은 화를 냈다.

"의식은 절대로 죽지 않소, 단 한 순간도. 뇌는 비물질적인 방식으로 운용된다오. 뇌는 의식이 육체와 소통하기 위한 도구이며, 육체는 세상과 소통하기 위한 것이지. 하지만 의식은 전혀 다른 실체이며, 존재하기 위해 뇌가 필요한 것은 아니오."

그는 마음을 추스르고, 침착히 덧붙였다.

"뇌는 연장된 실체라오. 공간을 차지하거나 공간 속을 움직이는 실체 말이요. 그리고 그것은 부분들로 이루어져 있다오. 하지만 의식은 연장실체가 아니오. 사유하는 실체라오. 그것은 부분으로 이루어진 게 아니라, 하나의 단일체일 뿐이오. 물질적인 사물을 다루는 것 마냥 마음을 둘로 쪼개 인식할 수는 없소. 눈앞에 보이는 광경에서 왼편을 보지 않은 채 오른편만을 볼 수는 없소. 마찬가지로 물체를 볼 때 색깔은 보지 않고 형태만 볼 수도 없는 노릇이오. 그러므로 육체와 정신은 두 가지의 다른 실체로 이루어져 있는 것이라오. 그리고 그 중 하나가 다른 하나를 만들어낼 수도 없소."

그리고 계속 이어나갔다.

"나는 사고하는 존재요. 의심하고, 이해하고, 확인하고, 부정하고, 의지를 품고, 거절하고, 상상하고, 느끼는 존재란 말이오. 생각과 언어, 의심, 추론, 의지를 순전히 기계적인 작용만으로 어찌 만들어낼 수 있겠소? 우리 외모를 닮고, 비슷하게 행동하고, 좀 더 나아가 몇 마디 말을 지껄이는 기계를 만들어낼 수 있을지는 몰라도, 절대 이성을 가진 존재처럼 말할 수는 없을 것이오."

프릭은 경멸조로 프랑스인을 쳐다보았다.

"기계 속 톱니바퀴에 의한 것이든, 당신 머릿속 얄팍한 장기에 의한 것이든, 순전히 기계적인 작용으로 가능한 일들에 대해 알게 되면 당신은 놀라 자빠질 겁니다. 메커니즘은 과소평가되기 쉽습니다. 하지만 생명 역시 메커니즘입니다. 꼼짝 못할 증거를 보여주기 전까지 사람들은 잘 믿으려 들지 않습니다만. 메커니즘들은 한 치의 오차도 없이 계산을 해내고, 실수 없이 추론하고, 체스 게임을 두고, 수학의 정리를 증명해냅니다. 그것들은 당신이 나아갈 삶의 방향을 결정할 수도 있습니다. 당신이 인정하든 그렇지 않든 당신이 깨닫지 못할 뿐입니다. 당신이 기독교인이 된 것도 분명 당신 머릿속에 들어있는 메커니즘 때문입니다."

프랑스인은 답하지 않았다. 대신 갈릴레오가 불쑥 혼잣말하듯 끼어들었다.

"하늘이 파랗고 스토브 속이 빛으로 빨갛게 보이는 것도 메커니즘으로 설명 가능할까요?"

"아, 그런 게 어려운 문제이지요. 생각, 언어나 의지 따위가 아니라요. 그것들은 쉬운 부분이죠. 문제는 광채 속에 있어요. 번뜩이는 의식의 광채 말이에요. 번뜩이는 의식의 광채에 대해 이해할 수 있게 해주신다면, 저는 영혼이라는 것을 밝혀내 보이겠습니다."

프랑스인은 주먹을 불끈 쥐며 말을 이었다.

"그 광채는 당신의 뇌가 깊이 잠들거나 죽는다 해도 반짝일 것이오. 왜냐하면 그 광채는 불멸의 존재이기 때문이오."

"불멸이라고! 만약 당신이 그 잘난 이성이란 것을 사용한다면, 스스로가 완전히 틀렸다는 사실을 깨달을 겁니다."

프릭이 소리쳤다. 그의 눈썹은 프랑스인을 향해 뻗쳐 있었다.

"처음 우리가 당신을 깨웠을 때, 당신은 마음속에 아무것도 떠오른 게 없다고 중얼거렸어요. 아무것도 경험한 게 없었으면서 어떻게 의식은 그 자리에 있었을 수가 있죠?"

"참 딱한 철학자로군. 당신은." 프랑스인은 경멸조로 비웃었다. "내가 그 정도도 모를 것 같소? 물론 의식은 언제나 존재한다오. 꿈 꿀 때든, 사후 세계에서든. 사라지는 것은 일종의 육신의 기억뿐이지. 그래서 당신네들이 나를 처음 깨웠을 때, 나는 아무것도 기억해낼 수 없었던 것이오. 하지만 나는, 내 영혼은 그곳에 있었고 앞으로도 영원히 존재할 것이오."

"의식이 언제나 존재하고 단지 기억을 못할 뿐이라고, 그저 그런 식으로 주장할 작정이라면 그러시든지요." 프릭이 차갑게 대꾸했다. "저런 얘기는 논박할 방법이 없어요. 더 이상은 시간을 낭비하지 말아야겠어요."

프릭은 갈릴레오와 눈빛을 교환했다. 그러고는 말했다.

"한 가지만 물어봅시다. 셀 수 없이 많은 의인성 사고 사례나, 재치 있는 실험들을 통해서 의식의 모든 면모는 양적으로나 질적으로 뇌의 기능에 달려 있다는 게 입증되었어요. 이것들은 분명 진실입니다. 진실을 들여다보는 편이 좋을 겁니다. 받아들이시렵니까? 아니면 부정하시겠습니까? 세 번째로 묻겠습니다."

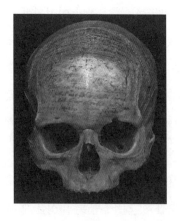

"무슨 진실을?" 프랑스인이 되물었다. 그의 목소리는 도전적이었다. "나는 평생을 바쳐 진실을 탐구해왔소."

프릭의 눈은 빛이 났다. "저 역시 진실을 연구해왔습니다. 그리고 진실은 이렇게 말합니다. 만약 뇌의 어떤 부분에 뇌졸중이 온다면 색을 인식하는 의식이 사라져버리지요. 또 다른 부분에 뇌졸중이 온다면 얼굴을 분간하는 의식이 사라지겠지요. 의식은 틀림없이 부분들로 이루어져 있습니다. 뇌가 이루어진 것과 꼭 같이 말이죠. 정말로 그렇기에 뇌가 둘로 나누어진다면, 의식 역시 둘로 쪼개질 것입니다. 아직 더 남았습니다. 또 다른 부위에 뇌졸중이 생긴다면, 당신은 세상의 왼편에 대한 의식을 잃을 것입니다. 오로지 방의 오른쪽만을 보고, 접시의 오른편에 담긴 음식만을 먹으며, 오른쪽 소매만 껴입을 것이고, 오른쪽에 난 턱수염만 면도하겠지요. 그리고 또 다른 부위에 뇌졸중이 생기면, 말하는 능력이나 추론하는 능력, 감정, 도덕심, 또는 의지가 없어져버릴 겁니다. 어쩌면 하나님을 믿는 신앙심마저 사라져버릴지 모르죠. 악마가 정확한 부위에 뇌졸중을 일으키기만 한다면."

프랑스인은 말없이 프릭을 바라보았고, 프릭은 계속 이어나갔다.

"더 많은 증거가 필요하신가요, 성자 토마스만큼이나 의심 많은 양반. 만약 당신 두개골 속에서 동맥이 터져 뇌의 대부분이 출혈로 쓸려나간다면, 당신은 더 이상 존재하지 않을 겁니다. 만약 약물에 중독이 된다면, 당신의 자아는 소멸해버릴 것입니다. 만약 당신의 뇌가 발작을 일으킨다면, 당신은 완전히 증발할 것입니다. 일어서는 동안 잠깐 피를 흘리는 것만으로도 족히 기절해 의식을 잃을 겁니다. 당신이 잠이 들면 우리가 막 목격했던 것처럼, 당신의 의식은 사라집니다."

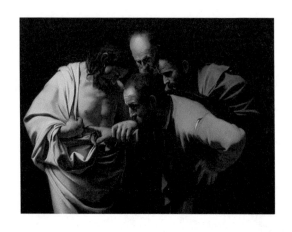

"의학적 사실들에 대해 왈가왈부하고 싶진 않소." 프랑스인은 일 그러진 미소를 지었다.

"그렇다면 이것만 대답해보세요. 똑 부러지게 말입니다. 우리가 아는 증례들은 한결같이 의식의 정도와 의식하는 대상이 뇌의 작용에 의해 결정된다고 말하고 있습니다. 하지만 만약 영혼이라는 게 정말로 불멸이라면 뇌가 죽은 다음에는 어떤 일이 벌어지나요? 당신의 영혼은 깨어 있을까요? 잠들어 있을까요? 여전히 사물을 보고 즐거워할 수 있을까요? 만약 볼 수 있다면 무엇을 볼까요? 소리를 들을 수는 있을까요? 들을 수 있다면 무엇을 듣게 될까요? 소망이나 후회의 감정을 가지게 될까요? 그렇다면 무엇을 소망할까요? 만약 당신이 뇌 없는 영혼을 가지게 된다면, 영혼은 틀림없이 텅 비어 있을 것입니다."

"확실히 말하겠소. 나는 내 영혼이 하느님과 함께하고 있음에 대해 의식적일 것이오."

"그렇다면 악마의 집회에 참석하고 있거나, 허깨비와 몸을 섞는 것에 대해 의식적인 것은 어떤가요?" 프릭이 고함쳤다. "만약 당신이 논리를 저버린다면, 그 이외의 모든 대안들은 똑같이 작위적인 것입니다."

그는 프랑스인을 재차 훑어보고는 조소하듯 덧붙였다.

"만약 당신 말대로 양보한다고 칩시다. 그렇다면 하느님과 함께함이란 도대체 어떤 것입니까. 그것이 경험할 수도, 기억할 수도 없는 것이라면."

순간 정적이 흘렀다. 프랑스인은 입술을 꼭 다물고 있었고, 프릭역시 그랬다. 하지만 그는 곧 갈릴레오에게 물었다.

"이런 사람들에 대해 어떻게 생각하십니까? 신이라는 존재를 꿈꾸고, 현실을 몽상 속에 끼워 맞추려는 사람들을요. 그리 하는 것은 현실을 둘로 가르고, 진실을 덮고, 이성을 부정하는 일인데도 말이죠."

갈릴레오는 아무런 말도 하지 않았지만 이렇게 생각했다. 만일 단념하여 이성을 저버린다면, 그저 단 한 번뿐일지라도, 어떠한 이야기라도 주장할 수 있으리라. 그리고 동시에 어떠한 근거도 대지 못하리라.

Φ

수면은 의식을 연구하는 데 있어 이상적인 실험대일 것이다. 이른 밤 부스스하게 잠에서 깨어났을 때, 대부분의 사람들은 사실상의 무無를 온전히 경험했다고 말하게 될 것이다. 이번 장에서 데카르트 역시 그랬다. 이는 의식이 고정되어 있는 상태가 아니며—순전히 뇌의 활동 변화에 달린 일로, 수면 중 완전히 사라질 수 있다—기상 시와 깊은 수면(혹은 특정 형태의 마취 상태) 간 뇌 활동의 차이가 의식의 발생에 관한 열쇠를 쥐고 있으리라는 것을 말해준다.

불행히도 저자는 수면의 신경생리학에 대해 불완전하고 빈약한 설명만을 수록했는데, 아마 이에 대해서는 아는 바가 거의 없기 때문인 것으로 생각된다. 뇌라는 물속으로 돌멩이 하나를 던져 넣는 것(처음에는 기상 시, 이후에는 잠든 동안)과 크게 다를 바 없는 실험은 마시미니Massimini 등의 저작 〈수면 중 대뇌 피질의 유효 연결의 손상Breakdown of Cortical Effective Connectivity During Sleep〉(《사이언스Science》, 2005)에 기술되어 있다. 그 실험의 결과를 제외하면, 수면 중의 뇌에서는 각 모듈들의 연결이 끊어져 조각나 버린다고 해석할 수 있다. 이는 좀 더 심한 형태일 뿐, 히스테리를 앓던 테레사의 경우와 다소 흡사하다.

꿈과 몇몇 인용구의 내용은 모두 데카르트의 것이다(늘 그렇듯, 수정이 있었다). 프릭과 데카르트 중에서 누가 더 무례한지 우열을 가리기란 쉽지 않았을 것이다. 반드시 언급해야 할 점이 있는데, 프랜시스 크릭은 철저한 무신론자였다.

PART
II

이론
사고 실험

Theory
Experiments of Thought

PHI

12

서론

의식이라는 에니그마

빈 서판the blank slate이야말로 새로운 길을 찾아가는 데 가장 좋은 지도이다. 아무것도 볼 게 없는 곳에서 생각은 더 수월하게 정리되기 마련이다. 그래서 갈릴레오는 텅 빈 벽을 응시한 채 지금까지 보았던 것들, 돌아본 병실과 만났던 사람들을 찬찬히 마음속에 되새겼다. 프릭이 옳았다. 의식은 전적으로 두뇌로부터 결정된다. 만약 뇌의 기능이 멈춘다면, 아무것도 남지 않으리라. 우리뿐만 아니라, 우리를 둘러싸고 있는 세상마저도. 코페르니쿠스가 대뇌를 잃었을 때, 우주는 그 관점을 잃었고, 코페르니쿠스의 우주 역시 한 점으로 사라졌다.

뇌 속의 광활한 대지 전부가 중요한 것은 아니다. 오직 일부의 선택받은 땅만이 그러하다. 손을 떨던 화가는 코페르니쿠스만큼이나 많은 신경 세포를 잃었지만, 그는 여전히 완벽히 의식적이었다. 즉 대뇌는 중요하지만, 소뇌는 그렇지 않은 것이다. 중요한 것은, 단순히 신경의 많고 적음이 아니라 신경이 연결되어 있는 방식이다. 소뇌는 수백만 섬들이 서로 건너갈 수 없는 바다로 둘러싸인 거대한 다도해와 닮아 있다. 만약 고립된 섬 모두에 각각의 마을이 있고, 재앙과도 같은 파도에 휩쓸려 수몰된다 하더라도, 그 누가 이 소식을 알아차리거나 전할 수 있을까? 하지만 세상의 대뇌, 유럽이 휩쓸린다면 모두가 사라져버릴 것이다. 어째서일까? 소뇌는 대뇌만큼 북적이지 않았던가?

그는 또한 안구 속에서 출발해 대뇌로 도착하는 신경들이 의식에 필수적인 것은 아니라는 사실을 배웠다. 맹인 화가의 시력은 죽었으나, 그의 심안心眼은 살아 있었다. 눈은 멀었으나, 여전히 색상과 형태들을 상상할 수 있었고, 색상과 형태들이 등장하는 꿈을 꿀 수 있었다. 화가는 어두컴컴해진 마음의 벽 위에 환한 상像들을 비출 수 있었다. 대뇌를 빠져나와 우리의 움직임 하나하나를 조종하는 신경들 역시 필요치 않았다.

갈릴레오의 친구 M은 아주 오래된 돌 마냥 꼼짝 않고 마비된 채 말없이 누워 있었지만 그를 찾아온 방문객만큼 의식적이었다. 심지어는 대뇌를 빠져나가 복잡한 계산을 한 뒤 결과를 다시 가져오는 복잡한 신경회로들 역시 필수적인 것이 아니었다. 비록 이 회로들이 없다면, 의식은 자신들의 여왕에게 메시지를 전달하거나 여왕의 바

램을 해석하고, 기억들을 저장했다 꺼내오는 충직한 일꾼을 잃을지도 모를 일이지만 말이다. 갈릴레오는 여자 시인과 감바 연주자를 떠올렸다.

그다음으로는 이스마엘과 테레사를 기억해냈다. 만약 두 쪽의 대뇌반구를 이어주는 연결이 끊어진다면 혹은 대뇌의 앞부분이 뒷부분과 분리된다면, 의식이 나누어질 수 있음을 그들은 가르쳐주었다. 그것이 살레르노가 들이부었던 얼음물로 인해서인지, 아니면 자궁으로부터 올라오는 뜨거운 증기로 인한 것인지 여부는 상관없었다.

갈릴레오는 수레바퀴에 묶인 가엾은 소녀와 그녀로부터 배운 것을 떠올렸다. 의사가 소녀의 뇌에 장뇌유를 쏟아부었을 때, 다시 말해 너무 많은 신경세포들이 한꺼번에 활성화될 때면 의식이 소실될 수 있다는 사실을 알게 되었다. 그리고 스토브 근처에서 잠들어 있던 프랑스인으로부터 피질의 대양을 휘젓는 파도가 매우 깊고 균일할 때면 의식이 침몰할 수 있음을 배웠다. 그러므로 의식은 단순히 대뇌의 특정한 부분들에 의해 좌우되는 것이 아니라, 각 부분들이 정확한 방식으로 기능할 때 가능한 것이다.

하지만 대뇌의 어떤 점이 특별하며, 우리가 깨어 있을 때나 꿈꿀 때 그 부분들이 기능하는 방식은 무엇일까? 어떻게 두개골 속 한줌 젤리 같은 것에서부터 의식이라는 압도적인 우주가 기원할 수 있을까? 그리고 어째서 뒤얽힌 물결모양의 뇌파가 빠른 속도로 출렁일 때에만 그럴까?

갈릴레오는 답을 찾고자 했으나, 프릭은 어디에도 보이지 않았다.

대신에 낯선 인물이 방 안으로 들어왔다. 그의 이름은 앨튜리였다.
적어도 갈릴레오에게는 그렇게 들렸다.

그는 갈릴레오에게 이렇게 말을 건넸다.

"뇌와 의식에 관한 진실들을 배웠을테죠. 혹은 그렇다고 해둡시다.
그럼 지금부터 답해보세요. 그 모든 것에 대해 얼만큼 이해했는지?
잊지 마세요. 세상에 진실은 많지만, 논리적인 설명은 적답니다."

앨튜리는 답변을 기다리지 않고 말을 이어갔다.

"왜 고심하는지 알아요. 그냥 질문만 해보라니까요. 최대한 간단
명료하게. 논리와 상상만 있으면 꽤 많은 진도를 나가볼 수 있죠."

그는 극도로 자신만만해 보였다.

잠시 동안, 갈릴레오는 미동도 없이 텅 빈 벽을 바라보며 앉아 있
었다. 하지만 그는 도전을 피할 인물이 아니었다. 갈릴레오는 진실
로 두 가지 난제가 있다고 결론지었다. 이는 의식에 대한 첫 번째와
두 번째 문제라고 부를 만했다. 그리하여 그는 앨튜리를 바라보며
일어나, 그 문제들에 대해 읊어나갔다.

"의식에 대한 첫 번째 문제는 이것입니다. 의식의 존재 여부를 결정하는 것은 무엇이고, 그것은 어디에 있습니까?"

이는 갈릴레오가 고심하고 있는 문제였다.

"어째서 의식은 뇌 속에 깃들어 있으며, 간 속에는 들어 있지 않습니까? 좀 더 나아가자면, 어째서 뇌의 특정 부위들, 소뇌가 아닌 대뇌에만 깃들어 있습니까? 세상에는 물질로 이루어진 많은 것들, 은하와 별과 행성, 산과 바위와 모래알, 대양과 호수와 강, 떡갈나무와 밀과 수선화, 탑, 방앗간, 의자와 시계, 팔다리와 몸통, 허파와 심장, 귀와 눈이 존재합니다만, 의식은 오직 모든 이들의 머릿속 빛나는 한 지점 속에서만 살아 있는 듯 보입니다. 또한 두 번째 문제도 있습니다. 이는 아마도 첫 번째 문제가 풀린 후에 씨름해볼 수 있을 겁니다. 두 번째 문제를 말씀드리죠. 의식이 취하는 특별한 상태를 결정하는 것은 무엇입니까? 무엇이 본다는 것의 시각적인 속성 혹은 들림의 청각적인 속성을 결정짓습니까? 의식이 특정한 속성들을 지니게끔 만들어주는 조직이 대뇌 속 어딘가에 틀림없이 존재하리라고 봅니다. 하지만 어떤 모양을 그 모양대로 보이게끔 해주는 일은 정확히 신경조직의 어떤 측면에 기인하는 것일까요? 그리고 그것이 색깔이 나타나는 방식이나 통증이 느껴지는 방식과 다르다는 점은 어떻게 설명할까요?" 갈릴레오가 말했다.

앨튜리는 희미하게 웃으며 대답했다.

"날 믿어요. 실은 단 한 가지 문제에요. 만약 의식의 존재 여부를 결정하는 것이 무엇인지, 그것이 어디에 있는지. 어째서 내 머릿속,

그리고 선생님의 머릿속에는 하나씩 있고 모랫더미 속에는 없는지 알기만 한다면요. 그때는 무엇이 의식의 속성을 결정짓는지, 이것과 저것은 왜 다른 방식으로 느껴지는지, 어째서 이것은 보랏빛으로 보이고, 저것은 통증으로 느껴지는지 이해하기 어렵진 않을 겁니다. 하지만 정말로 쉽지 않은 한 가지 문제에요. 사실, 실제로건 이론적으로건 풀 방도가 없을 만큼 어려울지도 모르겠어요. 과학으로 굴복시키지도, 상상을 해내지도 못할 정도로 어떻게 풀 수 있을지 가늠조차 못할 정도로 어려운 일이죠."

그는 갈릴레오를 향해 돌아서서 설명하듯 이어나갔다.

"아마 언젠가는, 뇌라는 톱니바퀴가 어떻게 돌아가고 있는지 아주 자세한 부분까지 속속들이 깨닫는 날이 올 거예요. 하지만 그렇다 해서 의식이란 목표를 정복하는 데 도움이 될 것 같지는 않군요. 기억에 대해 따져볼까요. 기억이 어디에서 어떻게 저장되는지 완벽하게 파헤치기란 꽤나 난해해 보여요. 선생님도 동의하시죠? 허나 상상은 해볼 수 있잖아요. 숨겨진 수수께끼는 없으며 점차로 풀려가는 중이에요. 실은 기계 장치들, 제가 몸소 고안했던 원조기계의 후손들도 할 수 있는 일이랍니다."

앨튜리는 말을 이어갔다.

"비슷한 이야기로, 악기를 연주하는 데 필요한 동작들을 정확한 순서로 조작해내는 뇌의 능력에 경외심을 품기도 하지요. 음절 하나하나를 단어로 엮어 문장으로 뱉어내는 능력에 놀라기도 하고요. 하지만 이런 것들은 단순히 논리의 문제이기에 제가 선생님 앞에서 입증해 보일 수 있어요. 그 모든 묘기들은 단순한 동작들의 연속으로 쪼갤 수 있고, 환원이 가능한 것들은 기계로 얼마든지 실행해볼 수 있지요. 이유야 어찌되었건, 사과를 쥔 다음 입으로 가져가 한 입 깨무는 동작을 상상해봅시다. 어떤 식으로 움직일지 프로그램을 짜고 팔다리 간의 조화를 완벽히 맞추며 수십 개의 근육들이 어우러져 작용하는 힘을 비상하게 조절해 자세를 보정하는 것…, 이것들은 몹시 복잡한 묘기이죠. 하지만 기계장치로도 충분히 해볼 여지가 있는 것들이에요. 신비롭거나 이해할 수 없는 것이 아니죠. 뇌라는 무수히 많은 실타래를 가진 마법의 베틀은 얼마든지 그런 기계를 들여 놓았을 겁니다. 언젠가 그 기전을 알게 된다면, 설명할 일은 아무것도 남지 않겠죠. 이와 유사한 예로, 공기 중의 진동에 불과한 것들 속에서 단어와 문장을 뽑아내는 뇌의 놀라운 능력에 우리는 감탄하지요. 외국어를 배우기 전에는 그 소리가 어떻게 들렸는지 생각해보세요. 밑도 끝도 없이 속닥거리는 긴 연속음이지 않았나요. 이윽고 뇌가 단

어들을 분석할 수 있게 되면서, 그것들은 서로서로 깔끔하게 분리되고 각각의 의미가 들러붙었죠. 배운 것 중에서 생각해보는 건 어때요. 우리가 바라보는 지점에 따라 대상의 모양이 변할지라도, 뇌는 그 대상을 인지할 수가 있어요. 방 안을 비추는 빛이 해질 무렵의 따스한 석양이든 차가운 번갯불이든 상관하지 않고 뇌는 대상의 색깔을 알아본단 말이에요. 이 모두 기가 막힌 솜씨지만 여기에 수수께끼 같은 것은 없어요. 우리와 똑같이 기능할 수 있는 기계들을 만들수가 있지요. 우리가 매번 하는 것처럼 대상을 인식하고, 각각의 색깔을 식별해내고, 붉은색이나 푸른색을 알아차릴 수 있는 그런 기계말이에요. 단지 기계가 연속된 계산을 정확하게 하도록 고안하면 끝입니다. 당연히, 우리 뇌의 시각영역에는 그런 기계가 들어 있겠죠. 그렇지 않고서야 어떻게 뇌가 그리 하겠어요? 하지만 문제가 하나있어요."

프릭이 말한 것처럼 앨튜리는 말했다. 그리고는 잠시간 침묵했다.

"색깔을 분간해내는 기전에 대해, 가장 하찮은 세부사항 하나하나까지 완전히 이해한다 치더라도 우리는 여전히 납득할 수 없을 거예요. 충직하게 색깔을 구별하는 작업을 수행하고 이를 통해 우리가 해야 할 일을 제시해주는 뇌의 시각영역과 더불어, 색깔에 대한 의식적인 경험, 즉 눈앞에서 생생하게 붉은 사과와 푸른 하늘을 보고 있는 나 자신이 함께 존재하게 되는 이유에 대해서는 말입니다. 어떤 식으로 기계를 프로그래밍하든지, 무슨 절차를 밟도록 만들든지 간에 어떻게 해서 내가 보는 방식처럼 기계도 볼 수 있을지 나는 알 수가 없어요. 아마도 기계는 나와 비슷하게 행동할 수 있을지 모르죠. 하지만 그것이 어떤 경험을 하는지 나는 전혀 알 수 없단 말입니다."

그는 다시 희미하게 웃었다. 그리고는 유명한 뇌 과학자로부터 온 편지를 갈릴레오에게 보여주었다.

하늘을 올려다볼 때면, 납작한 천구와 찬란한 원형의 태양과 그 아래 존재하는 수많은 사물들이 눈에 들어온다. 이들은 과연 어떤 과정을 거쳐 출현하는 것일까? 태양으로부터 나온 빛이라는 필기구는 눈으로 들어와 망막의 어딘가에 맺힌다. 이로 인해 일어나는 변화는, 뇌의 꼭대기에 위치한 신경층에 이를 때까지 차례차례 이어진다.

이와 같은 연쇄반응 전체는 태양으로부터 뇌 꼭대기에 이르기까지 한결같이 물리적인 일이다. 각 단계는 전기적인 반응일 뿐이다. 하지만 이제 그중 어떤 것도 관련될 법하지 않은, 우리가 전혀 설명할 수 없는 변화가 일어난다. 마음속에 시각적인 광경이 그 모습을 드러낸 것이다. 나는 천구와 그 안의 태양, 그 외의 수많은 사물들을 보게 된다. 실상, 나는 내 주위를 둘러싼 세상의 사진을 지각하는 것이다.

"이것야말로 의식의 에니그마Enigma가 아닐까요?"
앨튜리가 말했다.

Φ

주

사진은 앨런 튜링Alan Turing이다. 그는 실재하는 기계가 아닌, 개념으로서의 튜링 머신을 착안해내어 컴퓨터의 개념을 확립한 인물로, 만능기계universal computer에 대한 아이디어를 구상하고 이를 만드는 데 일조하였다. 튜링은 2차 세계대전 동안 독일군의 암호를 해독하는 작업을 수행하였고, 강력한 에니그마Enigma machine의 암호를 풀어낼 수 있었다. 그는 남성과 성관계를 가졌다고 시인한 후 동성연애 죄목으로 유죄판결을 받았고, 호르몬 요법을 강요당했다. 2년 후 그는 청산가리를 넣은 사과를 먹고 자살하였다.

마지막 부분에 인용한 문구는 찰스 셰링턴Charles Sherrington의 것이다. 그는 신경생리학자로 《인간과 인간의 본성Man on His Nature》(Cambridge University Press, 1951)에서 의식에 관해 논한 바 있으며, 두뇌를 마법의 베틀에 비유하였다.

갈릴레오와 포토다이오드

포토다이오드도 질감을 경험할 수 있을까?

"이 딜레마의 해결책을 찾을 수 있겠어요? 불가사의를 수수께끼로 돌려막는 방식은 사절입니다."

앨튜리는 갈릴레오를 옆문으로 인도하며 질문을 던졌다. 앨튜리는 갈릴레오에게 사고실험을 하도록 부추기고 있었다. 누가 뭐래도 갈릴레오는 사고실험의 달인이었다. 과학사 최초로 사고실험을 행한 인물이 바로 그 아니었던가? 갈릴레오는 움직임의 상대성에 대해 밝히느라 자신이 얼마나 애를 썼는지 토씨 하나 빼먹지 않고 기억하고 있었다.

어느 큰 배의 선실 속에 친구와 함께 잠자코 들어가 있다고 상상해보자. 그곳에는 파리, 나비, 그 밖의 작은 날짐승들이 함께 타고 있다. 물고기가 든 커다란 어항도 배치되었다. 매달린 병으로부터 방울져 흘러내리는 물은 바닥의 넓은 그릇 속으로 떨어진다. 배를 가만히 정박시킨 다음, 선실 속 작은 날짐승들이 일정한 속도로 이리저리 날아다니는 것을 유심히 관찰하자. 물고기는 사방으로 무심히 헤엄치고 있다. 물방울은 아래에 놓인 그릇으로 떨어진다.

그리고 친구에게 무엇인가 던져보는데, 거리만 동일하다면 어떤 방향으로 던지건 힘을 달리할 필요는 없다. 다리를 모아 깡충깡충 뛰어보는데, 어느 방향으로 뛰든지 공간의 변화가 느껴지지 않는다. 배가 멈춰있기만 하다면 모든 게 이와 같을 것임은 너무도 자명하지만, 이 전부를 유심히 관찰하면서 원하는 속도만큼 배를 나아가게 해보자. 단, 움직임은 일정해야 하고 이리저리 흔들리지도 않아야 한다. 당신은 이제껏 알려진 모든 효과에 있어서 최소한의 변화도 감지해내지 못할 것이며, 어떤 대상을 관찰하더라도 배의 움직임 유무를 구별해낼 수 없을 것이다.

그리고 나서 그는 결정적인 실험적 증거들도 없이(증거를 얻기란 힘들었을 것이다) 오로지 자신의 상상력만으로, 아리스토텔레스 물리학의 근간을 뒤흔들어놓고, 운동 제1법칙—관성의 법칙—을 고안했던 일을 떠올렸다. 그는 완벽한 구형의 공이 완전히 매끄러운 평면을 구르면서, 아주 조금의 저항도 맞닥뜨리지 않는 상황을 상상해보았다. 이런 이상적인 상황을 그려봄으로써, 운동을 유지하기 위한 부가적인 힘이 없이도 공은 계속 일정하게 굴러갈 것이라 결론 내렸던 것이다. 그래서 앨튜리가 염두에 둔 것은 무엇이었을까? 의식의 본질을 밝혀줄 어떤 사고실험이었을까?

옆방은 몹시 밝았고, 한가운데 놓인 안락한 의자를 제외하고는 텅 비어 있었다. 앨튜리는 편히 앉도록 권했다. 갈릴레오가 의자에 앉았을 때, 순간 어지러움을 느꼈다. 마땅히 시선을 둘 곳이 없었기 때문이었다. 그의 눈앞 어디에도 벽은 보이지 않았다. 마치 경계가 없는 하얀 스크린만이 그의 시야를 둘러싸고 있는 듯했다. 이윽고 어지러움이 가시자 느껴지는 것은 오로지 순수한 광채뿐이었다.

앨튜리는 신속히 실험에 대해 설명했다. 갈릴레오가 할 일은 단지 지금처럼 빛이 비치고 있는지 혹은 온통 암흑으로 뒤덮여져 있는지 보고하는 것이었다. 상황에 맞게 오직 "빛" 또는 "어둠"이라고 답하면 될 뿐 그 외에는 아무것도 필요치 않았다. 앨튜리는 그에게 어떤 생각도 떠올리지 말고, 마음을 비우도록 지시했다. 대신에 아무리 단순한 일처럼 보일지라도, 그가 답해야 하는 "빛" 또는 "어둠"이라는 말에는 집중하도록 했다. 그리고 앨튜리는 사라졌다.

정말로, 머지않아 사방이 어두워졌다. 그러나 한순간에 지나지 않았다. 곧 다시 빛으로 환해졌고, 또 어둠, 또 다시 빛이 찾아왔다. 갈릴레오는 재빨리 대답해야만 했다. 빛과 어둠은 그가 따라갈 수 있을 만큼의 속도로 교차하였고, 그는 "빛" 또는 "어둠"이라고 답했다. 명암이 바뀔 때마다 부지런히 대답을 거듭했다.

몇 분이 지나 앨튜리는 방으로 다시 돌아왔고 갈릴레오에게 빛과 어둠을 보았는지 물었다. 너무 단순한 일이라 머리를 쓴 것 같지도 않은 걸. 갈릴레오는 생각했다.

앨튜리는 갈릴레오의 눈이 좋지 않다는 말을 하고 싶었을까? 그의 시력이 점차 나빠져가고 있음을 앨튜리가 알아차렸던 걸까? 갈릴레오가 몇 번 정도는 잘못 대답했을까? 당연히도 그는 빛과 어둠, 어둠과 빛을 보았다. 이보다 더 쉬운 것이 있을까? 이 실험의 요점은 무엇이었을까? 요점이 있기나 하다면 말이다.

앨튜리는 말없이, 의자 아래에 부착된 가느다란 전선 가닥을 가리켰다. 전선은 바닥의 작은 구멍을 통해 나와 있었고, 방 앞쪽을 향해 있는 그 끝 부분에는 조그마한 유리전구가 달려 있었다.

"이것은 포토다이오드라는 거예요. 누구나 만들 수 있을 법한 간단한 기계죠. 간단하기 짝이 없는 물건이에요. 포토다이오드는 다양한 저항을 지닌 작은 전기회로에 지나지 않아요. 빛에 노출됨에 따라 저항이 변하기 때문에, 빛이 점점 강해질수록 전류의 흐름이 세어지지요."

갈릴레오가 빛이나 어둠을 보았다고 외치는 동안 포토다이오드 역시 똑같은 일을 하고 있었다고 앨튜리는 설명했다. 빛이 켜질 때마다, 자체의 회로 속에서 전류가 흘러 포토다이오드 역시 "온^{on}" 신호를 보냈고, 빛이 꺼질 때면 전류가 0으로 떨어져 "오프^{off}" 신호를 보냈던 것이다.

방 바깥에서 앨튜리는 갈릴레오의 대답과 포토다이오드의 반응을 모두 기록하고 있었다. 그에 따르면, 포토다이오드의 반응은 갈릴레

오의 대답과 매번 일치했다. 둘 다 테스트를 통과한 것이다.

위대한 갈릴레오와 한낱 포토다이오드 간에 벌어진 이 이상한 대결의 목적이 무엇이었는지, 둘 중 하나에게는 이제 어렴풋이 떠오르기 시작했다. 갈릴레오가 고민할 질문은 간단해 보였다. 갈릴레오 자신이 그랬던 것처럼, 포토다이오드 역시 명암에 대한 의식이 있었을까? 포토다이오드도 주관성이라는 특권을 가지고 있었을까? 밝음과 어둠이라는 질감을 경험했을까? 갈릴레오는 멈칫할 필요도 없었다. 대답은 틀림없이 "아니다"일 테니.

"어떻게 그렇게 확신하죠?"

앨튜리는 마치 승리가 눈앞에 아른거리기라도 한 듯 끼어들었다. 실험을 통해 증명된 것은 포토다이오드가 최소한 갈릴레오만큼은 명암을 구별할 수 있다는 사실이었다. 그렇다면 갈릴레오는 무슨 근거로 포토다이오드가 빛과 어둠을 자신처럼 보지는 못한다고 결론지을 수 있을까?

포토다이오드는 그저 빛의 유무에 따라 온이나 오프로 상태를 변화시키는 전기회로일 뿐임을 갈릴레오는 알았다. 명암이라는 의식

적인 경험을 낳기에 그 정도로는 필시 역부족이리라 확신했다. 그렇
다면 어째서 그럴까?

사실 그는 프릭이 건네준 모든 책을 탐독하며 자신의 두뇌 속 신
경세포들이 포토다이오드의 부품과 별반 다를 바 없음을 알고 있었
다. 예컨대, 망막의 광수용체들이 포토다이오드와 똑같이 반응한다
는 사실을 읽었다. 비록 금속이 아닌 육신으로 만들어졌지만, 그리
고 빛에 반응하는 기전은 달랐지만 말이다. 이런 수용체들은 다른
세포들과 연결되어 있었고 이러한 연결은 차례차례 뇌의 가장 고위
부에 다다를 때까지 이어졌다. 하지만 그는 프릭이 했던 말을 기억
했다. 뇌 속 고위부의 세포들마저도 얼마만큼 고위부이든지 간에,
여전히 포토다이오드와 비슷한 식으로 작동한다. 실제로 우리가 명
암을 경험하는 능력은 이런 포토다이오드를 닮은 세포에 달려 있으
며, 만약 이 세포들이 파괴된다면 능력은 사라져버릴 것이다.

이제 갈릴레오는 앨튜리가 주장하는 요지를 이해할 수 있었다. 명암을 알아보는 그의 능력은 뇌 속 어떤 부분의 특정한 세포들에 기초한 것이었다. 이론적으로 보자면, 이런 세포들은 육신으로 만들어진 포토다이오드와 크게 다를 바 없었다. 뇌 속 어딘가 포토다이오드를 닮은 세포들의 도움으로 인간이 명암을 의식적으로 경험할 수 있다고 한다면, 어째서 포토다이오드는 명암이라는 의식적 경험을 가지면 안 될까?

갈릴레오는 혼란스러웠지만, 믿음을 굳게 가졌다. 포토다이오드는 인간이 경험하는 방식으로 빛과 어둠을 의식할 수는 없을 것이다. 비록 만족스러운 설명은 얻지 못했으나, 어딘가에는 설명할 길이 있으리라 확신했다.

그는 사유의 근간이 되는 한 가지 원칙, 어쩌면 여러 원칙 가운데 가장 중요할지도 모르는 한 가지 원칙을 고수하고 있었다. 충분한 근거의 원칙이다. "사물이 꼭 이런 식으로만 존재하고, 저런 식으로 존재하지는 않는 데는 반드시 근거가 있다Nihil est sine ratione cur potius sit quam non sit." 이는 갈릴레오가 언제나 따르고자 한 원칙이었다. 갈릴레오는 시각피질 내에 위치한 특정 세포의 활동에는 명암의 의식적 경험과 연관된 필수적이면서도 충분한 어떤 조건이 반드시 존재할 것이며, 포토다이오드의 활동은 그렇지 않으리라고 생각했다. 그렇다면 그 조건은 무엇일까?

이것이, 아마 가장 간단한 형태의 의식에 관한 첫 번째 문제일 것이다.

Φ

인공지능과 관련된 논쟁의 선구자였던 튜링은, 기계가 생각할 수 있는
지, 의식적일 수 있는지 여부를 알아내기 위한 방법으로 튜링 테스트를
고안해냈다. 지적인 기계와 사람을 방 안에 들여놓은 후 이들을 또 다른
방에 있는 인간 질문자와 '텔레타이프teletype'를 통해서만 대화를 이어가
도록 한다. 만약, 일정한 시간이 지난 후 상대편이 기계인지 사람인지 인
간 질문자가 구분할 수 없다면, 그 기계는 실험을 통과하였으며 지능을
가졌다고 말할 수 있다는 것이다. 여기에서 앨튜리는, 가능한 가장 간단
한 형태이긴 하나, 갈릴레오에게 튜링 테스트를 실시하려 했음이 분명하
다. 인용된 문구의 출처는 《2개의 주요 우주 체계에 대한 대화Dialogo sopra I
due massimi sistemi del mondo tolemaico e copernicano》(Florence, 1632)이다.

서류장이 있는 방 속의 중국인은 옹정제雍正帝이다. 그는 가슴에 찰스 배
비지Charles Babbage의 분석기를 안고 있는데, 이는 최초의 기계식 컴퓨터 가
운데 하나였다.

철학자 존 설John Searle은 〈정신, 뇌 그리고 프로그램Minds, Brains and Programs〉
(《행동 및 뇌과학Behavioral and Brain Sciences》, 1980)에서 '중국어 방Chinese room 논증'
을 펼친 바 있다. 그는 이 책에서 명령어 세트를 따르는 기계가 모든 유형
의 질문에 적절히 답해 튜링 테스트를 통과할 수는 있다손 치더라도, 인

간이 하는 방식처럼 사고거거나, 의식하거나 혹은 그 의미를 음미하지는 못할 것이라고 주장하였다. 존 설은 기계 내부에 자기 자신이 들어가 한자를 모름에도 불구하고 지시를 수행하는 상황을 상정하여 이를 증명해 보였다. "당신은 방 안에 갇혀 있고, 수많은 한자가 적힌 카드들이 놓여 있습니다. 당신은 방 안으로 또 다른 카드들이 들어올 때 적절히 응대하여 벽에 난 구멍을 통해 카드를 내놓을 수 있는 프로그램을 사용합니다. 그럼에도 당신이 한자를 모른다는 사실은 변함이 없습니다." 설은 이 주장을 통해 특정 기전(법칙 체계)으로부터 뜻(의미)을 도출해낼 수는 없음을 지적했다. 하지만 이는 계산으로부터 의식이 얻어질 수 없다는 주장으로도 쓰일 수 있다. 실제로, 의식 없는 의미 역시 존재할 수 없으며, 근본적으로 의식과 의미는 하나이며 동일한 것이라고 갈릴레오는 결론 내리게 될 것이다.

I4

정보 : 다양한 레퍼토리

정보를 나타내는 공식 p log p

자신과 포토다이오드의 근본적인 차이는 무엇이었을까? 갈릴레오는 생각했다. 그는 명암을 보고 그것을 의식할 수 있었던 반면, 포토다이오드는 그저 단순한 기계로서 반응했을까? 결정적인 차이는 무엇이었을까?

돌연 사방이 다시 환해졌다. 하지만 이번에는 공간이 텅 비어 있지만은 않았다. 갈릴레오는 균일하면서도 강렬한 푸른빛 속에 자신이 놓여 있음을 깨달았다. 사방이 푸르렀다. 그러더니 곧 온통 붉은빛으로 물들었다. 그다음은 녹색, 그 다음은 노란색. 곧 갈릴레오는 밝은 빛으로 드리워진 공간을 바라보고 있었다. 한 가지 빛깔의 음

영이 다른 빛깔의 음영으로, 수천가지 빛
깔들로 바뀌었고 이윽고 온갖 빛깔의 음영
들이 동시에 비쳤다.

　그때 놀라운 일이 벌어졌다. 그의 눈앞
에서, 방금 전까지 아무 형체도 없던 공간
이 벽으로 변했고, 그 벽 위로 그림이 하나 나타났다. 그것은 누군가
의 초상화였는데 그가 모든 걸 단번에 알아볼 수 있는 이의 초상화
였다. '그 무렵 그녀는 풋풋했었지.' 하지만 그의 노쇠한 심장이 황폐
한 가슴 속에 다시금 뛰고 있음을 느낄 새도 없이, 여인의 얼굴은 다
른 이의 얼굴로 변했고, 곧 이어 또 다른 얼굴로 변했다. 점차 속도가
빨라지며 얼굴에 얼굴이 이어졌다. 처음에는 지인들의 얼굴이었으
나, 점차 만난 적 없던 이들의 얼굴이 나타났고, 그중 몇몇은 이상한
모자를 쓰거나, 괴상한 머리 모양을 하고 있었다.

이론-사고 실험
•

그는 수천 명의 얼굴을 본 것만 같았다. 그러자 그림은 바뀌어 창문으로 변하는 듯 보였다. 창문을 통해 낯익은 예전 광경이 펼쳐졌다. 그곳은 그가 의학을 배웠던, 그리고 어느 한곳도 마음에 들지 않았던 피사Pisa였다. 곧이어 피사는 파도바Padua, 그를 유명하게 만들어준 여러 발견들이 탄생했던 그곳으로 변해 있었다. 다음으로는 그의 몰락이 시작된 로마Rome였다. 그리고 수많은 다른 도시, 마을, 지역, 궁전들, 갖가지 방, 정원, 산과 계곡들로 변했고, 그 대부분은 한 번도 본 적이 없던 곳이었다.

창을 통해서 보이는 광경은 점차 더 빠른 속도로 변하고 있었고 곧 밖에서 목소리가 들려왔다. 낯익은 목소리와 처음 듣는 목소리, 알고 있던 언어와 알지 못하는 언어, 시시각각 뭔가 재잘거리는 목소리가 들렸고, 한꺼번에 다양한 톤으로 점점 더 빨리 들렸다. 이제는 음악소리가 들렸다. 그리고는 화음, 조합 가능한 온갖 화음, 그리고 그가 난생 처음 들어보는 소음들로 바뀌었다.

그 후 정원에서 키우던 약초의 냄새가 느껴지기 시작했다. 연이어 달콤하거나 자극적인 내음, 기름내, 오래된 책의 냄새, 죽음의 체취, 그다음으로는 술을 마시지는 않았지만, 자신이 보관해둔 와인의 맛이 느껴졌다. 이어서는 다른 와인들, 얼마나 많은 서로 다른 맛이 지나갔는지 분간할 수 없었다. 매콤한 것들, 진한 시럽들, 자극적인 것들. 곧 과일의 맛이 느껴졌다. 자신이 알던 과일 맛과 그보다 더 많은, 이전에는 알지 못했던 과일 맛, 밤과 아몬드, 그뿐 아니었다. 고금古今의 음식들, 세상에 존재하는지조차 몰랐던, 그가 꿈에서도 상상

이론-사고 실험

201

해보지 못한 강렬하고 독특한 맛의 음식들이 이어졌다.

그리고 그는 정신을 놓아버릴 것만 같은 두려움을 느꼈고, 뒤이어 분노와 감사 그리고 평화로움을 느꼈다. 다음으로는 마치 칼로 심장을 꿰뚫기라도 하는 듯 매우 고통스러운 상실감—마치 그녀가 더 이상 세상에 없다는 사실을 깨달았을 때 마냥—을 느꼈다.

그러고는 생각이 떠오르기 시작했다. 생각들은 너무나도 많았고, 그의 마음은 이리저리 방황하고 있었다. 자신이 곧잘 하던 생각, 생전 처음 떠오른 생각, 자신의 무덤에 대한 생각, 그 무덤은 피렌체Florence에 있을 것이라는 생각과 그렇지 않을 것이라는 생각이 떠올랐다. 그리고 그는 무덤과 자신의 육신을 보았고, 육신으로부터 분리되었다는 생각이 들었다. 생각들이 너무나도 빨라 그는 생각 속에 현기증을 느꼈고, 그 생각들은 머릿속에서 빙글빙글 돌고 있었다. 그가 따라잡을 수 없는 속도로 생각들은 지나갔고, 이윽고 텅 빈 것처럼 느껴지더니 와르르 무너져버렸다.

그때—그 순간은 찰나일 수도, 영겁의 세월일 수도 있었다—앨튜리를 보았다. 앨튜리는 얼굴에 이상야릇한 미소를 띠며 다시 방으로 들어왔다.

"이게 다 무슨 뜻인지 알겠죠. 만일 어떤 남자가 그 누구보다도 나를 사랑한다고 고백한다면 나는 특별한 존재가 된 것 마냥 으쓱할 테고, 그 남자는 천사처럼 보일 테죠. 만약, 그 마을에 사는 남자가 우연히도 나 하나밖에 없다면 실상 나는 별로 특별한 사람도 아닐 테고, 그가 그리 말한 데 별다른 뜻이 담겨 있지도 않겠죠."

앨튜리가 말했다. 갈릴레오는 이해가 되지 않았다.

"빛이 파랗게 변하던 순간이 기억나세요? 선생님이 푸른빛을 본 순간, 포토다이오드는 어떤 신호를 보냈을 것 같나요?"

"아마도 푸르다는 신호를 보낼 수는 없었겠죠. 포토다이오드가 신

호할 수 있는 것은 빛과 어둠뿐이니까요."

"바로 맞췄어요. 그다음, 선생님은 무엇을 경험했죠?"

"기억해내기에는 너무 많은 것들이 있었어요. 온통 붉은빛이 되었다가 다음은 녹색, 그러고는 여러 가지 빛깔, 형태, 얼굴, 광경과 장소와 소리와 생각들이 지나갔습니다. 제 마음은 빙글빙글 돌고 있었고, 솔직히 말하자면, 아직까지 다 회복되지 않았습니다."

"그렇다면 포토다이오드는 어떻게 동작했을 것 같나요?" 앨튜리가 다시 질문했다.

"그게 뭘 할 수 있겠습니까? 충분한 빛이 있는 광경이 나타날 때마다, 포토다이오드는 빛이 있음을 신호했을 것이고, 그렇지 않을 때에는 그저 어둡다고 신호할 뿐이었겠죠. 소리나 냄새, 통증이 있을 때라도, 계속해서 어둡다고 신호했을 겁니다. 그렇지 않나요?"

"당연히 그렇죠. 정확해요." 앨튜리는 무표정하게 말했다.

바로 그때, 커다란 바퀴 하나가 달린 이상한 자전거를 탄 남자가 방안으로 들어왔다. 그는 저글링을 하면서 무심하게 웃고 있었다. 그의 이름은 S였다.

"신사분들, 이미지 따위로 시간 낭비하는 짓은 하지 맙시다. 변죽만 울리는 짓은 그만두자고요. 당신들이 필요한 것은 간단해요. 그저 공식만 있으면 된다니까요. p 로그$^{\log}$ p, 신사 여러분, 정보를 나타내는 공식이에요!"

S는 여전히 저글링을 하는 채로 외발 자전거에서 내렸다.

"일어날 수 있는 상황에 대한 레퍼토리가 얼마나 많은지 공식이 여러분께 알려줄 겁니다. 포토다이오드를 한번 보시죠, 신사분들. 아무런 사전지식이 없는 상황에서, 실제로 그게 어떤 상태에 놓여 있을지에 대한 불확실성은 얼마만할까요? 자, 한번 생각해봐요. 포토다이오드라면 취할 수 있는 상태에 대한 레퍼토리가 많지 않습니다. 온이나 오프만 있을 뿐이죠. 이제 여러분은 약간의 정보를 얻은 겁니다. 그래요, 여러분! 말 그대로 정보입니다!

포토다이오드가 실제로는 오프였다는 사실을 알아냈다고 쳐봅시다. 어떤 수단이나 기전을 통해 이 정보가 얻어졌건 간에 정보는 불확실성을 없애줍니다. 여러분은 이제 포토다이오드가 온이 아니라 오프인 것을 알았고, 불확실성은 사라졌습니다. 그게 정보라는 겁니다. 여러분, 불확실성을 줄이는 일이지요. 포토다이오드에 있어서 완벽한 확실성이란 그저 두 가지 상태 중 한 가지를 배제해버리는 일을 의미할 테고, 그 정보의 양은 단지 1비트에 지나지 않겠죠."

그는 몸을 돌리고는 옆에서 떨어지는 공을 내버려둔 채, 급히 이야기했다.

"반면에 말이죠, 신사 여러분. 일어날 수 있는 상황에 대한 레퍼토리가 다양하다면 말이죠, 제 말은 여러분의 두뇌 속 레퍼토리만큼 다양하다면 말입니다, 그렇다면 실제로 두뇌가 어떤 상태에 처해 있는가 하는 불확실성은 엄청나겠죠. 자, 다시 한 번 볼까요. 만약 어떤 기전에 의해서 여러분의 뇌가 특정한 상태에 놓여 있다는 사실이 확정되었다고 합시다. 무수히 많은 경우의 다른 상태가 아닌, 한 가지 특정한 상태로 말이죠. 그때는 수많은 불확실성이 제거된 겁니다. 그 상태는 아주 많은 정보만큼의 비트가 담긴 겁니다. 비트를 언급해야겠군요. 왜냐하면 그게 바로 제 공식, p 로그 p에서 정보를 측정하는 단위이거든요. 유사품에 주의하세요."

S는 외발자전거에 다시 올라탔다.

"아시다시피, 저는 저글링에 관한 공식도 만들었어요. 아, 까먹을 뻔했네요." 그는 킥킥대며 웃었다. "정보는 숫자입니다, 그러니 그것에서 의미를 찾지 마세요. 의식이란 놈에는 신경을 꺼버리시라고요."

그는 획 방향을 바꾸어 가버렸다.

어쩌면 그럴지도… 갈릴레오는 생각했다. 하지만 S가 뜻한 바는 무엇이었으며, 그의 공식은 무슨 쓸모가 있었을까? 그러자 갈릴레오에게 뭔가가 떠올랐다. 어쩌면 포토다이오드와 나 사이의 근본적인 차이는 이것일지도 모른다. 매순간 갈릴레오는 선명한 경험을 했다. 온통 어둠뿐이었을 때처럼 가장 간단한 경험에서조차도 뇌는 단지 둘 중 하나의 가능성만 구분하지는 않았다. 단순히 빛과 어둠만을 구분한 것이 아니었다(비록 앨튜리는 그런 식으로 갈릴레오를 실험했지만). 그렇다. 뇌와 그 복잡한 기전은 어둠으로부터 다른 수많은 상황들, 헤아릴 수 없이 많은 다양한 경험을 초래할 상황들을 분간해내고 있었다. 왜냐하면 갈릴레오에게 있어 어둠이란 그저 빛과 구분되는 상황으로 그치는 것이 아니었다. 어둠은 붉은빛이나 푸른빛 혹은 그 어떤 무지개 빛깔과도 달랐으며, 어떤 얼굴, 장소, 소리나 냄새, 맛,

어떤 느낌이나 생각, 혹은 이들의 어떠한 조합과도 구별되었기 때문이다.

반면 포토다이오드에 있어서 어둠의 의미는 훨씬 작았다. 기계의 간단한 기전으로는 어둠이 어떤 색깔이 아님을, 어떤 얼굴이나 장소, 소리나 냄새, 맛, 느낌, 생각이 아님을 알 길이 없었다. 포토다이오드에게 있어서 어둠은 어둠이 아니라, 단지 둘 중 하나일 뿐이었다. 포토다이오드에게는 전 우주가 단순히 이것 또는 저것일 뿐이었다. 진실로 포토다이오드와 갈릴레오 간의 근본적인 차이점은 정보인지도 모를 일이었다.

그래서 갈릴레오는 한 가지 단순한 생각에 이르렀다. 뇌 속에는 구분할 수 있는 무수히 많은 대안들의 레퍼토리가 있기에 나에게 의식이 존재하는 것일지도 모른다. 그리고 포토다이오드에게는 의식이 존재하지 않거나 무한히 미미할 것이다. 의식은 무게가 나가지 않는 대신 숫자로써 이를 벌충한다. 그는 산토리우스를 떠올렸다. 깨달음은 너무나도 명백해서, 왜 이전에는 미처 생각하지 못했을까. 갈릴레오는 의아해졌다.

Φ

클로드 섀넌$^{\text{Claude Shannon}}$은 전기 공학자이자 수학자로써, 정보이론의 아버지이다. 섀넌은 그의 저서(와 이번 장^{章})에서 정보는 숫자이며, 의미와는 분리되어야 한다고 주장했다. 갈릴레오가 자연으로부터 관찰자를 분리해내자 과학이 꽃 핀 것과 마찬가지로, 섀넌은 정보로부터 의미를 제거해내었고, 이후로 데이터를 저장하거나 소통하는 일이 급증하게 되었다.

섀넌의 주장처럼 관찰자가 '외부'에서 바라본 시점에서만 옳은 말일지도 모른다는 사실을, 갈릴레오는 점차 깨달을 것이다. 반면 어떤 시스템 내에 존재하는 특정 기전의 인과적인 힘에 의해 통합된 정보가 그 시스템의 '내재'된 관점에서 읽혀지면 정보는 의미를 얻게 된다. 다시 말해, 그 자체로서 의미가 된다는 뜻이다. 그리하여 관찰자는 자연으로 돌아가게 된다….

아래는 섀넌의 p log p 공식이다. 이때 S는 엔트로피를 뜻한다.

$$S(X) = -\sum_{m=1}^{M} p_m \log_2 p_m$$

X는 나올 수 있는 상태들의 가짓수 m=1에서 M까지 중에서 한 가지 상태를 취할 수 있는 시스템이다. 포토다이오드의 경우, 취할 수 있는 상

태는 1과 2뿐이다. 모든 상태는 그 확률 P_m(포토다이오드의 경우 1/2)을 가지게 되며, 모든 확률의 총합은 1이다. 만약 나올 수 있는 모든 상태들의 확률이 동일하다면, 공식은 간단히(2를 밑으로 하는_역주) 총 상태 수의 log로 표현할 수 있다(볼츠만Boltzmann의 공식이라 불리기도 한다).

만약 나올 수 있는 상태들의 확률에 차이가 있다면, 각각의 결과가 나올 확률의 분포에 대해서도 계산을 해주어야 한다. 이를 통해 불확실성은 감소한다. 상호 정보량, 상대 엔트로피, 두 확률 분포 간의 거리와 같은, 섀넌의 엔트로피에 기초한 공식들은, 불확실성의 감소를 이용하여 정보의 양을 측정하는 데 쓰일 수 있다. 섀넌이 고안한 전자쥐 테세우스Theseus는 경험에 의한 학습을 통해 미로 속에서 목표물을 찾아낼 수 있는 첫 번째 기계장치였다(릴레이 회로에 의해 조종되었다).

정보이론 및 통신에 관한 연구 이외에, 섀넌은 저글링에 관한 방정식을 만들어내기도 하였다. 또한 외발 자전거를 만들어, 이를 타고 벨연구소 복도를 돌아다니는 것을 즐겼다

가장 아름다운 기계Most Beautiful Machine 역시 섀넌의 창작물이다. 온 버튼을 누르면 트렁크가 열려, 손이 나와 기계를 다시 꺼버린 후 트렁크 안으로 들어가 버린다.

〔역주〕

● **비트** : 섀넌이 사용한 정보량의 단위. 1비트란 두 가지의 똑같은 확률을 가진 상황들 가운데 한 가지 특정한 상황이 선택되었음을 의미한다. "빛이 켜져 있는가?"라는 질문에 대해서 "예" 또는 "아니오"라는 두 가지의 대답이 가능하다. "예"라는 대답이 나올 경우, 질문 받은 사람의 마음속에서는 불확실성이 제거된다. 왜냐하면 가능한 두 가지 상황 가운데 어느 하나가 답이라는 것을 알고 있기 때문이다. "아니오."라는 대답이 나올 경우에도 역시 마찬가지로 불확실성이 제거된다. 이때의 정보량이 1비트이다.

● **섀넌의 공식** : 다음과 같은 상황을 생각해보자. A부터 P까지 16개의 알파벳을 순서대로 늘어놓고 그중 마음에 드는 1개의 알파벳을 상대방으로 하여금 생각해두라고 한다. 이때 상대방이 선택한 알파벳을 알아맞히기 위해서, "예"나 "아니오"로 대답할 수 있는 질문을 총 몇 번 던져야 할까?

A B C D E F G H I J K L M N O P

1. 생각한 알파벳의 순서가 앞쪽 절반에 속합니까? 아니오.

⇒ A부터 H까지는 '아니오'라는 대답으로 인해 제거된다.

I J K L M N O P

2. 그럼 이제는 앞쪽 절반에 속합니까? 예.

⇒ M, N, O, P는 '예'라는 대답으로 인해 제거된다.

I J K L

3. 이제는 앞쪽 절반에 속합니까? 아니오.

⇒ I, J는 '아니오'라는 대답으로 인해 제거된다.

K L

4. 이제는 앞쪽 절반에 속합니까? 예.

⇒ 당신이 선택한 알파벳은 K입니다.

위에서 보듯 16가지 알파벳 가운데 특정 알파벳 K를 알아내기 위해서는 '예' 혹은 '아니오'의 두 가지 대답이 나올 수 있는 질문이 네번 필요하다. 따라서 이 경우의 정보량은 4비트이다.

이를 수식으로 나타내면 다음과 같다.

$$2^4 = 16$$

이때, W는 알파벳의 가짓수, n은 질문의 횟수라고 두면,

$$W = 2^n$$

이를 정보량 n에 대해 정리하자면

$$\log W = n \log 2$$
$$n = \log W / \log 2$$
$$n = \log_2 W$$

섀넌은 이를 확률적 방식으로 표현하고자 했다. 16개의 알파벳 가운데 하나를 고를 확률은 1/16이므로 이것을 $n = -\log_2 1/16$로 표기하면 그 값 n은 앞서와 같이 4이다.

따라서 어떤 상태를 취하게 될 확률을 p로 표현한다면 n=-log₂P가 된다.

그런데 만약 각 결과들이 동일하지 않은 확률로 발생하는 상황이라면, 각 결과들의 정보량을 평균하여야 그 계^{system} 전체의 정보량을 구할 수 있다.
즉 n=$-P_1\log_2 P_1 -P_2\log_2 P_2$ $\cdots$.

$$S(X) = -\sum_{m=1}^{M} p_m \log_2 p_m$$

위와 같은 식이 구해진다.

갈릴레오와 카메라

인간의 지각보다 디지털 카메라의 센서가 더 뛰어나다면

두 발짝 앞으로 나아가기 위해서라면 한 발짝 물러설 필요가 있을지도 모른다. 갈릴레오는 생각했다. 거인의 어깨 위에 올라타 살피며, 그 무엇도 당연하게 받아들이지는 않으리.

우리는 의식을 당연한 것으로 여겨왔다. 그것은 언제나 우리와 함께했으며 아무런 노력도 필요치 않았기 때문이다. 그는 생각했다. 우리는 어둠을 보고, 빛을 보며, 여인을 보고, 온갖 만물을 본다. 그것들은 그저 거기에 있다. 그녀는 그저 그곳에, 일순간에 그곳에 있었다. 찾아보려는, 비교해보려는, 혹은 계산해보려는 수고도 없이 말이다. 하지만 그 신속함은 환상일지 모르며, 그녀 역시 우리가 터무니없이 풍부한 레퍼토리를 가졌기에, 우리의 뇌가 절대 마르지 않는 레퍼토리로부터 하나를 골라 내어놓을 수 있기에 나타나는 것인지도 모른다. 그렇지 않다면, 만약 우리가 포토다이오드만큼의 미미한 레퍼토리만을 가졌다면 그녀를 보지 못할지도, 나아가 어둠조차 보지 못할지도 모른다. 아마 우리는 그 무엇도 보지 못할 것이다.

하지만 갈릴레오의 사색은 오래가지 못했다. 그의 손은 떨리고 있었는데 늙은이의 피로라기보다는 어린 아이의 전율 같았다. 언젠가 망원경을 처음 쥐던 날처럼 그의 두 손은 카메라를 쥐고 있었다. 앨튜리가 그에게 디지털 카메라를 건넨 것이다. 그는 날랜 화가마냥 디지털화된 화상을 포착하는 법, 그것을 공기 중 파장에 실어 전송하는 법, 수백만의 화소를 핀헤드 위에 저장하는 법, 그리고 크고 아름다운 프레임 속에서 매번 새로 만들어지는 각각의 화면을 보는 법을 배웠다. 그는 은하에서부터 모래 알갱이 하나까지 그 어떤 것이라도 사진 찍을 수 있었다. 온갖 만물의 상을—모든 광경, 피사를, 파도바를, 로마를, 지인의 얼굴과 낯선 이의 얼굴을, 심지어 그 자신마저도—사진 속에 붙잡아둘 수 있었다.

그는 이중 어떤 것도 상상해본 적이 없었다. 그럴 수나 있었을까? 인간이 이리도 멀리, 이리도 신속히 나아가리라 그려본 일이 없었다. 정말 놀라웠다. '과학이 어디까지 나아갈지 종잡을 수조차 없구나.' 갈릴레오는 생각했다. 하지만 그 자신이야말로 진보를 예견하고 첫발을 내딛은 인물이었다. "보잘것없는 시도였지만 과감했었지." 그는 혼자 중얼거렸다. 그리고 한동안 보지 못했던 딸이, 수십 년이 흐른 뒤 기품 넘치는 여왕이 된 것을 알게 된 아버지마냥 자랑스러 워했다.

앨튜리는 갈릴레오에게 카메라의 작동원리를 설명했다. 그 핵심 은 수백만 개의 포토다이오드를 내장한 센서였으며, 이것들은 렌즈 바로 뒤 네모난 격자기판에 정렬되어 있었다. 일반적인 포토다이오 드와 마찬가지로 카메라 센서 속 포토다이오드들 역시 빛을 받으면 전류가 증가되어 신호를 보냈다. 각각은 화상 속 서로 다른 화소를 담당하고 있었다. 앨튜리의 질문은 이것이었다.

"카메라는 의식이 있는가?"

앨튜리는 깔끔하게 맥락을 짚었다. 갈릴레오가 결론짓기로는, 한 시스템 속에 의식이 존재하기 위해서는 다양한 경우의 수만큼의 상 황을 분간할 능력이 반드시 갖춰져 있어야 했다. 그렇다면, 극도로 적은 레퍼토리를─어둠에 상응하는 한 가지와 빛에 상응하는 다른 한 가지 상태만을─지닌 포토다이오드는 정말 최소한의 의식, 그저 1비트만큼의 의식이 있을 뿐이다.

하지만 갈릴레오는 수백만 개의 포토다이오드가 배열되었을 때 일어날 수 있는 일을 고려한 적이 없었다. 수백만 개의 포토다이오드들—즉 카메라—이 갈릴레오만큼이나 훌륭하다는 것은 자명했기 때문이다. 갈릴레오만큼 혹은 그보다 더 훌륭하게 다양한 상像을 구분할 수 있었다. 혹여 그 정도로 충분치 못하다면 누군가는 더 큰 카메라를 만들 테고, 곧 갈릴레오는 승부에서 패배할 수순이었다.

갈릴레오는 앨튜리가 유도하는 바를 정확히 깨달았다. 만약 각각의 포토다이오드가 명암에 해당하는, 단 2가지 경우를 구분할 수 있다면, 포토다이오드 100만 개의 조합은 $2^{1000000}$가지 경우를 구별할 것이다. 이 정도의 수라면 하늘에 뜬 별이나 해변의 모래알 개수와 비교해도 손색이 없을 만큼 컸다. 카메라 센서가 가진 레퍼토리는 100만 비트만큼의 값어치가 있을 것이다.

"그래서, 카메라는 의식이 있나요?" 앨튜리가 물었다.

"아니오." 갈릴레오는 더 이상 할 말이 없었다.

"하지만 카메라 속 경우의 수, 즉 나타낼 수 있는 이미지의 개수는, 최소한 선생님과 맞먹어요." 앨튜리는 주장했다.

"제가 느낄 수 있는 경험의 개수를 세어본 사람은 아무도 없습니다만."

"그렇다면, 이걸 한번 봐야겠네요." 앨튜리는 희고 검은 점들로 반짝이는 화면을 보여주었다. "뭐가 보이죠?"

"희고 검은 점들이 뒤섞여 반짝거리고 있군요. 후추와 소금을 섞은 것처럼 말입니다."

"실제로는 수천 가지 다양한 화면을 보고 있어요. 첫 화면에서 흰

점이던 몇몇은 다음 화면에서 검은 색으로 바뀌었어요. 그런 식으로 계속 달라지고 있죠. 하지만 선생님의 뇌는 이것들을 분간해낼 수 없어요. 그러니 모든 게 똑같이 보일 수밖에요. 하지만 카메라나 선생님의 망막 입장에서는 전부 다른 화면이에요. 센서에 비치는 이미지는 전부 다르게 생성된다는 이야기입니다. 그런 의미에서 카메라가 가진 레퍼토리는 아마 선생님의 의식 속 레퍼토리보다 많겠죠."

일리가 있었다. 생각이 짧았다고 느끼며 갈릴레오는 사색에 빠졌다. 그가 내렸던 결론, 즉 다양한 경우들을 구분할 수 있는 레퍼토리가 의식에는 필수적이며 이것이야말로 자신과 포토다이오드의 차이를 만드는 전부라는 것은 불완전한 사실이었다. 더욱이 그와 카메라 사이의 차이를 설명하기에는 턱없이 부족했다. 따라서 레퍼토리의 많고 적음이 경험한다는 현상의 본질이 될 수는 없었다. 외발 자전거 위에서 저글링을 하던 S의 말처럼 정보 역시 마찬가지로 의식과는 아무 연관이 없었다.

갈릴레오는 집중하려 했으나 그의 마음은 흔들리고 있었다. 복잡한 신문물과 씨름하고 있지만, 변함없는 낡은 문제에 봉착한 그는 한낱 늙은이에 지나지 않았다. 그는 이전에도 막다른길에 부딪힌 적이 있었고, 도전을 멈춰야 할 순간을 알았다. 일찌감치 신념을 버리는 게 나을 때도 있기에.

"신념을 버린다고요? 위대한 갈릴레오에게 이 얼마나 치욕스런 불명예입니까."

난데없이 나타나 소리치는 이는 키가 작고 등이 굽은 사내였다.

"처음에는 포토다이오드에 당하더니, 이제는 고작 카메라 따위에 겁먹었구려."

사내가 말했다. 그의 이름은 K였다.

"갈릴레오 이 친구는 자신이 바라보는 관점에 속아서 카메라에 비춰진 화상이 한 덩어리라고 믿고 있어요. 그게 한 덩어리라니요! 선견지명이 있던 자연과학자, 망원경을 다루던 이 남자는 단지 관찰자의 시선 속에서만 그게 한 덩어리인 것을 모르는군요. 자연을 수

식으로 표현한 최초의 과학자가, 물리적인 세상을 기술함에 있어서 관찰자의 마음을 제거해버린 과학자가 여기, 제 앞에 있습니다. 그런데 어째서 그런 과학자가 명백하고 자명한 사실, 관찰자는 한 번 더 제거되어야 한다는 사실을 놓치는 걸까요? 경악스럽군요. 아니, 애도를 표합니다."

K는 계속 주장했다.

"왜 매번 똑같은 실수를 저지르는 거죠? '범주의 오류'보다 더 나쁜 '관점의 오류'를. 그래요. 관점의 오류 말입니다! 좀 더 잘 생각할 수 있는 사람들이 똑같은 실수를 저질러요. 통 이해를 못하는 듯 보인단 말이에요. 인식론적으로, 제가 하고 싶은 얘기는, 존재론적으로 심지어 의무론적으로도, 오직 하나의 진실한 관점은, 유일하면서 진실한 관점은 내재된 관점뿐입니다. 안 그렇습니까? 갈릴레오 선생. 움직임의 상대성을 처음으로 생각해냈던 마음, 어째서 이걸 그 마음으로 보지 못합니까? 누군가 실상은 그렇지 않은 것들을 하나의 개체로 취급하는 관찰자를 없애버린다면, 만일 그리된다면 말이죠 한 개체로서의 카메라는 사라지고 100만 개의 부품들로 조각나버릴 것입니다. 본래, 자연적으로, 본질적으로, 그 자체로, 진실로 존재하는 것은 $2^{1000000}$가지 경우의 수를 가진 하나의 개체가 아니라, 각자 2가지 경우의 수를 가진 100만 개의 분리된 개체란 말입니다. 아주 단순한 진실이지요! 하지만 철학자들조차 이를 간과해버려요. 그 양반들은, 소위 말해 통합능력을 놓치고 있다고요! 심지어 그들의 용모에서도 나타나는군요!"

Part II

220

K는 벽에 걸린 몇몇 초상화를 가리켰다. K에 이끌려 갈릴레오는 돋보기로 초상화를 들여다보았다. 정말로 돋보기 아래에서는 그림들이 분해되었고, 각각의 얼굴들은 해체되었다. 수백만 개의 자잘한 점들이 나타났다. 각각의 점은 포토다이오드가 대상을 알아차리는 방식이었다.

"보셨죠? 하지만 걱정 마세요. 이 양반들보다 훌륭한 철학자들이 있습니다. 저와 함께 기억력 테스트를 해보시죠. 다음은 누가 한 말일까요?"

존재라 함은…
진실로 사고함과 존재함은 같아…
모든 것이 빛과 어둠으로 이름 붙여졌기에…
만물이 일순간 빛으로, 그리고 어두운 밤으로 가득 차버렸네…
일자[주], 만일 일자가 존재한다면, 그것은 하나이자 여럿이라네.

K는 시구를 암송하면서 로마에서 라파엘로가 그렸던 프레스코화의 일부를 보여주었다. 그림은 소크라테스가 패배시키지 못한 단 한 명의 적수, 플라톤 〈대화〉편을 통틀어 유일한 사람의 얼굴이었다.

"파르메니데스죠." 갈릴레오는 소리쳤다.

"잘 맞혔어요." K가 말했다. "그럼 이 사람은요?"

"이 또한 알지요. 카르다누스, 주사위에 대한 논문을 쓴 카르다누스로군요. 아마 확률을 처음으로 다룬 사람일 겁니다."

  그 역시 이단으로 선고받고 투옥되어 결국 자신의 이론을 철회했었지. 하지만 카르다누스는 〈일자에 관하여De Uno〉라는 또 다른 논문을 썼어. 갈릴레오는 기억을 떠올렸다. 논문에서 카르다누스는 인간을 인간답게 만드는 것은 개인의 일부분들이 아니라 그 전체라고 주장했었다.

  "하나 더 해보죠."

K가 말했다. 갈릴레오는 그가 깨웠던 프랑스인의 초상을 보았다. 그 역시 의식은 단일체로서 물건을 쪼개듯 나눌 수는 없으며, 부분들의 합이 아니며, 따라서 몸과 영혼은 2가지 다른 실체로 이루어졌다고 말했지. 갈릴레오는 기억해냈다.

"멋지군요." K가 말했다. "하지만 저는 제 이야기가 가장 훌륭하다고 생각해요."

그는 두꺼운 책 한 권을 펼치며 갈릴레오에게 건넸는데, 펼쳐진 페이지는 다음과 같이 시작했다.

따라서 의식의 종합적 통일성이란 모든 지식의 객관적 상태다. 이는 단순히 나 자신이 대상을 인식하는 데 필요한 상태가 아니라, 내게 있어서 하나의 대상으로 생겨나기 위해 모든 직관 위에 위치해야 하는 상태다. 그렇지 않다면, 이러한 종합함이 없다면, 다양성은 하나의 의식 속에서 합쳐지지 않을 것이다. 비록 이러한 제안이 종합적 통일성을 모든 사고의 상태로 만들어버렸으나, 그것은, 앞서 이야기한 바와 같이, 그 자체로써 분석적인…

K의 이야기는 무슨 뜻일까? 갈릴레오는 계속 읽어나갔다.

'선험적 통각先驗的 統覺'이란, 직관적으로 주어진 모든 다양성을 하나의 대상이라는 개념으로 합쳐지게끔 하는 통일성이다.

선험적 통각? K가 이야기하고자 한 것은 뭘까? 이해하기가 이렇게 어렵다니? 갈릴레오는 돌아서 물으려 했으나 K는 사라지고 없었다.

갈릴레오는 이제껏 대화를 들은 앨튜리를 바라보았다. 그는 얼이 빠져 보였다.

"K가 옳을지도 모릅니다만, 왜 그렇게 난해하게 얘기할까요?" 갈릴레오가 말했다. "애매모호한 사변思辨은 흐린 물과 비슷해서, 단 두

가지 의도만이 있겠지요. 그 아래에 놓인 무언가를, 우리의 무지함을 감추려는 의도, 또는 얕은 것을 깊어 보이게끔 속이려는 의도."

이번만은 앨튜리가 고개를 끄덕였다.

"K는 나쁜 친구에요. 하지만 그 사람들 중에 가장 나쁜 축은 아니죠." 그는 웃으면서, 다음과 같이 덧붙였다. "철학자들을 멀리하세요. 안개 자욱한 사변 속에서는, 시시껄렁한 이야기가 신비의 여왕처럼 옷을 입고 있어요."

"어쩌면 말이죠, 진실 그 자체도 그럴지 모르겠습니다." 갈릴레오가 말했다.

Φ

주

원자론이라는 오랜 관습에서는 모든 사물이 단순한 구성요소들 및 그 요소들의 상호작용으로 설명가능하다는 주장을 고수한다. 사진이란 단지 점들이 모인 것에 불과한가? 갈릴레오가 깨달았듯, 이는 화소들의 집합체로써 카메라가 사진을 바라보는 방식과 정확히 일치한다. 물론 카메라가 실제로 사진을 보지는 못한다. 반면, 카메라 센서 내부의 포토다이오드 각각은 서로 독립적으로 각자의 지점을 바라보아야만 한다. 그렇지 않는다면 카메라는 사진에 대한 정보를 잃을 것이다.

점묘點描 처리된, 4명의 원자론자들의 초상은 데모크리토스Democritus, 루크레티우스Lucretius, 라 메트리La Mettrie, 그리고 데카르트Descartes이다. 데카르트는 신체에 대해서는 철저한 원자론자·환원주의자의 입장을 견지했다. 4명의 전체론자들의 초상은 파르메니데스Parmenides, 카르다누스Cardanus, 데카르트(그는 영혼에 관해서는 극단적인 전체주의자였다), 그리고 칸트Kant이다.

현대인들 중, 세미르 제키Semir Zeki는 대뇌 피질의 개별적인 조각들이 의식의 개별적인 조각들, 그 나름의 미세의식을 만들어낸다고 생각했다. 그 다음 인용구는 파르메니데스의 딜즈-크란츠Diels-Krantz의 단편들 II, VII, IX 및 플라톤 〈대화〉편 파르메니데스Parmenides에서 발췌한 문구를 합친 것이다. 마지막 인용구는 칸트의《순수이성 비판Critique of Pure Reason》에서 따왔다.

히에로니무스 카르다누스Hyeronimus Cardanus는 16세기의 의사이자 철학자, 수학자 및 병적 도박꾼으로, 확률 이론을 개발하려 시도한 첫 번째 인물이었다(또한 주사위 굴림에 관해서도 최초로 연구하였다). 카르다누스는 이단이라는 죄목으로(예수의 천궁도를 집어던졌다) 감옥에 갇혔고, 이를 부인함으로써 가까스로 풀려날 수 있었다. 갈릴레오가 그를 잘 기억하는 이유는 이에 기인하는지도 모르겠다. 르네상스 시대, 카르다누스는 텔레시오Telesio, 파트리치Patrizi, 브루노Bruno, 나중에는 캄파넬라Campanella와 더불어 우주에 관한 범신론적 관점을 처음으로 발표한 인물이었다(또한 브루노는 우주의 무한함을 처음으로 주장했다). 카르다누스와 브루노는 특히 통합성을 마음이나 의식의 본질적인 속성이라 강조하였으며, 브루노는 통합성을 '모나드Monad(존재의 궁극 단위_역주)'와 결부시켰다.

통합된 정보 : 여럿과 하나

파이(Φ), 정보가 통합되는 곳에 의식이 깃든다

어떤 개체를 단일 개체라 부를 조건은 무엇일까? 어떻게 하면 여러 구성요소들이 하나의 대상이 될 수 있을까? 간단하기 그지없는 질문이다. 하지만 누구도 해답을 찾지 못한 질문이기도 하다. 갈릴레오는 생각했다. 어쩌면 지금껏 의문을 가진 사람조차 없을 것이다.

디지털 카메라의 센서는 많은 경우의 수를 가졌음이 분명하다. 가능한 어떤 장면이라도 찍을 수 있다. 하지만 그것이 단일한 개체였을까? 우리는 카메라를 단일한 개체라 생각하고 사용하며, 한 덩어리로 간주하면서 손에 움켜쥔다. 우리는 사진을 단일한 개체로 바라본다. 하지만 그것은 우리의 의식 속에서 일어나는 일이다. 만일 관찰자인 우리가 없다면, 그때도 여전히 단일한 개체로 남아 있을까? 그리고 그게 의미하는 바는 정확히 무엇일까?

문제에 고심하고 있을 무렵, 어떤 목소리가 들려와 갈릴레오는 깜짝 놀랐다. J였다. 고대 신의 이마를 한 J는 우아한 어조로 갈릴레오에게 말을 걸었다.

"12단어로 이루어진 문장을 하나 정해봅시다. 그리고 12명을 골라 각자에게 한 단어씩을 알려준다고 치죠. 사람들을 일렬로 세워놓고, 아니 아무렇게나 서 있게 해도 괜찮아요, 각각 자신이 맡은 단어를 최대한 열심히 생각해보라고 지시합니다. 문장 전체를 인지하는 의식은 어디에도 없을 겁니다. 혹은 12개의 철자로 이루어진 한 단어를 두고, 각자가 맡은 철자를 최대한 열심히 생각하라고 시켜봅니다. 단어 전체에 대한 의식은 어디에도 없을 것입니다."

"혹은 100만 개의 점으로 이루어진 점묘화와 100만 개의 포토다이오드를 상상해보죠. 각각의 포토다이오드에게 점을 하나씩만 보여주는 겁니다. 그 후 포토다이오드들을 네모꼴 기판에 잘 배치해놓고 각각 맡은 점에 대해 최대한 정확히 명암을 구별하도록 명령해봅니다. 그럼 전체를 보는 의식은 어디에도 없겠죠." 갈릴레오가 응수했다.

"이해하셨군요. 갈릴레오 선생님. 시대의 정신이라든지, 대중의 감성, 공공의 의견 따위는 존재하지 않습니다. 개개인의 마음은 더 고차원적인 마음 복합체로 뭉쳐지지 않습니다. 어떤 이들은 전체가 부분의 합보다 더 크다고 말합니다. 그렇게 얘기하곤 하지요. 하지만 그런 일이 어떻게 가능하겠어요?"

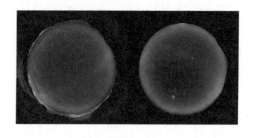

갈릴레오에게 어떤 광경이 떠올랐다. 일식이 일어나는 동안 한 천문학자가 파도바의 하늘을 바라보고 있었다. 그리고 똑같은 시간 또 다른 천문학자는 반대편에서 밤하늘을 바라보고 있었다. 이때 사색하는 단 하나의 의식이 생겨날 수 있을까? 하나의 커다란 이미지로 천구天球의 전체가, 남반구와 북반구의 하늘이 수평선에서 이음매 없이 합쳐질 수 있을까? 하나의 의식 속에서 느껴지는 하늘 전체의 이미지가 존재할까? 터무니없는 일이야. 갈릴레오는 생각했다. 그리고 이 터무니없음은 천문학자들 간의 거리와는 무관했다. 두 사람이 지구의 지름만큼 떨어져 있건, 고작 1인치 정도만큼, 즉 카메라 센서

내 포토다이오드의 간격만큼 떨어져 있건 아무런 차이가 없었다. 어떠한 경우든 둘은 서로 소통할 수 없었기 때문이다. 그리고 만약 소통할 수 없다면 단일한 개체를 이룰 수 없고, 하나로 통합된 의식적인 경험은 생겨날 수가 없는 것이다.

"물론이지요." J는 맞장구를 쳤다. "눈이 먼 사람과 귀가 먹은 사람이 만난다 해도, 소리와 색깔을 서로 비교할 수는 없는 것이죠. 한 명은 듣고 다른 한 명은 보겠지만, 둘이 함께 한다 해도 그걸 비교하는 게 가능이나 할까요? 두 사람이 영원히 한집에서 같이 산다고 할지라도, 샴쌍둥이가 아닌 이상은."

이스마와 엘처럼 말이지. 갈릴레오는 생각했다.

"멋진 얘기예요." 갈릴레오 옆에 서 있던 앨튜리가 말했다. "하지만 요점이 뭐죠? 우리는 카메라가 지닌 정보에 대해 논하던 중이었어요. 그리고 보시다시피 충분히 크기만 하다면, 카메라는 뇌가 만들어내는 것 이상의 정보를 다룰 수 있겠죠. S가 말했던 것처럼 정보량 자체는 의식과 별반 관련이 없다는 이야기라고요. 안 그래요?"

갈릴레오는 망설였다. 만일 S가 쓴 방식대로 정보를 가늠한다면,

카메라는 뇌보다 우수하다. 구비해놓은 레퍼토리가 많은 시스템일수록 불확실성은 더 감소한다. 시스템이 놓인 어떤 특정 상태에 의해 창출되는 정보가 더 크다는 뜻이다. 하지만 이것이 정보를 측정하는 올바른 방법일까? 그는 J가 한 이야기를, 북반구와 남반구의 관측자들을 그리고 이스마엘의 좌뇌와 우뇌를 떠올렸다. 그리하여 이렇게 제안했다.

"부분들을 단순히 모아 놓은 집합에서가 아니라 단일한 시스템에서 창출된 정보라면 다른 점이 있어야 하겠지요."

"그럴 듯하네요." 앨튜리가 말했다. "그럼 그 다른 점은 어떻게 알 수 있죠?" 그는 웃었다. 마치 갈릴레오가 답하지 못할 것이라 여기는 듯 보였다.

"알고 싶습니다." J는 마치 해답이란 있을 수 없다는 듯 말했다.

갈릴레오는 할 말을 잃은 듯 침묵하다가 J를 향해 돌아서서 물었다.

"엄청나게 얇고 예리한 칼날, 이를테면 '오컴의 면도날(원래 뜻은 이론체계가 간결할수록 좋다는 논리를 이르는 말_역주)' 같은 걸로 카메라 센서를 둘로 나눈다면, 즉 한쪽에 50만 개, 또 다른 한쪽에도 50만 개의

포토다이오드가 배치되도록 나눈다면 말입니다. 카메라가 찍어내는 이미지는 달라질까요?"

　"물론 그럴 일은 없을 겁니다."J가 대답했다. "카메라는 똑같이 작동하겠죠. 이전과 같은 크기의 사진을 찍고, 공기 너머로 전송하고, 저장했다 필요에 따라 꺼내오고. 뭔가 달라졌다 생각하는 사람은 아무도 없을 겁니다."

　갈릴레오는 카메라를 가져와 센서를 둘로 가른 후, 앞쪽 스크린에 지금 막 상영되는 화면을 사진으로 찍었다. 그것은 이탈리아어로 '나는'이라는 뜻인 'SONO'였다. 'SONO'는 간격 없이 표시되었다.

　"그렇습니다. 센서가 그 자리에 있기만 하다면 달라지는 것은 없을 겁니다. 100만 개의 포토다이오드 하나하나는 각자가 맡은 독립된 화소만 보고할 뿐, 자신의 동료가 무엇을 보는지 알지 못하기 때문이지요."

　"하지만 만약 얇고 예리한 칼날로 뇌를 양쪽으로 나눈다면 어떻겠습니까? 베노사 왕자의 지하실에 누워 있던 이스마엘의 뇌를 회상해봅시다. 살레리노가 양쪽 반구 사이의 연결을 열렸던 때를요.

그 경우도 카메라에서처럼 아무런 변화가 없었나요?"

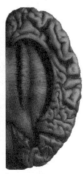

"답은 이미 알고계실 겁니다." 갈릴레오는 대답을 기다리지 않고 말했습니다. "이스마엘은 이스마와 엘로 나뉘었습니다. 이스마는 마님을 보았고, 엘은 짐승을 보았죠. 하지만 그 둘 모두를 보지는 못했습니다. 두 대뇌반구가 나누어져 있는 한, 간음 장면 전체를 볼 수 있는 이스마엘은 존재하지 않았어요. 하지만 온기로 양측 반구의 연결이 살아나자, 이스마엘은 돌아왔고 그 둘이 함께 있는 것을 보게 되었습니다."

"그렇다면 답을 아시겠죠. 이스마는 SO를 볼 것입니다. 이탈리아어로 '안다'는 뜻이지요. 엘은 '아니오'라는 뜻의 NO를 보게 될 것입니다. 하지만 SONO를 보고 '나는'이라고 말할 이스마엘은 존재하지 않겠지요. 카메라의 상과는 달리 의식의 상은 둘로 나뉠 것이고, 의식 자체도 쪼개질 것이기 때문입니다."

J와 앨튜리가 침묵했기에, 갈릴레오는 이어나갔다.

"하지만 양측 반구 사이의 연결이 되살아나 여러분의 뇌와 꼭 같아진다면, 그때는 경험을 분리시켜 보려고 노력한다 해도, 즉 NO를 보지 않은 채 SO만을 보려고 아무리 애를 쓰더라도 절대 불가능할 겁니다. 사물의 모양을 볼 때 색상을 빼놓고 보거나, 색상을 볼 때 모양을 빼 놓고 보는 일이 있을 수 없는 것과 같지요. 당신은 하나의 J, 하나의 체험, 하나의 의식으로 남아 있을 것입니다."

"탄탄한 논리로군요. 1 더하기 1은 2이지만, 꼭 그렇지만은 않다니." J가 첨언했다.

"한 가지는 분명합니다." 갈릴레오가 말했다. "카메라의 센서가 된다는 것은 아무것도 존재하지 않는다는 뜻입니다. 의식은 거기에 깃들 수 없습니다. 비록 센서에 호화로이 100만 개의 포토다이오드가 박혀 있을 수는 있겠지만, 단일한 개체는 아니기 때문입니다. 마찬가지로 각각 북반구 그리고 남반구에 살던 두 천문학자가 모일 때 생겨나는 존재는 없습니다. 각기 다른 글자를 떠올리며 줄지어 섰던 12명이 모여 하나의 존재를 이룰 일은 없을 겁니다."

"이해했어요." J가 말했다. "카메라가 담을 수 있는 것은 다양할지 모르나, 거기에는 조잡한 의식조차도 깃들지 못한다는 말씀이죠. 경험이라는 왕국 안에서 카메라는 빈털터리이자, 존재하지 않는 것과 마찬가지이겠군요. 비교하건데, 심지어 포토다이오드도 그보다는 낫겠어요. 포토다이오드는 티끌만큼의 의식이나 어렴풋한 경험, 1비트만큼을 지녔죠. 두 가지 상태 중에 하나를 취할 수는 있으니까요. 많은 것은 아니지만. 하지만 포토다이오드가 된다는 것은 아예 존재하지 않는 것보다는 의미가 있겠죠. 만약 뇌를 수백만 조각으로 나눈다면 어떻게 될까요? 우선 좌우로 그리고 앞뒤로 4등분한 다음, 백질을 따라 조각조각 잘라 옥수수 속대에 붙은 알갱이처럼 혹은 카메라센서 속 포토다이오드처럼 수백만 개의 낱알로 나눈다면 말입니다. 의식은 해체될까요?"

"적당히 해요." 앨튜리가 말했다. "갈릴레오 씨는 차이점을 수치상으로 보여주지 않았어요. 만약 의식이 정보량 속에 들어 있다면, 누군가는 S의 공식을 가지고 틀림없이 떼돈을 벌겠죠."

"한마디 하겠습니다." 갈릴레오는 시선도 마주치지 않은 채 불쑥 끼어들었다. "만약 카메라 센서를 그 속에 내장된 포토다이오드의 수만큼, 즉 100만 조각으로 분해한다면 각각의 포토다이오드에 의해 생겨나는 정보의 양은 얼마나 될까요?"

"물론 1비트지요. 그게 바로 S가 만든 공식이 말해주는 것이죠."

"자, 그렇다면 카메라 센서에 의해 생겨나는 정보의 양은 어느 정도일까요?" 갈릴레오가 물었다.

"무슨 질문이 그래요?" 앨튜리가 말했다. "포토다이오드 100만 개가 모여 있으니, 100만 비트가 만들어지겠죠."

"좋아요. 그럼, 카메라 센서가 만들어낼 수 있는, 각 부분의 합을 능가하는 정보는 얼마만큼 일까요? 그러니까 제 말은, 포토다이오드

100만 개 각각이 만들어내는 정보 이상의 것을 의미합니다." 갈릴레오가 말했다.

잠시 뒤 앨튜리가 답했다. "물론, 그건 0이죠." 그는 이런 식의 질문을 받을지 예상치 못했다.

"정확해요." 갈릴레오는 자신이 앨튜리의 역할을 빼앗았다고 느꼈다. "카메라는 그 부품의 합을 능가하는 정보를 만들어낼 수가 없습니다. 따라서 최소한 정보에 한해서는, 카메라는 그 부품의 합 이상의 어떤 존재가 될 수는 없다는 말입니다. 어쩌면 카메라 자체를 하나의 쓸모 있는 개체로 받아들이지 말고, 오컴의 면도날로 잘린 100만 개의 포토다이오드들의 집합으로 봐도 좋을지 모르겠군요. '실체는 필요한 이상으로 늘어나서는 안 됩니다.Entia non sunt multiplicanda praeter necessitatem'"

"그건 단지 관점의 문제에요." 앨튜리가 끼어들었다. 그는 바닥 위로 파이프 담뱃재를 털어내기 바빠 보였다. "선생님은 포토다이오드에 치중하고 카메라를 치워버리고 싶겠지만, 나는 오히려 포토다이오드보다 카메라가 좋은데요."

"아니에요. 그런 뜻이 아닙니다." 갈릴레오는 다급히 이스마엘을 떠올렸다. "이스마엘이 'SONO'란 글자를 본다면 '나는'이라고 이해할 것입니다. 하지만 양측 뇌를 연결하는 부위가 얼어붙고 나면, 이스마엘은 사라지고, SONO를 '나는'이라고 이해할 수 있는 인물은 존재하지 않겠지요. 이스마와 엘이 함께 있어도 절대 불가능한 일입니다. 한 사람은 SO를 보고 '안다'라는 뜻으로 이해할 것이고, 다른 한 사람은

NO를 '아니다'라는 뜻으로 받아들일 테니까요. 이런 경우는 카메라와 달리, 전체는 부분들의 합 이상의 것이 되고, 전체는 각각의 부분들로 환원될 수 없단 말입니다. 이스마엘은 이스마와 엘의 합 이상의 존재이며, SONO 역시 SO와 NO로 환원될 수 없습니다."

"요점을 알 것 같습니다." J가 말했다. "부분들의 합을 뛰어넘는 전체가 만들어내는 정보, 통합된 정보라고 하죠. 이야말로 이스마엘과 카메라를 구분 짓는 것이로군요. 그럴듯해 보이는데요, 앨튜리 씨?"

CONTEXT

"뭐가 그럴듯하단 거죠?" 바닥의 담배를 뒤꿈치로 문질러 끄기에 여념이 없던 앨튜리가 소리쳤다. "어떤 시스템이 취할 수 있는 상태들의 분포가, 만약 각 부분들이 취하는 분포들의 산물로 분해될 수 없을 때 환원이 불가능하다는 건가요? 물론이죠. 하지만 그래서 어쨌다는 겁니까? 뭐 특별할 게 있나요? 나누게 된다면 손실을 피할 수 없는 것들, 분해할 수 없는 온갖 종류의 사물이 존재해요. 하지만 이 가운데 어떤 게 의식의 관건이 되죠? 게다가 한 시스템을 부분들로, 분해 가능한 분포들로 나누는 방법도 각양각색이에요. 그리고 어떻게 나누었나에 따라 결과물 역시 달라지겠지요."

"맞아요." J가 말했다. "만약 통합된 정보가 의식과 관련이 있으려면, 그 시스템을 어떤 식으로 나누든 간에 변함이 없어야 하겠죠. 그렇지 않을까요? 갈릴레오 선생님?"

"결정적인 절개란 가장 최소한의 절개입니다. 그 무엇보다 냉혹한 절개로써, 한 시스템 내에서 가장 약한 연결부를 끊어 가장 강하게 연결된 부분들로 분리하는 것입니다. 전체에서 가능한 최소의 정보만을 떼어낸 채, 나머지 부분이 만들어내는 정보가 가능한 한 최대치에 이르게끔 하는 것이죠."

"훌륭합니다. 통합된 정보란, 부분들을 뛰어넘는 하나의 시스템에 의해 만들어지는 정보입니다. 그리고 개별적으로 보았을 때에 각 부분이라 함은 대부분의 정보가 만들어지는 곳이겠지요. 드디어 정의할 수 있게 되었습니다. 이를 나타내는 기호가 필요할 것 같은데요."

"기호로는 Φ(파이)가 마땅해요." 앨튜리가 말했다. "무언가를 부분들로 나누는 올바른 방법인 황금 비율의 상징이죠. 그리고 최소한의 절개, 얼마만큼의 정보가 통합된 정보인지 밝혀줄 그 절개야말로 한 시스템을 부분들로 나누는 올바른 방법이겠죠. 안 그래요? 그걸 Φ라 불러야 해요."

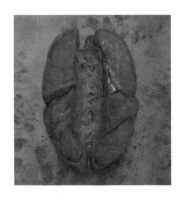

이론-사고 실험
•
239

"흥미로운데요." 갈릴레오가 말했다. "결국 피사에 살던 동료, 그리운 피보나치^{Fibonacci}가 연구한 황금 비율에 대한 말씀이군요."

"그보다 더 좋은 뜻이 있어요. Φ란 현상학^{Phenomenology}이나 경험, 다시 말해 의식 그 자체에요." J가 말했다. "아니면 더 좋은 해석으로, Φ에 있어서 I는 정보^{Information}를, O는 원, 즉 통합을 상징한다고 볼 수도 있겠죠. 그렇담 이제부터 Φ라 부릅시다."

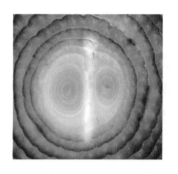

"훌륭해요." 앨튜리가 말했다. "정의를 내렸고 기호도 정했으니, 뭐가 더 남았는지 살펴봅시다. 매 순간 몇몇 부분들은 필시 소통하고 있어서 어떤 통합된 정보, 즉 '부분들로 환원될 수 없는 전체'가 만들어지고 있어요. 그렇다면 만약 선생님의 생각대로 통합된 정보가 의식과 연관이 있다면 말이죠, 다음 이야기는 꽤나 단순해요. 의식은 양파껍질 같은 것이 되어버린답니다. 나와 내 뇌 속의 신경들을 예로 들까요. 내 뇌 속 어딘가에 내가 존재해요. 당연하죠. 하지만 나는 혼자가 아니에요. 선생님이 나를 한 꺼풀씩, 신경을 하나씩 하나씩 벗겨낸다면 그때마다 또 다른 나를 만나게 될 거예요. 수백만 가지의 나를요. '어떤 부분이 덜어져나간 나'이긴 하겠지만 모두들 어느 정도는 의식적이겠죠. 처음의 나란 단지 많고 많은 나 가운데 가장 풍부한 의식을 지녔을 뿐입니다. 하지만 줄어든 나 자신들도 자기의 권리를 주장해야 마땅하겠죠. 단지 내가 듣지 못할 뿐. 그들도 묵묵히 함께하고 있는 겁니다."

앨튜리는 말을 이어갔다.

"다음으로 내 몸을 볼까요. 의심할 여지없이 내 몸 또한 소통하는 부분들로 이루어져 있어요. 몸 전체는 부분들로 환원될 수가 없지요. 생리적으로나 정보적으로나 말입니다. 실은 뇌 역시 몸을 이루는 부분들 중 하나일 뿐이에요. 그렇다면 몸 전체 역시 또 다른 의식을 이룹니다. 애초에 나라고 생각했던 것보다 더 큰 양파이지요. 그것의 Φ는 나의 Φ보다 훨씬 더 작을테고, 그 최소 절개부위는 내 목을 가로지르는 것일까요. 어쨌든 그 역시도 나름의 제한적인 경험을 수반하고 있어요. 나는 불어나는 나 자신들에 대해 아는 바가 없고, 그들 역시 나에 대해 아무것도 몰라요."

이론-사고 실험
•

"여기서 끝이 아니에요. 지금 우리 두 사람은 대화하고 있어요. 아니, 우리 세 사람이로군요. 단순히 개별적인 세 사람으로 환원될 수 없는, 하나의 전체로서 소통하는 세 사람이죠. 삼위일체설은 별로 믿지 않는 삼위일체로군요. 그다음으로는 도시, 국가, 아니 온 세상, 전 우주적인 양파의 껍질들, 그 각각은 의식적이겠죠. 다소간의 차이는 있어도."

"요지를 알았습니다." J가 말했다. "하지만 의식은 제 머리, 당신의 머리, 그리고 갈릴레오 선생님의 머릿속에 단 하나씩만 들어있는 듯 보여요. 그렇다면 Φ는 정답이 될 수 없겠네요."

"양파껍질 역시 오컴의 면도날로 벗겨내야 합니다." 갈릴레오가 말했다. "열심히 벗겨낸다면 결국 통합된 정보가 그 최댓값에 다다르는 과심果心만 남겠죠. 그것은 나머지가 벗겨지는 동안에도 단단히 뭉쳐져 있습니다."

"그러면 의식이란 양파가 아니라, 양파의 과심이군요! 꽤나 진전이 있었어요." 앨튜리가 말했다. "하지만 우리가 서로 대화한다면, 어떻게 되는거죠? 선생님과 나는, 지금 우리가 하고 있는 것처럼 대화를 나눈다면, 더 큰 과심을 만들지 않나요?"

"다시 한 번 오컴의 면도날이 필요해요." 갈릴레오가 대답했다. "그저 이렇게 말씀하셨죠. '우리가 서로 대화한다면'이라고. 우리가 서로 대화하는 상황은 생리적으로나 정보적으로 볼 때, 당신과 제가 섞여 만들어진 키메라 괴수가 되는 것보다 훨씬 단순합니다. 이 상황은 한 덩어리로 묶여질 힘이 없어서 당신과 저라는 틈으로 쪼개집니다. 실재하는 각각의 개체로써 말이죠. 괴수보다는 빗방울을 생각해봅시다. 비 한 방울 속의 분자들은 공기 바깥에 있는 분자들보다 더 강하게 상호작용하고 있기에 표면이 만들어집니다. 그 한 방울은 단일한 개체이며 경계가 지어져 있습니다. 만약 두 빗방울이 접하게 될 경우, 둘은 튕겨나가면서 여전히 분리된 채로 있거나, 서로 합쳐져 더 큰 하나의 빗방울을 이루게 됩니다. 의식도 아마 이와 비슷할 겁니다. 의식은 통합된 정보가 최대에 이르는 한 시스템 속에, 자신만의 물방울 속에 깃들어 있습니다."

"결국 선생님의 결론은 이것이군요." 앨튜리가 말했다. "경험은 그보다 작은 어떤 것으로 환원될 수 없다. 정말로 인상적이에요."

J는 앨튜리를 외면하면서 갈릴레오를 쳐다보았다.

"만약 선생님이 옳다면, 부분을 뛰어넘는 전체에 의해 만들어져 최댓값에 이르는 정보를 만들어내는 시스템을 일컬을 이름이 필요할 텐데요. 양파의 과심, 의식의 빗방울에 대한 이름 말입니다. 복합체complex라 하는 게 어떨까요?"

"그리 부릅시다, 복합체." 갈릴레오가 말했다.

"그렇다면 복합체는 의식이 깃든 곳이군요." J가 말했다. "그곳에서 의식은 집을 짓고 벽을 세웁니다. 선생님은 그 속에 사는 존재이고, 나머지 세상은 바깥에 있는 것들이군요. 의식의 집은 하나이며 나눠 쓸 수가 없습니다. 오직 한 명, 하나의 주인만이 있을 뿐, 그 이외의 모두를 배척합니다."

이야기가 앨튜리의 마음에 들었을지 확실치 않았지만 그는 입을 열었다.

"카메라 센서를 그런 식으로 분석한다면 센서는 개개의 포토다이오드, 즉 온과 오프 단 두 가지 상태만을 구별할 수 있는 복합체들로 조각나버릴 것이고, 센서에 상응하는 통합된 개체, 즉 복합체는 없을 것입니다. 반면 선생님의 뇌를 분석해보자면 뇌 속 어딘가에 커다란 복합체를 형성하고 있는 신경세포집단을 찾아낼 수 있겠죠. 그리고 그 복합체는 그 안의 일부분만 가지고는 해낼 수 없는 방식으로, 다양한 레퍼토리로 상태를 구분해낼 수 있을 것입니다. 다른 어떤 신경 세포군보다, 몸 전체보다, 그 어떤 사람들의 모임에서보다, 세상 그 자체보다도 더 많이, 최대로 그리하겠지요."

"정확합니다." 갈릴레오가 말했다.

"그렇다면 선생님께 줄 게 있어요."

앨튜리는 갈릴레오에게 쪽지 몇 장을 건넸다. 쪽지는 프릭이 기록한 것으로, 뇌의 여러 부분을 나타내는 도표들로 빼곡히 채워져 있었다. 대뇌가 보였다. 대뇌를 상실하자 코페르니쿠스는 영원히 의식을 잃어버렸다. 자신과 프릭이 피질과 시상을 대도시에 비유하던 일을 떠올렸다. 도표에서는 대뇌에 속한 넓은 영역이 높은 Φ값을 지닌 하나의 복합체로 그려지고 있었다. 이는, 구성요소들 즉 각기 다른 신경군들이 각각 다양한 기능들로 특화되어 있고, 그 특화된 부분들 서로가 대화를 하고 있었기 때문이다. 신경군들은 온갖 다양한 상태, 온갖 경험을 구별해낼 수 있는 하나의 큰 복합체 속에서 통합되어 있었다.

소뇌가 보였다. 소뇌를 구성하는 요소들의 수는 더 많았으나, 서로 대화하지 않는 다수의 자잘한 모듈들로 나누어져 있었다. 각각은 작고 독립적인 복합체를 형성했고, 각각의 작은 복합체가 가진 Φ값은 낮았다. 포토다이오드를 모아놓은 것과 같구나. 갈릴레오는 생각했다. 그리고 푸생을 떠올렸다. 화가의 손은 떨렸으나, 마음은 풍요롭고 가득했다.

그리고, 걸작 알레고리 앞에 서 있던 맹인 화가처럼, 시력을 상실했을지라도 마음의 눈을 잃지 않는 이유에 대해 설명하는 도표가 있었다. 어떤 식으로 시각 신호가 들어와 대뇌피질에 도달하는지, 어떤 식으로 피질 기능에 영향을 끼치는지 그려져 있었다. 하지만 시각 입력은 의식을 창출하는, 높은 Φ값을 가진 큰 복합체의 일부가 되지는 못했다.

그리고 그의 친구 M이 있었다. 큰 복합체에서 뻗어나가는 갖가지 신경들은 비록 말을 하거나 행동하는 데 필수적이지만 복합체 속에 포함되지는 않았기에 의식에 기여하는 바는 없었다. 갈릴레오의 여신들, 여류 시인과 감바 연주자가 있었고 큰 복합체를 들락거리는 고리들이 보였다. 하지만 그 고리들 자체는 복합체의 바깥에 머물러 있었다. 따라서 언어를 이해하고, 적당한 단어를 찾고, 말을 하고, 기억을 하게끔 해주는 수많은 신경과정들은 멋진 솜씨를 발휘함에도 여전히 의식의 영역 밖에 위치할 뿐이었다.

그리고 마지막으로 이스마엘이 있었다. 그의 좌우 반구를 연결하는 신경섬유들이 나누어져 복합체가 둘로 쪼개지자 비슷한 크기의 Φ값을 가지는 2개의 의식, 즉 이스마와 엘이 나타났다. 앞을 볼 수는 있지만 그 사실을 깨닫지 못한 테레사의 경우, 더 작은 조각이 떨어져 나간 것으로 설명할 수 있었다. 그리고 경련발작이나 의식이 없는 서파수면의 경우 Φ값이 낮은 것은 자명했다. 뇌가 구별할 수 있는 상태의 레퍼토리가 줄어들었기 때문이다.

"그런 식으로 설명 가능하다 생각하나요?" 얼마 뒤 J가 물었다.

"의식이란 한 마리 고결한 새와 같아서, 손에 넣으려면 반드시 수식이 필요합니다." 갈릴레오가 말했다. "우선 개념을 이해하고, 수학의 언어로 옷을 입혀야지요. 그런 다음, 의식을 어떻게 측정할 수 있는지 이해해야만 그것이 무엇인지 진정으로 아는 것입니다. 아마도 의식의 정수는 통합된 정보일 것입니다. 그리고 이것이야말로 개념을 이해하게끔 해주는, 의식이라는 새를 잡는 방법일 겁니다. 어떤 개체가 단일 개체, 즉 경험의 핵인지 분간하는 방법입니다."

"여전히 곤혹스러운 부분이 있어요." J는 미심쩍은 듯 말했다. "뇌는 믿을 수 없을 정도로 복잡합니다. 너무 복잡하기에, 일련의 수식으로써 그 수수께끼를 이해해보려는 시도는 낚시 그물을 들고 바닷물을 건져 올리려는 것과 마찬가지이지요. 뇌 속에는 정글보다 더

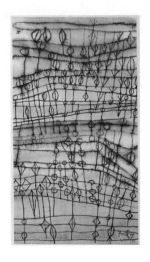

많은 나무들이, 대도시보다 더 많은 수의 거리가 있습니다. 뇌는 사막의 모래보다도 변화무쌍하고 바다의 파도보다 더 요동칩니다. 끊임없이 변화하는 모래 언덕을, 시장의 야단스러운 거래를, 정글 숲속 동물들과 나뭇잎들의 번잡함을 그 누가 일련의 수식으로, 더 나쁘게는 숫자들의 집합으로 치환할 수 있겠습니까? 수학자들은 나름 수식을 짜겠지만, 결국 아무것도 얻지 못할 것 같아 염려스럽습니다."

"염려하지 마세요. 이론들 속에는 아름다움이 있거든요."

앨튜리의 목소리가 저편에서 들렸다. J는 갈릴레오에게 질문을 하려 돌아보았다. 하지만 갈릴레오 역시 멀찌감치 떨어져 있었다. 그는 프릭의 쪽지 마지막에 적힌 무언가를 읽고 있었기 때문이다. 그가 훨씬 이전부터 깨달았던 무언가를.

이 위대한 책에는 철학이 담겨 있다. 내가 우주라 부르는 것은 우리 눈앞에 활짝 펼쳐져 있다. 하지만 우선 이 책에 쓰인 언어를 배우고, 기호들을 알아야만 비로소 이해할 수 있을 것이다. 이 책은 수학의 언어로 쓰여 있으며, 그 기호는 삼각형, 원형 그리고 기타의 기하학적 형태다. 이에 의존하지 않고서는 사람의 힘으로 단 한 자도 이해할 수 없을 것이다. 이것 없이는 어두운 미로 속을 헛되이 떠도는 꼴일 뿐.

그리하여 갈릴레오는 오랜만에 처음으로, 자신이 배운 바를 기록해놓아야만 하겠다고 느꼈다. 이것이 그가 남긴 글이다.

통합된 정보란, '부분들을 뛰어넘는 전체'에 의해 구별 가능한 정도를 나타내며, 기호는 Φ이다. 복합체란 Φ가 최댓값을 가지는 덩어리이며, 그 속에 하나의 의식이, 체험하는 단일한 실체로써 의식이 깃든다.

Φ

주

"전체는 부분의 합보다 크다"는 표현은 갈릴레오도 잘 알고 있었던 아리스토텔레스의《형이상학Metaphysics》에서 유래되었다. 윌리엄 제임스William James는 통합성이야말로 의식의 핵심이라 생각했으며, 이를 이해하기 위해 부단히 노력하였다. 몇몇 전문가들은 그의 저서《심리학의 원리Principles of Psychology》에 이러한 생각이 잘 드러나 있음을 밝혔고, 이는 이번 장에서도 녹아들어 있다. 불행히도 그는 끝내 성공하지 못했고,〈의식이 존재하는가Does Consciousness Exist?〉라는 제목의 에세이 한 편을 쓴 채 의문과 부정 속에서 결국 탐구를 그만둘 수밖에 없었다.

만약 Φ(그리스 문자 파이)로 측량된 '통합된 정보'라는 것이, 주장하는 바와 같이 정말로 의식의 정수를 꿰뚫는 무거운 주제라면, 이번 장에 소개된 내용은 다분히 가벼운 방식으로 쓰인 셈이다. 아마 저자는 무슨 수를 써서라도 수식들을 표기하지 않고자 노력한 듯 보인다. 하지만 결과는 그리 만족스럽지 못하다. Φ에 관해 수식으로 풀어 설명한 버전들 역시 만족스럽지는 못하게 끝을 맺고 있으나, 이에 관한 자료는 토노니와 스폰스,《바이오메드센트럴-신경과학BMC Neuroscience》(2003); 토노니,《바이오메드센트럴-신경과학BMC Neuroscience》(2004);《생물학 보고Biological Bulletin》(2008); 벨두지와 토노니,《PLoS 전산생물학PLoS Computational Biology》(2008); 토노니,

《생물학 이탈리아어 아카이브Archives italiennes de biologie》(2010, 2011)에서 찾아볼 수 있다.

그레고리 베잇슨Gregory Bateson은《마음의 생태학Steps to an Ecology of Mind》(University of Chicago Press, 1972)에서 정보를 "차이를 만들어 내는 차이"라고 정의한 바 있다.

마지막 인물화는 아킴볼도Arcimboldo(갈릴레오가 싫어했으며, 악취미에 의해 수정되었다. 악의가 담겨 있었을지도 모른다)의 작품으로 아담(이브의 배우자)이라고 알려져 있다.

갈릴레오와 박쥐

무엇이 의식의 특정한 방식을 결정하는가?

으슥함과 은밀함을 보장하는 동굴의 유혹을 뿌리칠 수 있는 탐험가는 없다. 갈릴레오 역시 동굴 속으로 깊숙이 발을 내딛었다. 필시 미지의 무언가가 도사리고 있겠지. 하지만 열망에 이끌린 나머지 너무 깊은 곳까지 들어와 버렸고, 이제는 우두커니 멈춰 섰다. 갈팡질팡, 목적지마저 잃은 채. 사방이 보이지 않아 장님과 다를 바 없었다. 그러자 공포가 몰려오기 시작했다. 저만치에서 검은 그림자의 울림이 벽을 타고 전해져 오는 것만 같았다. 손끝에서 축축한 바위의 표면이 느껴지자 혹여 무너져 내리지는 않을까 덜컥 겁이 났다. 쉬 부스러지는 가장자리에 발을 헛딛자 그의 심장은 박약한 의지로부터 이탈해 나락으로 떨어졌다.

그때 푸드득 소리가 들렸다. 갑자기 그의 어깨 위, 알 수 없는 높은 곳에서 푸드득거리는 소리가 들린 것이다. 그의 이마를 살짝 스치며 땀을 얼린 차가운 공기보다도 더 작은 소리였다. 그 소리는 박쥐의 날갯짓처럼 들렸으나 평범한 박쥐는 아닐 성 싶었다. 마치 거대한 독수리가 박쥐마냥 재빨리 나는 것 같았다. 시시각각 푸드득 소리가 가까워져 소름이 돋았다.

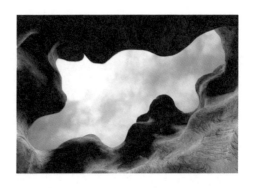

'침입자가 나타났군.' 박쥐는 이제 확신이 들었다. '결국 일이 터지고야 말았네.' 박쥐는 흥청망청 지내곤 했다. 장애물을 만들거나 함정을 파놓았어야 할 시간 동안 생각도 없이 공중을 맴돌고 쓸모없는 춤을 추며 시간을 허비했다. 그리고 이제는 너무 늦어버렸다.
'침입자는 상당한 덩치임이 틀림없어, 어쩌면 엄청난 체격일지도 모르지. 이따금 밤의 정적을 깨뜨리며 부스럭거리는 미물들, 날갯짓 한 번에 쓸려나가는 놈들 따위가 아니야. 녀석에게서 돌아오는 메아리는 혼란스러워.' 박쥐는 생각했다. 일곱 번째 다리 뒤에 숨은 건

가. 다리 뒤로 전해져오는 열감에 박쥐는 귀가 멀 것만 같았다. '무너져 내리는 아치나 꼬챙이 함정 같은, 더 탄탄한 방어책을 마련해 놓았어야 했어.' 하지만 이제는 너무 늦어버렸다. 침입자는 박쥐의 보금자리 여기저기를 짓밟았다. 그는 내실에서 멀지 않은 곳에서 숨을 헐떡이고 있었다.

박쥐는 안전한 간격을 유지한 채, 메아리쳐 침입자를 느끼려 다시금 날갯짓을 했다. 공중에서 재빨리 뱅그르르 돌 무렵, 박쥐는 갑작스레 땅한 울림을 느꼈다. 참아내기 힘들 정도로 강하게 땅한 울림이었다. 이 울림은 무엇이었을까? 너무나도 응축되고 강렬해서 박쥐의 입에 침을 고이게 만든 이 울림은? 유래 없을 정도로 더 넓고, 더 깊고, 더 가득하고, 더 압도적인 갈망으로 박쥐를 꼼짝 못하게 만든 이것은?

박쥐는 두려움에 떨었다. 다리 뒤의 열감이 너무나도 시끌벅적한 나머지, 침입자의 메아리를 삼킬 가망은 없어 보였다. 박쥐는 또 다시 땅한 울림에 홀린 나머지 이끌려갈 뻔했다. 박쥐는 생각했다. '아, 아무리 땅한 울림이라 할지라도 버텨야만 돼. 어쩌면 침입자는 정말로 강해서 나의 2배 크기라도, 아니 10배 크기라도 족히 집어삼킬지 몰라. 어쩌면 녀석은 교활하기 짝이 없어서 내가 만든 꼬챙이 함정에다 나를 처박아버릴지도 모른다고.' 그로 인해 박쥐의 보금자리가 무덤으로 변해버렸음은 자명하였다. 다리 뒤에 숨은 채로, 마지막 순간의 사악한 기운을 보이는 수밖에. '나태함의 대가를 치르고서 나락으로 떨어지는 것이겠지.' 박쥐는 생각했다.

그런 다음 박쥐는 생각했다. '최소한 마음속은 띵한 울림으로 가득 찬 채로 쓰러질 거야. 울림이 너무나도 강렬한 나머지 넋이 나가면 두려움을 느낄 틈조차 없겠지. 아마도 이게 쓰러지는 수순일 거야.' 박쥐는 자신의 날개가 무책임하게 푸드득거리는 것을 느꼈다. 입가 틈새에서 침이 흘러나왔다. 그리고 메아리가 일그러지고 커지더니 초점이 나가 버렸다. 열감은 점점 더 요란스럽게 다가오고 있었고 몸은 들썩이기 시작했다. 그때 다시 그것, 띵한 울림이 찾아왔다. 이 제껏 느껴온 울림 가운데 가장 강력하고 가장 극심한 것이었다. 그 러자 박쥐는 엄청난 속도로 곤두박질치듯 넓게 휙 급강하해, 일곱 번째 다리의 그림자 아래로, 열기가 으르렁거리는 곳으로 날아갔다.

제 정신이 돌아오자 갈릴레오는 오싹해 몸서리를 쳤다. 숨이 끊어 진 박쥐 한 마리가 그곳에 놓여 있었다. 녀석의 비밀은 두개골 속에서 묻혀버렸다. 하지만 다가오는 목소리들이 있었다. 아마도 사냥꾼들 같았다. 그들은 언쟁하고 있었다. 그들은 바위에 가려진 갈릴레오를 볼 수 없었다.

"내가 생각한대로야." N이라는 사내가 말했다. "우리는 띵한 울림이 무슨 느낌인지 절대 알 수 없을 거야. 아무리 집요하게 박쥐에게 물어본다 해도, 부단히 녀석의 뇌를 연구한다 해도 절대로 알 수 없겠지. 독수리가 썩은 고기 냄새를 싫어할까? 바위 틈 사이에서 꼼짝도 않고 스핑크스처럼 빼꼼하게 시선을 고정하고 있는 곰치는, 바위에 달린 물음표 같이 생긴 그 녀석은 어떤 생각을 할까?"

"믿음이 부족하시군요. 어떻게 그리 장담하시죠?"

어둠속에서 대꾸가 돌아왔다. 프릭일지도 모른다. 하지만 프릭이 보이지는 않았다.

"왜냐하면" N은 계속했다. "어떤 개체가 의식적임을 확실히 알고 있을 때조차 그게 어떤 종류의 의식인지 우리가 알 수는 없기 때문이지. 왜냐하면 경험으로 다가오면, 무엇으로도 환원될 수 없는 질적인 문제가 되거든. '반짝이는 빛'은 '종소리'나 '통증의 찌릿함'과 다르고 환원될 수도 없지. '하늘빛'은 '태양의 모양'과 다르지. 색깔이 왜 그런 식으로 보이는지, 어째서 빨강은 빨강이고 파랑은 파랑인지, 어째서 색깔이 형태와는 다르고, 음악이 들리는 방식이나 고통이 느껴지는 방식과는 다른지 설명할 수가 없어. 띵한 울림이 왜 띵한 울림으로 느껴지는지 어떤 식으로도 설명할 수가 없네. 결국 물질로 이루어진 그 무엇도, 어떤 것이라도, 아무리 상상해본들, 마음의 질감을 설명해낼 수가 없단 말일세."

"물질에는 신경을 끄세요 사실들에 주목해보시라고요. 대뇌피질의 특정 부위에 손상을 입으면, 소리를 듣거나 고통을 느끼는 능력은 남아 있지만, 보는 능력은 영원히 사라진다는 것에 주목해보세요. 또 다른 부위의 손상은 보는 능력 대신 듣는 능력을 앗아간다는 사실을, 그리고 또 다른 어떤 부분이 망가졌을 때는 오로지 통증에만 영향을 끼친다는 사실을요. 피질의 시각영역 속에서도, 어떤 부분은 형태를 인식하는 데 필수적이지만 색상에는 그렇지 않아요. 형태가 아니라 색상을 인지하는 데 필요한 또 다른 부분도 있고요."

이제 갈릴레오는 N의 얼굴을 볼 수 있었다. 그는 점잖게 머리를 끄덕이고 있었다.

"그 부분에는 이견이 없네. 아마도 우리가 경험하면서 느끼는 독특한 질감과 뇌의 특정 영역 간에는 특별한 관계가 존재하겠지. 하지만 그 관계는 물질과 마음 간의 다른 모든 관계들이 그러하듯, 지금도, 앞으로도 쭉 불가해_{不可解}하지 않을까? 우리 각각은 모두 출구 없는 동굴 속에서 살고 있는 셈이지. 저 박쥐처럼."

"물질로 된 선생님의 뇌 일부가 문드러질 때까지 기다려본다면, 심신문제를 좀 더 현명히 들여다볼 수 있겠죠. 뇌라고 하는 반죽 속에서 단지 한 숟갈만큼을 잃은 화가를 만난 적이 있어요. 특정한 한 숟갈이었죠. 그 친구는 멀쩡했어요. 단지 그 한 숟갈만큼이 없기 때문에 모든 것이 회색빛으로, 지저분하게 보였다는 점만 빼면요. 그는 색상을 볼 수도, 기억해 낼 수도, 상상할 수도, 심지어 꿈으로 꿀 수도 없었어요. 접시 위에 놓인 음식이나 침대에 누운 그의 아내는 잿빛이었지요. 하지만 그것만 제외하면 그 친구의 의식이나 저의 의식은 다를 바가 없었어요. 그는 색상에 대한 특별한 질감, 선생님 같은 철학자들이 '퀄리아'라고 부르는 단지 그것을 잃어버렸을 뿐이에요. 반죽 속에서 사라진 한 조각 때문인 거죠. 만약 미묘하게 다른 한 조각을 다쳤다면, 색상이나 소리 또는 도덕심 대신에 얼굴을 알아보는 능력을 잃었을 겁니다. 따라서 두뇌가 얼마만큼 다양한 영역으로 조직되어 있는가 하는 여부에 따라 소리와 시각, 냄새와 통증, 형태 그리고 색상 같은 다양한 의식적 질감을 지니게 된다는 이야기입니다."

"그게 사실일지도 모르지. 하지만 여전히 쓸모는 없다네. 뇌 속 흐린 물로부터 의식이라는 빛나는 적포도주를 증류해낼 기적은 절대 없을 것이야." N이 말했다.

"고집불통이네요. 진흙탕에서 뒹구는 돼지들처럼 어둠 속에서 뒹구세요. 불가해라구요? 선생님이 처음 태어났을 때 그 단어는 어떻게 들렸나요? 젖과 물만이 경험의 전부였을 때 적포도주는 어떤 맛이 나던가요? 물론 이제는 달인이 되셨죠. 즉 감각이 발달하고 세분화되었다는 말입니다. 선생님은 철학자가 되셨어요. 하지만 그게 요점이에요. 발달과 세분화 말입니다. 어떻게 해서 그리 되신 것 같나요? 자연이라는 사전에 불가사의란 없어요. 당신 뇌 속 특정한 뉴런들 간의 연결이 재배열되면서 일어난 일이라고요."

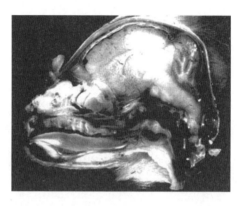

"돼지가 되는 게 어떤 일인지 알 길은 없지. 그래도 우긴다면 나는 자네를 고집쟁이 돼지라 부르겠네." N은 능청스럽게 받아쳤다. "다행히도 그런 일은 철학적으로 불가능하다네. 혹은 최소한 불가해하지. 가여운 박쥐를 생각해보자고. 녀석에게 의식이 있었다고 가정했을 때, 녀석은 자신의 초음파 탐지기를 통해 물체의 음향을 잡아내고서, 세상을 어떤 식으로 느꼈을까? 세상에 대한 경험은 시각에 가까웠을까? 아니면 청각과 비슷했을까? 아니면 완전히 낯선 성질의 것이었을까? 땅한 울림은 어떤 느낌일까? 격통에 가까울까? 아니면 땅하는 소리와 비슷할까? 어쩌면 그 중간쯤이거나, 완전히 이질적인 것일지도 모르지. 자네가 뭐라 이야기한들 박쥐가 되는 게 어떤 일인지, 땅한 울림이 어떤 느낌인지 설명할 수 없을 게야. 아니, 물질로는 어떤 식으로도 마음의 질감을 설명해낼 수 없을 것이라네."

N은 계속했다.

"좀 더 덧붙이지. 박쥐가 맘에 들지 않는다면, 자네 자신을 떠올려 보게나. 어둠을 한번 생각해보자고. 그게 어떤 식으로 느껴지는지, 통증을 떠올려보게. 그러고는 폭포수 소리를 떠올려봐. 어째서 어둠은 정확히 그것이 느껴지는 대로만 느껴져야 하고 다른 식으로 느껴져서는 안 될까? 왜 환한 푸른 하늘처럼 느껴지지는 않을까? 어째서 푸른색은 녹색으로 느껴지지 않는 거지? 아니면 통증처럼 느껴지는 건 어떤가? 혹은 통증이 어둠처럼 느껴지는 것은? 어째서 갓 구운 빵의 냄새는 해답을 찾지 못한 수치심의 고통처럼 느껴져서는 안 될까? 어째서 멍한 울림처럼 느껴져서는 안 되냔 말일세."

갈릴레오는 대화의 궤적을 놓쳐버렸고, N의 말에 대한 대답을 들을 수 없었다. 하지만 갈릴레오는 개체가 가진 의식의 종류를 판별하는 것이 작위적이라는 주장에 동의하지 않을 심산이었다. 그는 자신의 오랜 동반자인, 세상의 원리에는 충분한 근거가 있다는 신념을 포기하지 않을 셈이었다. 무엇인가가 그런 방식을 취하고, 그 이외의 방식이 아닌 데는 필연적으로 이유가 있을 것이다. 의식이 존재하기 위해 뇌가 기능하는 것이 필수적이듯, 의식의 질감 역시 마찬가지일 것이다.

이것이 의식이 가진 두 번째 문제였다. 무엇이 의식의 특정한 방식을 결정하는가? 개체가 느끼는 경험의 종류를 꼭 그렇게 결정짓는 어떤 것, 일종의 필요충분조건이 반드시 존재할 것이다. 갈릴레오는 그렇게 생각했다. 그리고 그 조건들이 이해되는 순간, 그 속에 해법이 놓여 있을 것이다.

그 어떤 것이란 무엇일까? 그것은 특정한 뇌 조각의 어떤 물질적 속성일 리 없다. 어떠한 붉은빛도 붉은색을 인식하는 데 필요한 신경세포와 대응되지는 않는다. 우리가 푸른색을 볼 때 전원이 켜지는 세포와 상응하는 푸른빛 역시 없다. 아마도 설명은 좀 더 다른 차원에서 찾아야만 할 것이다. 의식의 존재 유무 그리고 의식이 생겨나는 위치는 신경세포들의 어떤 속성에 의해 결정되는 것이 아니라, 신경들이 구성하는 복합체에 의해 만들어진 통합된 정보의 양에 의해 결정된다는 사실을 그는 떠올렸다. 그렇다면 아마 의식의 특정한 방식—그 질감—은 복합체 내 세포들의 어떤 속성이 아니라, 정보가 어떤 식으로 생성되느냐에 따라 결정되리라. 그의 생각은 그러했다.

Φ

주

이번 장은 유감스럽게도 충분히 완성되지 못했다. 의식의 두 번째 문제에 대한 반쪽짜리 이 시도는 동굴 속의 갈릴레오만큼이나 혼란스럽고, 박쥐의 비행만큼이나 논리적 비약이 심하다. 그렇다. 플라톤의 동굴에서는 2가지 관점이 등장한다. 하나는 갈릴레오의 것으로 깜짝 놀라지만 익숙한 의식이었고, 다른 하나는 장렬한 박쥐의 이질적인 의식이었다. 그다음으로 논쟁하는 목소리의 불협화음들이 공중에서 울려퍼졌으나 깔끔한 대답이나 해결책이 제시되지는 않았다. 하지만 문제는 충분히 명백하다. 곰치가 바다 밑 구멍에서 불가사의할 정도로 미동도 없이 멀찍이 바라보는 장면, 마치 형이상학적인 질문을 던지는 스핑크스와 같은 장면을 본적 있는 사람이라면 누구나 자신이 마주하고 있는 그 생물이 어떤 경험을 하고 있는지, 또 어떤 생각을 하고 있는지 궁금해지기 마련이다. 박쥐역시 이에 해당하는 사례이나 박쥐는 엉거주춤 철학자 같은 자세로 우리를 지긋이 쳐다보지는 않을 성 싶다.

곰치가 더 좋은 선택이었을지는 몰라도, 박쥐에게는 화려한 족보가 있다. 철학자 토마스 나겔Thomas Nagel은 에세이 〈박쥐가 된다는 것은 어떤 것일까What is it like to be a Bat?〉(《철학 리뷰Philosophical Review》, 1974)에서 의식의 질감은 과학이라는 왕국 이상의 차원에 영원히 놓여 있을 것임을 표현하기 위해, 조류에도 포유류에도 속하지 않을 바로 그 피조물을 선택한 듯싶다. 명백히도 이번 장에서 반복적으로 등장하는 모든—박쥐에게는 아무래도 정말 중요한 개념 같지만 우리에게는 무의미한 단어일 뿐인—명한 울림은 박쥐의 경험과 인간의 경험 사이의 이어질 수 없는 간극을 예시하기 위해 의도되었다.

국소적인 뇌 병변으로 인해 색상을 인지하는 능력을 잃게 된achromatopsia 화가에 대한 묘사는 올리버 색스Oliver Sacks의《화성에서 온 인류학자An anthropologist on Mars》(Vintage, 1996)에서 따왔다. 콜린 맥긴Colin McGinn은 뇌의 흙탕물로부터 의식이란 적포도주를 증류해낼 가능성을 일축하였다.

어둠을 보다 : 어둠을 분해하다

어둠은 공허하게 존재하는 것이 아니라 맥락을 가진다

사방이 어두웠다. 오로지 어둠만이 캄캄한 침묵 속에 홀로 놓여 있었다. 그리고 모든 게 평화로웠다. 갈릴레오는 젊은 시절 이따금 하던 식으로 밤하늘을 올려다보았다. 그의 마음은 자유로웠다. 단지 어둠, 사방팔방으로 퍼져나가는 어둠만이 있을 뿐이었다. 애를 써본들 어둠이 전부였다. 달과 별, 행성들 같은 다른 어떤 것도 존재하지 않았다. 무심결에 천천히, 바로 그 단어를 중얼거렸다. 어둠.

하지만 갈릴레오의 평화는 오래가지 못했다. 순수해 보이던 어둠은 궁금증과 의구심에 꿰뚫려 산산조각 나버린 것이다. 그가 어둠을 보았을 때 뇌 속에서는 무슨 일이 일어나고 있었을까? 뉴런들 사이에서 벌어진 어떤 작용이 그의 경험을 설명할 수 있을까? 지금 이 순간 자신의 뇌를 그려낼 수 있을까? 이를 통해서 경험이 탄생하기 위해 어떤 씨앗이 필요한지 확인할 수 있을까? 지금 이 순수한 어둠이 진실로 어떤 식으로 나타나는지 이해할 수 있을까?

지도란 불충분한 물건이었다. 실제 대륙이 있어야 할 자리는 알록달록한 색상으로 표현되었고, 산맥은 납작하게 그려졌으며, 대도시는 이름만 쓰여 있었다. 움직임은 단위로 대체되었고, 열기는 온도로 표현되었다. 세세한 특징들이 사라져버려 그 속에 생명이라곤 없었다. 세상일을 말로 다 묘사하기란 불가능하며, 역사서 한편에 들어가기에는 일어난 일들이 너무나 빼곡하였다.

모든 지도 가운데, 온갖 모형 가운데 뇌를 본뜬 것은 미니어처 달인의 솜씨로 섬세히 표현된 것일지라도 두 번 죽은 것이었다. 그것은 단지 모형, 즉 실물의 조잡한 그림자에 지나지 않았기에 죽은 것이었고, 살아 숨 쉬지 않았기에 죽은 것이었다. 비록 그 모델이 영혼을 가졌을지라도 말이다. 만일 모형 속 어떤 장치들이 철컹거리며 돌아간다손 치더라도, 영혼이 깃들지는 못하리라.

갈릴레오는 프릭이 남기고간 책들을 뒤져보면서 뇌라는 빛나는 지붕을 새로이 공부하고 그 속을 들여다보려 애를 썼다. 그는 무엇을 알게 되었을까? 본다는 것이 무슨 뜻인지 이해하게 되었을까? 내면의 빛은 뇌라는 성채를 어떻게 통과하는 것일까? 그는 뇌의 구석구석을 손으로 훑었고, 그 속에 든 뉴런들의 쉼 없는 속삭임을 느꼈다.

그리하여 뉴런이 발화하며 만들어내는 파도, 즉 안구 뒤쪽에서 출발해 뇌의 꼭대기 근처로, 최고위 시각피질 영역으로 올라오는 파도를 그려보았다. 그곳에서는 프릭이 말한 것처럼 어두운 하늘에서부터 촉발된 신경들의 연속된 발화가 최종적으로 특정한 세포 몇몇을 활성화시키고 있었다. 어둠이라는 신호에 특화된 바로 그 몇몇들 말이다. 그 녀석들은 우리가 의식 속에서 어둠을 보게 될 때면 언제나, 단지 꿈속에 등장한 어둠에 지나지 않을 때라도 언제나 발화하는 세포들로서 어둠이 보이지 않을 때는 절대로 발화하는 일이 없었다. 그리고 그 녀석들이 손상당해 사라진다면 우리는 어둠이 무엇인지 상상조차 할 수 없을 터이다.

갈릴레오는 그 가까이의 세포들, 어둠이 아니라 빛에 대해 발화하

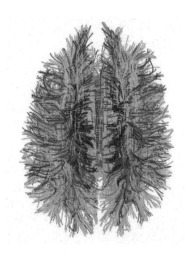

도록 특화된 세포들을 그려보았다. 아무런 빛도 보이지 않았기 때문에 그 녀석들은 완전히 침묵하고 있었다. 멀지 않은 곳의 또 다른 세포들, 파랑, 빨강 혹은 녹색 빛깔 조각을 신호하는 또 다른 세포들 역시 침묵하고 있었다. 보이는 전부라고는 끝없이 펼쳐진 어둠밖에 없었기 때문이다. 그리고 간단한 물체를 감지해내는 세포들, 예를 들어 모서리나 막대 모양, 가로로 놓인 것, 세로로 놓인 것, 혹은 비스듬히 놓인 것을 감지해내는 세포들, 시야의 가운데 위치한 모서리를 감지하는 세포들, 오른쪽 또는 왼쪽에 위치한 물체를 감지해내는 세포들…. 그 녀석들 역시 자신이 좋아하는 조건이 나타나지 않았기에 침묵하고 있었다.

시각영역에 있는 나머지 세포들, 이를테면 직사각형이나 원형과 같은 형태를 감지하는 데 특화된 세포들 역시 그러했다. 왜냐하면 아무런 형태도 보이지 않았기 때문이다. 아무런 얼굴도 보이지 않았기에 얼굴을 감지하는 데 특화된 세포들도 그러했고, 움직이는 것이 아무것도 없었기에 움직이는 물체를 감지하는 데 특화된 세포들도 그러했다.

그리고 대뇌피질의 다른 부분들도 역시 마찬가지였다. 단지 희미한 활동성 이외에는 없었다. 청각피질에서도 발화의 기미는 보이지 않았다. 들리는 것은 아무것도 없었기 때문이다. 촉각, 미각, 후각에 특화된 뇌의 영역들에서도 마찬가지였다. 왜냐하면 만져지거나 맛이 있거나 냄새가 나는 그 어떤 것도 존재하지 않았고, 느껴지지도 않았으며, 그것들을 생각하지도 않았기 때문이다.

마지막으로 뇌 속 다양한 영역 여기저기에 퍼져 있을 뉴런들 요소 요소가 어떤 식으로 수많은 메커니즘에 의해 연결되어 커다란 하나의 복합체를 이루고 있을지 그려보았다. 한 덩어리로써 작동하는 단일한, 통합된 실체, 환원될 수 없는 최대한의, 높은 Φ값의 복합체를.

어쩌면 그는 지금 일어나고 있는 일을 알아차렸을지도 모르겠다. 그가, 갈릴레오가 순수한 어둠을 보았을 때, 이 커다란 복합체 속 복잡하게 뒤얽힌 메커니즘들은 다양한 조합으로, 현재의 발화 패턴을 이끌어낼 수 없는 수백만 가지의 다른 상태를 배제해버린 것이다. 어둠을 신호하는 몇몇 뉴런들을 제외하고는 모두가 침묵하고 있었다. 공존할 수 없는 상태들을 덜어내고서, 다량의 통합된 정보를 창출해낸 것이다.

그는 이제 이해했다고 생각했다. 대뇌 속에는 하나의, 높은 Φ값을 가진 복합체가 있으며, 뇌의 다른 부분에서는 그러하지 못하다. 그는 소녀 속, 뇌간 속, 척수 속, 기타 여러 곳에서 윙윙거리고 있는 뉴런들을 그려보았다. 이 윙윙거림은 그의 의식과는 무관하였으며, 이들의 불꽃은 절대로 의식이란 섬광 속에서 함께 타오를 수 없는 것이었다. 이 뉴런들이 이질적이거나 힘이 없었기 때문이 아니라, 선택받지 못했기 때문이었다. 이 뉴런들은 뇌를 지배하고 있는 위엄 넘치는 복합체 속에 포함되지 않았다.

망막 속 세포들도 마찬가지였다. 그 녀석들 역시 어둠과 맞닥뜨리면 발화하곤 했으나, 갈릴레오의 경험 어디에도 기여하는 바가 없었다. 단지 그 녀석들은 뇌 속 특정한 고위 중추세포 집단, 즉 피질시상 복합체 내 비밀스럽게 선택받은 일원들이 발화할 수 있게끔 보장해줄 따름이었다. 그리하여 피질과 기저부에 위치한 기타 여러 가지 세포들, 수많은 국소적인 회로 속에 한정된 세포들, 예를 들자면 갈릴레오로 하여금 무심결에 어둠이라는 단어를 내뱉도록 한 수많은 세포들은 영원토록 의식 내로 들어오는 일이 금지되었다. 소뇌, 척추, 뇌간 속 회로들 역시 그러하였다—그의 자세를 유지해주는 것, 시선을 고정해주는 것, 혈압을 조절하는 것들은 끝없는 작업량에 짓눌려 피로해하면서 밤낮으로 활동했다.

하지만 녀석들은 절대로 광활한 대뇌 복합체의 일부, 장엄하고 휘황찬란한 성채의 일부가 될 수 없었다. 녀석들이 사는 곳은 자잘하게 구획 지어진 어두운 시골마을로, 지엽적인 논쟁만이 오가고 있었으며 그 Φ값은 비참할 정도로 낮았다. 녀석들은 화려한 연회실 속으로 입장이 허락되지 않는 추방자들이었다. 연회실 내에서는 성 안의

풍성하고 조화로운 사교계의 어우러짐이 그칠 줄 모른 채 이어졌고 중요한 모든 소식들이 전달되고 논의되었으며, 수많은 계획들이 만들어지고 온갖 결정들이 이루어지고 있었다.

바깥쪽에서는 상인들과 일꾼들과 노예들이 합심하여 자신이 맡은 천한 일거리들을 신속히 해치웠으나 그 어떠한 소식도 듣지 못했고 계획을 알지도 못했으며, 아무런 말도 하지 못했다. 하지만 녀석들은 쉴 새 없이 성을 위해 일하고 있었다. 만일 그들이 없다면 성채는 곧 죽어버렸을지도 모를 일이다. 지칠 줄 모르고 부지런히 일하는 추방자들이 없었더라면 심지어 가장 간단한 일조차도 이루어지지 않았을 것이다.

그리고 이따금씩 고위관리 하나가 일어나서는 자신의 자리 가까이로 난 작은 문을 향해 다가가 조그마한 구멍에 귀를 갖다 대었고, 전령 한 사람 이외에는 아무도 듣지 못할 비밀의 명령을 다시금 내리는 듯 보였다. 전령은 헐레벌떡 뛰어가 할당된 작업을 달성하도록 재촉하고서는 닫힌 문으로 되돌아와 보고를 하고, 있을지도 모르는 또 다른 명령에 귀를 기울이는 듯 했다. 하지만 전령 혹은 노예들은 화려한 연회실 속에서 일어나는 일에 절대 관여할 수가 없었다. 그 우아한 사교계로부터 새어나오는 소식 또한 전혀 없었다. 노예들이 아는 전부란 단지 간접적인 그림자, 큰 바다 위로 퍼져나가는 잔잔한 파문에 지나지 않았다.

갈릴레오는 몽상에서 깨어났지만 무언가 크게 깨달았다기보다는 오히려 의문이 남아 전율하고 있었다. 그는 다시 한 번 모든 것을 빠르게, 차례대로 곱씹어 보았다. 그는 뇌를, 뇌 속 광활한 대뇌 복합체를 떠올렸다. 발화하는 뉴런들, 복합체들 그리고 레퍼토리들을 떠올렸다. 그리고는 Φ값을 떠올렸다. 하지만 허점이 있었다. 단순하리만치 치명적인 허점이었다. 확실히 의식에는 그가 생각했던 모든 것이 중요하였다. 아마도 통합된 정보, 반짝이는 뉴런들이 이루는 복합체는 필수적이리라. 하지만 이것들은, 반짝거리는 뉴런들로 이루어진 복합체는 어째서 경험을 일으키는 것일까? 통합된 정보로부터 주관성이 생겨나고 경험이 탄생하는 이유는 무엇일까?

설상가상으로, 그에게 N의 주장은 타당해 보였다. 반짝거리는 뉴런들, 특정한 방식으로 반짝이고 있는 뉴런들로 이루어진 복합체로부터 순수한 어둠이라는 특정한 경험이 어떻게 창발하는지 알아낼 도리는 없었다. 어떤 마술도 반짝이는 뉴런들로 이루어진 복합체를 비틀어 어둠이라는 주스를 쥐어짜낼 재간은 없어 보였다. 어떤 연금술도 뉴런과 그 메커니즘들로부터 어둠을 주조해낼 방법은 없었다. 어떠한 메커니즘도 어둠이라는 특별한 시각적 질감, 그 독특한 검은색 질감을 부여할 수는 없었다. 어째서 어둠은 그런 식으로 보이는지, 왜 어둠은 어둡고 빛은 빛나는지, 무슨 이유로 색상은 형태나 음악이 들리는 방식과 다르게 느껴지는지, 혹은 고통이 느껴지는 방식이나 땡한 울림이 땡한 울림처럼 느껴지는 방식과 다른지 그 이유를 설명할 수 있는 것은 아무것도 없다고—마음의 질감을 설명할 수 있는 것은 물리계에 존재하지 않는다고—N은 말한 바 있었다. 지금까지의 생각은 맹신자의 멍청한 비약이었다. 아무것도 설명할 수 없는 비약 말이다. 모든 것이 수포로 돌아가버렸다. 갈릴레오는 또 한 차례 자신의 맹목적인 소망으로 기만당해 버렸다.

그는 고지식했다. 하지만 그를 고지식하다고 말한다면, 자존심 강한 고지식쟁이였다. 갈릴레오의 자존심은 그의 이성을 불태워버렸다. 그때 살레르노가 이스마엘의 뇌를 데웠다 식히는 장면이 떠올랐다. 얼마 후 그 장면은 이스마엘 대신 앨튜리가, 살레르노 대신 갈릴레오 그 자신이 등장하는 것으로 바뀌었다. 그는 서서히 앨튜리의 뇌를 얼려 나갔다. 한 조각 한 조각, 한 부위 한 부위, 한 마디 한 마디씩. 그는 마치 피사 대주교의 머리를 뜯어 먹는 우골리노 백작처럼, 천천히 앨튜리의 뇌를 파괴해나가고 있었다.

앨튜리는 밤하늘을 바라보고 있었다. 모든 게 어두웠다. 완전한 어둠이었다. 오로지 어둠만이, 어둠만이 사방으로 퍼져나가고 있었다. 만일 그의 뇌에서 소리를 듣게 해주는 부분을 얼린다면 무슨 일이 일어날까? 갈릴레오는 질문을 던졌다. "선생님께서 느끼는 어두움이라는 체험에는 변화가 있습니까?" 그러자 앨튜리의 대답이 즉시 날아왔다.

"당치도 않은 소리에요. 애초에 아무 소리도 없었다면, 여전히 침묵만이 흐를 뿐이죠. 아무런 소리도 나지 않는데, 내 귀가 먹은 것인지, 원래 소리가 없는 것인지 어떻게 구분할 수 있겠어요?"

"만일 제가 선생님의 귀 속을 얼렸다면 선생님 말씀이 옳겠지요." 갈릴레오는 자신의 입에서 말이 나오는 데로 내버려두었다. "하지만 선생님이 소리를 경험하는 데 필요한, 뇌 속 바로 그 부분을 얼렸다면, 선생님은 침묵이 흐르고 있다는 사실을 어떻게 알아차릴 수 있을까요?"

"소리가 나지 않는 것과 청각이 사라진 것은 똑같지 않다는 말인 가요?" 앨튜리가 언성을 높였다.

"물론 다르지요. 선생님으로 하여금 냄새를 맡게끔 해주는 뇌 부위 역시 얼렸다고 상상해보세요. 그리고 맛을 보게 하는 부분도요. 달라진 점이 아무것도 없나요?"

"역시 그렇지요. 냄새가 날 만한 향기가 존재하거나, 맛이 나는 무언가가 있을 때에만 비로소 차이가 있을 겁니다."

"그러면 선생님으로 하여금 사람의 얼굴을 인식하게 해주는 부분들을 제가 얼렸다면요."

"어두움은 얼굴이 아니죠."

"이제 저는 모양이 어떻게 생겼는지를 인식하는 데 필요한 부분과 물체가 움직이는 것을 인식하게 해주는 부분도 얼리려고 합니다."

"어둠은 그저 어둠일 뿐, 형태는 아니에요."

"그리고 마지막으로 푸른색과 노란색, 붉은색과 녹색을 인식하는 데 필요한 신경세포들마저 얼려버리겠습니다." 갈릴레오는 첫 질문에 대한 말을 끝맺었다.

앨튜리는 잠시 동안 머뭇거리다, 달라진 것은 없다고, 자신에게 느껴질 어둠은 그대로일 것이라고 말했다. 만약 푸른빛이 켜지고, 물체가 나타나거나 얼굴이 등장하고 종이 울린다면 물론 이들을 알아차리지 못한 채, 어둠만이 보이는 상태로 남겨질 것이다. 하지만 어둠은 그대로이지 않을까.

"만약 선생님의 뇌 속 대부분이 얼어붙은 상태에서 선생님께서 어둠이 보인다고 말씀하신다면, 그 어둠은 지금 선생님이 보고 계신 이 어둠과 완전히 동일한 어둠이라 할 수 있을까요?" 이것이 갈릴레오의 다음 질문이었다.

"물론, 완전히 똑같은 것이죠." 앨튜리는 망설임 없이 말했다.

"하지만 어둠이, 색상이 아닌 어둠이라는 사실을 어떻게 알 수 있을까요? 만약 선생님께서 더 이상 색상이란 게 무엇을 의미하는지 알 수조차 없다면요."

"색상에 대해 알 필요가 뭐가 있겠어요? 그저 어둠을 보기만 하면 되는데?"

"무엇인가를 듣고 있는 대신에 보고 있음을 어떻게 구별할 수 있을까요? 선생님께서는 청각이 무엇인지 그 의미조차 알지 못하는데요. 후각이나 미각도 마찬가지이겠지요." 갈릴레오가 말했다. 앨튜리가 답을 못할 듯 보였기에 갈릴레오는 계속했다. "마지막으로 저는 빛을 인식하는 데 필요한 세포들을 얼려버리겠습니다." 그는 앨튜리의 뇌를 완전한 어둠의 나락으로 내던져 버렸다.

앨튜리는 한참을 망설이다 마침내 입을 열었다. "나는 그래도 여전히 어둠을 본다고 말하겠어요. 내게 말을 할 수 있게 해주는 뇌의 부분들이 살아있는 한."

　"그럼 선생님께서 어둠을 본다고 말씀하실 때, 그 속에 담긴 의미는 무엇일까요? 선생님은 어둠이 밝음의 반대라는 사실조차도 알지 못할 겁니다. 색상이 아니라는 것, 시각적인 물체가 아니라는 것, 소리나 냄새, 맛, 생각, 소망, 기억, 혹은 감정이 아니라는 것은 두말할 필요도 없겠지요. 선생님은 거의 아무것도 알지 못할 것입니다. 그리고 선생님은 거의 아무런 존재도 아닐 겁니다. 선생님은 그저 1비트의 정보만을 생성시킬 뿐이지요. 포토다이오드, 선생님은 포토다이오드와 다를 바 없어진 겁니다."

　침묵하는 앨튜리를 바라보며 갈릴레오는 이어나갔다.

　"난해한 것은 이것입니다. 풀기 힘든 문제이지요. 어둠을 볼 때, 선생님은 그저 어둠만을 본다고 생각하시지요. 이미 꼬리표가 붙어서 다가오는 그 무언가를 보고 있다고 생각하실 거란 말입니다. 그리고 선생님은 그저 그걸 보기만 하면, 컴컴하다고 알아차리기만 하면 그뿐이라고 여기십니다. 선생님께서 생각하시는 어둠은 저 너머 어딘가에 있는 무언가이자, 이미 만들어져 존재하는 캄캄함입니다.

그리고 선생님에겐 단순히 그것을 보는 행위만이 필요합니다. 정말로 어두운지 알기 위해, 선생님은 어둠을 블록처럼 쌓아올릴 필요도 없고, 다른 어떤 것과 일일이 비교해볼 필요도 없습니다. 그리고 당연히, 어둡다는 것을 알기 위해, 스스로에게 말씀하실 필요도 없겠지요. 내가 보는 것은 빛이 아니며, 푸른색이 아니며, 붉은색이 아니며, 잘 익은 사과도 아니며, 피사도 파도바도 혹은 로마도 아니며, 소리도 아니며, 감정도 아니구나. 이것은 내가 경험할지도 모를 수많은 장면들 중 그 어떤 것도 아니로구나. 사실 선생님은 이런 온갖 경험들 사이를 재끼고 지나갈 필요가 없어요. 그리고 그럴 시간도 없겠지요. 선생님께서 1초마다 1장면씩을 세어볼 수 있다손 치더라도, 선생님 수명의 1,000배는 족히 걸릴 것이니까요."

갈릴레오의 말이 계속되었다.

"이것이야말로 의식이란 녀석이 선생님께 부리는 속임수입니다. 순수한 어둠을 느끼는 선생님의 경험은 순식간에 주어집니다. 하지만 현실적으로 어둠은, 어둠 아닌 것과의 관계 속에서만 어둠일 수 있습니다. 그리고 선생님께서 실제로 어둠을 본다는 것은 다른 수많은 상태들로부터, 특정한 상태에 놓인 그 각각의 경우로부터, 어둠이란 것을 구별해낼 수 있는 뇌를 가졌을 때만 가능한 일입니다. 포토다이오드가 신호하는 어둠, 그 어둠은 공허한 것입니다. 단지 둘 중 하나이겠지요. 하지만 선생님께서 어둠을 말씀하실 때면 그것은 무수히 많은 것들 중 하나일 것입니다. 서로 다른 온갖 상태 하나하나와 구분되는 그것만의 특정한 방식으로 만들어진 것이지요. 선생님이 경험하시는 어둠은 가득 들어차 있습니다. 터무니없을 만큼 가득 차 있을 것입니다. 세상에서 가장 번잡한 시장만큼이나 시끌벅적하겠지요.”

그러자 앨튜리는 비로소 보기 시작했다. 갈릴레오는 그와 함께 있었다. 살레르노의 손 밑에 놓인 자신의 대뇌 복합체를 보았고, 어둠에 반응하여 홀로 발화하고 있는 뉴런들을 보았다. 하지만 그 녀석들은 혼자가 아니었다. 그 나머지들, 대뇌 복합체 속에서 침묵하고 있는 다른 뉴런들, 조용한 녀석들, 그 녀석들은 어둠에 맥락을 입히는데, 맥락 속에 검정색을 집어넣는 데 필요한 것들이었다. 그 조용한 녀석들이 없었더라면, 대뇌 전체로 퍼져나가는 그 녀석들의 메커니즘들이 없었더라면 어둠에 반응하는 뉴런들은 하찮은 포토다이오드들과 다를 바 없었을 것이다. 만일 그 뉴런들만이 따로 떨어져 있었더라면 세상은 단지 두 종류로, 이런 식으로 이루어져 있으며 저런 식으로 이루어져 있지는 않는 것이 되어버렸을 터였다. 하지만 세상은 어둠과 밝음으로 구분되는 것은 아니었다.

이론-사고 실험
•

그때였다. 살레르노의 손길이 음산히 다가오더니 복합체 속 연결들을 잘라내고는 그 속의 메커니즘들을 산산이 부수어 놓았다. 처음으로 색상을 인식하는 고위 세포들의 주변이 잘려 나갔다. 그러자 복합체의 일부분이 오그라들었다. 그리고 앨튜리는 자신의 경험 또한 오그라든 것을 보았다. 그의 어둠은 이전보다 덜한 어둠이 되어버렸다. 왜냐하면 그 어둠에 색상이 결여되었음을 그는 더 이상 알지 못했기 때문이었다.

그러자 살레르노는 닥치는 대로 메커니즘을 부수었고, 구별 가능한 레퍼토리들을 파괴시켰다. 비록 모든 결절들은 그 자리에 그대로 있었고 어둠에 반응하는 세포도 열심히 활동하고 있었으며 그 이외의 세포들은 온전히 침묵하고 있었으나, 모든 연결들이 끊어져버렸다. 복합체는 붕괴해버렸고 셀 수 없을 만큼 많은 조각들로 산산조각 나버렸다. 위대한 다이아몬드가 해체된 것이었다. 그러자 경험이 분쇄되었고 의식이 분쇄되었다. 그 양量은 소멸하였고 그 질質은 증발해버렸다. 더 이상 어둠은 존재하지 않았다.

Φ

의식에 대하여 자신이 생각해낸 통찰을 좀 더 공고히 가다듬기 위해, 갈릴레오는 자신이 어둠을 보았을 때 뇌가 하고 있을 법한 일을 상상해 보았다. 이는 포토다이오드 사고실험으로 시작된다. 갈릴레오가 상상한 뇌의 활성모델은 심하게 미숙한 것으로, 그가 들었던 구체적인 예들은 의문스럽기 짝이 없다. 비록 전체적으로 밝은 표면에 반응하여 발화하는 세포들은 존재하나, 어둠에 선택적으로 반응해 발화하는 뇌 세포가 있는지 여부는 확실치 않다.

한편 우리가 하는 식으로 특정 색상에 반응하는 세포들은 분명히 존재한다. 예를 들어, 대뇌 피질의 V4/V8 시각영역에는 우리가 푸른색을 볼 때면 언제나 발화하고, 푸른색을 보지 않을 때면 발화하지 않는 세포들이 자리 잡고 있다. 만일 이 세포들이 손상을 받는다면 우리는 푸른색을 보지 못하게 될 것이며, 반대로 만약 이 세포들에 전기적 자극을 가한다면 우리는 완전한 어둠 속에서도 푸른색을 보게 될 것이다(이는 우리가 꿈에서 푸른색을 보는 경우나, 푸른색을 상상할 때 벌어지는 일과도 다를 바 없다). 이러한 세포들은 과학자들이 '푸른색의 신경 상관물'이라고 추측하는 것과 가장 잘 맞아 떨어진다.

뇌 활동에 관한 갈릴레오의 이해가 투박하기는 하나, 그의 결론은 일리가 있어 보인다. 어둠(혹은 푸른색, 아니면 그 어떤 것이든)을 의식적으로 인지하기 위해서는 다양한 상태들이 구별 가능하게끔 많은 레퍼토리를 타고난 신경복합체가 우리 뇌 속에 들어 있어야만 한다. 반대로, 어둠(혹은 푸른색, 아니면 그 무엇이라도)을 신호하는 데 특화된 포토다이오드는 그것이 전기회로의 조각으로 되어 있든, 그에 상응하는 우리 뇌 속의 회로이든 간에 그 무엇도 볼 수가 없다.

어둠의 의미 : 어둠을 구성하다

의미는 메커니즘들로부터 생겨난다

어두운 밤을 어둡게 칠하는 이는 누구일까? 물리계의 메커니즘으로부터 순수하게 까만 즙은 어떻게 스미어 나왔을까? 어째서 어둠은 어둡고 빛은 빛나는 것일까? 어떻게 해서 색상은 시트러스 향기처럼 느껴지지 않을까? 어째서 소리와는 다른 것일까? 무슨 이유로 통증은 와인 맛이 나지 않는 것일까?

이는 N이 제시했던 과제였다. 하지만 갈릴레오는 이제 단서를 얻었다. 차례차례 뇌 일부분을 얼려감에 따라 어둠이 점차 사라지는 것을 보았다. 거대한 대뇌 복합체는 매번 한 부분 한 부분씩 또 다른 메커니즘 묶음들을 잃어가고 있었다. 매 순간마다 순수한 어둠―가장 단순한 경험—에서 흐릿흐릿 그 의미가 사라져갔다. 어둠을 진정 어둠으로 만들기 위해서는, 즉 어둠에 맥락을 부여하기 위해서는, 그리하여 어둠을 의식 속으로 끌어올리기 위해서는 여분의 다른 메커니즘들이 필요했다. 빛으로부터 어둠을 구별해내는 뉴런을 제외한 모든 메커니즘들이 얼어붙자, 오로지 1비트의 의식만이 남겨졌다. 그리고 그 1비트의 의식은 질감을 빼앗겨버렸다.

그때 어둠 속에서 어떤 광경이 펼쳐졌다. 정적이 깨졌고 쉴 새 없이 돌아가는 바퀴들의 소음이 들려왔다. 갈릴레오는 수천 개의 톱니바퀴들, 옷핀처럼 작은 것에서부터 물레방아만큼이나 큰 것까지 각기 다른 속도로 서로의 주변을 회전하는 톱니바퀴들을 볼 수 있었다. 마치 정신 사나운 태엽장치 같았다. 몇몇은 끊임없이 오르락내리락하는 가느다란 막대에 연결되어 있었다. 좀 더 떨어진 쪽의 바퀴들은 체인기어로 연결되어 캔틸레버가 부착된 작은 톱니바퀴 언저리를 정교하게 돌고 있었다. 회전 장치들은 끝도 없이 이어지는 듯했다. 눈에 보이는 것만으로도 수만 개의 로프들이 온갖 방향으로 뻗어나가고 있었다.

귀가 멀 듯한 소음에 갈릴레오는 마음을 진정시킬 수가 없었다. 이 정교한 장치가 하고 있는 작업이 무엇인지 밝혀낼 도리는 없었다. 수없이 많은 바퀴들이 시종일관 철커덕거리며 돌아간다는 것만이 알 수 있는 전부일 뿐. 내부를 들락거리는 그 무엇도 보이지 않았다. 유의미한 목적이 있어 작동하는 것처럼 보이지는 않았다.

하지만 누군가가 갈릴레오에게 다가왔다. 그는 희미한 독일어 악센트가 섞인 목소리로 생기 있게 자신을 소개하였다.

"인정하게 되실 겁니다. 명망 높으신 동지." 그는 대답할 틈도 허락하지 않고 말했다. "경험을 기계적인 인과론causatio mechanica의 측면에서 설명할 수는 없습니다. 그것은 진리치의 보존salva veritate('삼각형triangle'과 '세 변으로 이루어진 도형trilateral'과 같이 어느 표현을 다른 표현으로 대치할 때, 두 표현 사이에 맥락상의 의미나 진리에 변화가 없는 경우_역주)으로, 다시 말해 도형이나 움직임을 다루듯 생각해야 합니다. 선생님께서 보고 계신 것은 생각이나 감각, 인식을 불러일으키도록 고안된 엄청나게 큰 기계랍니다. 구석구석을 마음껏 둘러보실 수 있지요. 선생님께서 거닐어보실 수 있을 만큼 크거든요. 방앗간 안에 들어가는 일이나 다를 바 없어요. 오히려 멀리까지 이리저리 돌아다녀보실 수도 있어요. 하지만 눈에 보이는 전부는 그저 열심히 돌아가는 기계 부품들이겠죠. 경험이라는 것을 설명할 수 있는 영혼이라든지 그밖에 어떤 것도 찾아내지 못하실 겁니다. 저기를 좀 보시죠."

남자는 길게 이어진 돌담 뒤로 갈릴레오를 이끌었다. 그곳에는 동양식 의복을 입은 많은 사람들이 보였다. 각자는 자그마한 받침돌 위에 서서, 망원경을 들여다보며 손에 쥔 깃발을 올렸다 내렸다 하고 있었다.

"계산해 볼까요 Calculemus!" 남자가 말했다. "톱니로도 계산은 가능하답니다. 사슬과 로프를 덜컥거리면서 말이죠. 개미탑 속에 사는 개미들도 나름 계산을 합니다. 자기들이 뭘 하는지 알면 더 좋았겠지만. 수백만 명의 중국인들도 서로서로 깃발을 흔들어대며 계산을 해낼 수 있습니다. 계산이란 건 기계화시켜볼 수 있으니까요. 사고는 기계화시킬 여지가 있습니다. 하지만 경험이라는 것을 기계화시킬 수가 있을까요? 갈릴레오 선생님? 저의 커다란 방앗간이 된다는 것은 어떤 의미일까요? 비슷한 뭔가가 있기는 할까요? 이런!" 그런 다음 그는 덧붙였다. "무례를 용서하세요." 그는 우아하게 인사를 했다. "소개가 늦었습니다, 저는 바론 폰 엘 Baron von L 입니다. 뭐든지 말씀하십시오. 환영합니다."

"영광입니다. 바론 선생님. 방앗간에 대해서라면, 저는 브루노가 하던 방식으로 기억나는 데까지 답해보겠습니다."

브루노, 변절하지 않았던 친구. 갈릴레오는 생각했다. "방문객의 관점에서라면 우리 역시 톱니바퀴와 다를 바 없겠지요."

사람들은, 동물의 몸속에 기생하는 벌레들이나 세상 위의 온갖 동물들과 다를 바가 없다. 우리 배 속에 들어앉아 있는 벌레들은 우리가 뭔가 느낄 것이라 생각하지 않는 것처럼, 사람들 역시 세상이 뭔가 느낄 것이라 생각하지 않는다. 그리고 자신들보다 더 큰 영혼을 가졌다는 사실을….

"친애하는 동지, 그것은 한낱 노랫말일 뿐입니다. 노랫말." 바론이 말했다. "지금은 논리를 이야기하는 시간이에요. 저는 논리야말로 최상의 의학이라고 생각합니다! 어디까지 이야기했었죠? 아, 그렇죠. 빛이 있을지어다$^{fiat\ lux}$!" 그는 의미심장한 웃음을 보였다. "갈릴레오 선생님, 문답을 싫어하시지 않는다면 선생님께서 포토다이오드로부터 깨달은 것은 무엇인지, 이를테면 이 방앗간까지 넘어오시게 된 계기는 무엇인지 여쭤봐도 될까요? 빛이 비쳐 포토다이오드가 켜지면, 포토다이오드는 무엇을 알까요$^{Quod\ noscet}$?"

"제가 깨달은 것은 이겁니다. 포토다이오드에게는 색조가 없는 불빛과 색조를 띤 불빛을 구별해낼 만한 메커니즘이 없습니다. 그게 무슨 빛깔인지 구별하지 못하는 것은 두말할 나위도 없고요. 포토다이오드에게 있어 빛이란 모두 똑같을 뿐입니다. 따라서 그것에게 '빛'은 무채색임을, 다시 말해 유채색의 반대개념임을 의미할 수 없습니다. 무슨 색조를 띠느냐의 문제는 차치하고서라도 말입니다. 또한 포토다이오드에게는 어두운 배경 위에서 빛나고 있는 형체를, 어떤 형체라도 상관없어요. 그것을 단순히 사방이 환한 상황과 구별해내는 메커니즘도 없겠지요. 그러므로 '빛'은 어떠한 종류의 형체도 아니라는 개념을 포함하는, 완전한 의미로 설 수 없는 것입니다."

갈릴레오는 계속했다.

"더욱이 포토다이오드는 자신이 시각적인 무엇인가를 감지하고 있다는 사실조차 모릅니다. 왜냐하면 포토다이오드는 시각이 무엇인지, 즉 빛이나 어둠과 같은 것이며, 뜨거움이나 차가움, 가벼움이나 무거움, 시끄러움이나 조용함과는 다른 것임을 구별해낼 수 있는 메커니즘이 없으니까요."

"훌륭해요Ausgezeichnet!" 바론이 말했다. "포토다이오드가 알 수 있는 것만으로 한정하자면 빛 감지기가 아니라 온도 감지기라 말해도 무방할 겁니다. 포토다이오드로서는 자신이 지금 명암을 감지하고 있는지 온냉을 감지하고 있는지 알 길이 없으니까요. 학식 높으신 동지께서는 당연히 이해하셨겠지만, 포토다이오드가 창출해낼 수 있는 유일한 분류^{specificatio}는 사물이 '이런 식' 혹은 '이런 식이 아닌 상태'에 놓여 있다는 것뿐입니다. 말하자면 'sic aut non sic'이라 할까요. 거기서 더 나간 분류는 불가능합니다. 그럴 만한 메커니즘이 없기 때문이지요. 따라서 포토다이오드가 감지해내는 '빛'이란 갈릴레오 선생님께 다가오는 '빛'의 의미와 같을 수가 없습니다. 심지어 포토다이오드에게 있어서 '빛'이란 시각적인 무언가를 의미할 수조차 없습니다."

"하지만…." 독일인은 이어나갔다. "이름 높은 학자이신 선생님께서 '빛'을 보실 때면, 선생님은 놀랄 만큼 구체적입니다. 그 사실을 인지하고 계시든 아니든 상관없습니다. 선생님은 소위 말해 자신의 방앗간, '경이로운 물레방아$^{moulin\ merveilleux}$' 속에 정교한 메커니즘들을 준비해 두고 계시거든요. 무엇인가 이런 식으로 되어 있고 그 이외의 상태(어둠에 반대되는 개념으로서의 빛)는 아님을 한 순간에 한정시켜 버리는 메커니즘, 지금 인식하고 있는 대상이 어느 특정한 색깔 중 하나가 아닌 무색이며, 그것이 어떤 특별한 형체가 아닌 무형이며, 그것이 청각이나 후각적인 것이 아닌 시각적인 것이며, 생각이 아닌 감각이며, 그밖에 여러 가지 사항을 한 번에 구체화시키는 메커니즘들 말입니다. 각각의 메커니즘은 개념입니다, 갈릴레오 선생님. 메커니즘으로부터 의미가 생겨납니다." 바론은 소리쳤다. "그곳이야말로 빛이나 어둠과 같은 의미가 솟아나는 장소입니다!"

갈릴레오는 끄덕였다. 포토다이오드에게 결여된 것이 무엇인지 깨달음으로써, 갈릴레오는 그에게 빛을 '보여주는' 무언가에 감사하는 마음이 생겼다.

"아주 좋았어요. 하지만 선생님께선 필시 지금까지 쉬운 길만 걸어왔음을 시인하게 될 것입니다. 다시 말해 뺄셈$^{per\ subtractionem}$을 하신 거죠. 선생님은 뇌에서 한 꺼풀 한 꺼풀씩 메커니즘을 벗겨내는 장면을 상상했지요. 그러자 '빛'에 대해 인식하는 의식이, 말하자면 색깔이 무엇인지, 형태가 무엇인지, 심지어 시각적인 것이 무엇인지 하는 개념이 점점 분해되는 걸 보셨지요. '빛'이라는 의미는 단지 '두 가지 상황 중 하나'로까지 찢어발겨져 버렸어요. 꼭 포토다이오드처럼 말입니다. 암요, 정말로 그랬지요."

그는 계속 이어나갔다.

"하지만 이제부터는 좀 더 적절한 방식으로 이해해봅시다. 말하자면 덧셈$^{per\ additionem}$이라 할까요. 갈릴레오 선생님, 비평가 나부랭이들은, 그 양반들은 저의 복잡한 방앗간을 부숴버릴 수 있다고 생각합니다. 물론, 부수는 건 쉬운 일이에요. 하지만 저는 그 양반들이 부수는 속도보다 더 빨리 지어 올릴 수 있답니다. 그들이 빼내는 속도보다 더 신속하게 더해볼 수 있다고요! 어디까지 얘기했나요, 참? 존경하는 선생님, 선생님께서는 맨 처음, 무^{無}에서부터 빛이란 개념을 만들어낼 수 있겠습니까?"

갈릴레오는 바론이 무엇을 이야기하는지 이해했다. 열등하기 짝이 없는 포토다이오드를 개량하여 갈릴레오의 뇌와 같은 장치로 만들어내려면 어떤 메커니즘들이 추가되어야 할까? 혹은 어둠에서 빛을 구별해내는 뇌 속 뉴런들의 능력을 증폭시키는 데도 똑같은 방식이 적용될까? 더 필요한 것은 없을까? 아마도 다양한 것을—색상과 형태, 소리 따위를—구별할 수 있는 수많은 메커니즘들이 추가되어야만 할 것이다. 그 후에야 비로소 '빛'은 빛이 의미하는 바를 띠게되고, 그저 어둠의 반대 개념이기만 한 것이 아니라 어떠한 색상이나 모양, 혹은 그 두 가지의 다양한 조합들, 또는 영화의 한 장면, 소리나 냄새, 사고, 기타 등등과 구별되는 의식적인 '빛'으로 자리하게되는 것이다.

"정확해요." 바론이 말했다. "빛을 구별한다는 의미가, 채 분간되지도 않는 덩어리로부터 어느 한 가지를 골라내는 식이 아니라, 각각의 수많은 후보들 가운데에서 특정한 상태에 놓인 한 가지를 분간해낸다는 뜻이었다면 말이죠. 'specificatio plurima(수많은 것들 중 특정한 어떤 것)!' 그렇다면 이제 한번 상상해 보도록 하겠습니다." 그가 외쳤다. "Imaginemus(상상력)!"

그래서 갈릴레오는 상상해보기로 했다. 포토다이오드와 비슷한, 뇌 속 어딘가에 있을지도 모르는 간단한 메커니즘을 하나 떠올렸다. 그것은 명암이 시야의 한가운데에 존재할 때에만 작동하는 메커니즘으로, 뉴런들이 연결됨으로써 만들어진 것이었다. 이 보잘것없는 메커니즘은 약간의 정보―고작 1비트만큼의 정보―를 만들어내었다. 하지만 그 자체만으로는 빛이 무엇인지, 어둠이 무엇인지, 혹은 빛이 시야의 한가운데에 있는지 여부를 알 수 없었다. 그다음 그는 또 다른 간단한 메커니즘, 그저 시야 가운데에 위치한 푸른색을 다른 색상들로부터 구분해내는 메커니즘을 떠올렸다. 이 메커니즘 역시 중앙의 푸른색 유무를 구분하며 약간의 정보를 만들어내었다. 그리고 또 다른 메커니즘, 붉은색이 아닌 것으로부터 붉은색을 구분해내는 메커니즘을 상상해보았다.

"정말 현명하십니다." 바론은 갈릴레오를 인정했다. "물론 이런 식의 메커니즘은 한둘이 아니겠지요, 갈릴레오 선생님. 시야의 다른 쪽을 담당하는 뉴런 연결들도 있을 겁니다. 약간 오른쪽을 담당하는 무리, 중심에서 왼편으로 치우친 부분을 담당하는 무리, 그 위, 그 아래, 아니면 그보다 더 먼 오른쪽과 왼쪽을 보는 조합들도 있겠지요. 이렇게 수없이 많은 소소한 메커니즘들이 반복되어 빛이나 어둠, 푸른색이나 붉은색, 기타 여러 가지 상태를 구분하게 되는 겁니다."

"그뿐만이 아닙니다." 갈릴레오가 이어서 말했다. "다른 뉴런들도 있을 것입니다. 이런 첫 번째 층의 꼭대기 위에 서서, 하위 뉴런 몇몇이 해놓은 작업을 토대로 계산을 더 진행시키는 메커니즘을 가진 뉴런들 말입니다. 예를 들어 하위 뉴런 3개가 차례로 켜져야만 활성화되는 어떤 고위 뉴런을 생각해볼 수도 있습니다. 이 뉴런은 시야의 한가운데에서 짧은 막대가 가로로 놓여 있는지 여부를 구분할 수 있겠지요."

"물론 그렇지만, 그 뉴런 자체만으로는 막대가 무엇인지, 혹은 빛이 무엇인지, 중심부가 무엇인지 알 길이 없을 텐데요. 꼭 포토다이오드처럼."

"맞습니다. 그런 식의 뉴런들은 수도 없이 많을 것입니다. 가로로 놓인 막대를 담당하는 것뿐만 아니라, 수직으로 선 막대나 비스듬한 막대에 반응하는 것, 시야의 다양한 위치에 반응하는 것과 같은 뉴런들은요. 그리고 그보다 더 고위로 올라가면, 하위 뉴런이 해치운 작업들을 조합함으로써 특정한 모양의 존재 유무, 아니면 특정 얼굴이나 장소의 유무 따위를 구별해내는 뉴런들이 존재할 겁니다.

"그렇죠, 정말 그럴 테지요. 자, 한번 봅시다. 존경하는 동지, 그 뉴런들 중 일부는 플라톤이 마술이라고 여겼던 묘기를 부리고 있을지도 모릅니다. 그것들 중 일부는 이데아를 구분해내고 있을 거라고요! 삼각형의 이데아를 예로 들까요. 그게 어디에 있건, 크기가 얼마나 크건 작건, 꼭짓점이 어디를 향해 있건, 정삼각형이건, 이등변삼각형이건, 부등변 삼각형이건 상관치 않고 알아차리겠지요!"

"그래요. 사람 얼굴에 대한 이데아는 또 어떻습니까? 그녀의 얼굴이 어디서 나타나든지 상관이 없겠죠. 가운데, 오른쪽, 아니면 왼쪽. 그녀가 어느 쪽을 보든지, 어떤 옷차림을 하고 있든지, 웃든지 슬픈 표정을 짓든지, 직접 보든지, 회상 속에서 떠올리든지, 꿈속에서 보는 것이든지 아무런 상관이 없겠지요."

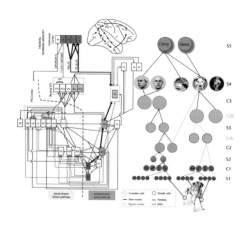

"그리고⋯." 그때, 바론은 갈릴레오의 몽상을 깨뜨렸다. "친애하는 선생님, 상상 속에 더 파묻히기 전에 일러두겠습니다. 선생님께서 지닌 조그마한 메커니즘들 각각은, 그게 고위 뉴런이건 하위 뉴런이건 간에 그저 조그마한 작업만을 해낼 수 있음을, 녀석이 아는 단 한 가지 재주만을 부릴 수 있다는 사실을 간과하지 맙시다. 녀석은 포토다이오드의 능력 이상을 알지는 못한답니다. 예를 들어, 평판 높으신 선생님의 뇌 속에도 여성이라는 상을 구별하는 뉴런이 있겠지요. 여성상의 이데아라고 하면 될까요? 혹은 '영원한 여성das ewig Weibliche'(신의 사랑을 구현하는 이상적인 여성, 즉 마리아. 괴테의 《파우스트》에서 유래했다_역주)이라고 부릅시다. 하지만 이 뉴런이 자랑스럽게 그 이데아를 움켜쥐게 되면, 그로 인해 세부사항들을 일일이 따져보지는 않을 겁니다. 왜냐하면 보편적이면서 불변의 성질을 지닌 이데아라는 것은 추상적 관념에 의해서 명확히 존재하는 것이기 때문이죠. 그 세부사항들은 싹 무시한 채로요."

세부사항이라, 갈릴레오는 생각했다. 그녀가 어디에 서있는지, 눈동자는 어디를 향하고 있는지, 어떤 옷차림을 하고 있는지, 색상은 어떤지, 그녀의 미소가 달콤한지, 이런 것들은 다른 뉴런들이 하는 일이로군. 갈릴레오는 드디어 깨달았다.

"훌륭해요, 존경스러운 동지." 바론은 맞장구를 쳤다. "각각의 뉴런, 각각의 소소한 메커니즘, 녀석들은 자신만의 조그마한 왕국을 지배하고 있지요. 다른 가능성은 일축한 채, 자신이 맡은 조그마한 영역, 작은 개념만큼을 구체화시키지요. 하지만 그밖에 나머지 일은 아무것도 알지 못해요. 외부에서 관찰했을 때, 우리는 시야 한가운데의 빛을 구별해내는 데 필요한 메커니즘, 혹은 왼쪽에 위치한 빛을 구별하는 데 필요한 또 다른 메커니즘, 푸른색을 위한 메커니즘, 붉은색을 위한 메커니즘, 원형을 위한 것과 네모꼴을 위한 메커니즘 따위를 발견해낼지도 모르지요. 코를 위한 것, 입술을 위한 것, 얼굴을 구별하기 위한 것, 어쩌면 그녀를 구별하기 위한 메커니즘도 있겠지요. 그녀가 누구이든지 간에요. 하지만 이 미미한 메커니즘들, 이 녀석들은 자신이 하고 있는 일이 무엇인지 모릅니다! 녀석들 각각에게 있어, 그건 단지 '이것 혹은 이것이 아닌 상태 $^{sic\ aut\ non\ sic}$'에 불과하거든요. 녀석들이 느끼는 세상의 넓이는 1비트에 지나지 않는

답니다."

"이제 확실히 알겠어요. 하지만 의식이 나타나기 위해서는 이들 메커니즘을 통한 작업이 합쳐져야만 해요. 녀석들은 동시에, 함께 어우러져, 자신에게 깃든 수많은 개념들을 구체화시켜야 하겠지요. '저 사람은 여자인데 시야의 한가운데에 있고 검은색 외투를 두르고서 내 영혼을 향해 눈길과 애정 가득한 미소를 보내고 있구나' 하는 식으로요."

"맞습니다. 그리고 녀석들이 어우러져 구체화시키는 실체는 단지 녀석들 각자가 혼자서 구체화시키는 산물의 합 이상이어야만 합니다. 전체는 부분들의 합보다 더 커야만 한다는 말이지요. 그렇지 않다면 어떠한 개념들도 생겨나지 않을 것이며 복합체도, 하나의 개체도, 그녀도, 갈릴레오 선생님도 존재하지 않을 겁니다."

그렇다. 하지만 어떻게 그럴 수 있을까? 갈릴레오는 생각했다. 메커니즘은 반드시 특정한 방식으로, 하나의 덩어리를 이루면서 부분의 합을 능가하는 복합체로 조직화되어야 한다. 단순한 방앗간으로는 충분치 못한 것. 그는 생각했다. 소뇌는 그 어떤 계산기계보다 복잡했다. 하지만 만일 소뇌에 경험이 깃들어 있다고 가정한다면, 그 경험은 진실로 미미할 것이다. 두개골 속에서 소뇌를 모조리 덜어낸다 할지라도, 우리는 이전과 다를 바 없이 북적이며 흘러가는 경험을 느낄 것이다. 하지만 대뇌는, 이웃한 소뇌보다 더 활발하지도 더 유능하지도 않았지만, 의식이라는 탐스럽게 익은 과실을 품고 있었다. 둘 모두 두개골 속에 담긴 채, 건강한 조직으로 이루어져 있으며,

둘 다 마법과도 같이 대자연의 베틀로 짜여진 산물이었다. 하지만 오로지 대뇌를 강타하는 돌풍만이 영혼을 날려버릴 수 있었다. 덩굴 모양의 미로와 같은 복잡성이나 생의 숨결로 유지되는 부드러운 뇌 실질의 온기 따위는 경험이 탄생하는 것을 보장하는 데 충분치 못했다. 톱니바퀴로 만들어졌다 해서 경험을 느끼지 못한다고 단정할 수 없는 것과 같은 이치였다.

"그래요." 바론이 말했다. "중요한 것은 가능한 상태를 분별해내는 능력의 범위이겠지요. 즉 독립적이면서 폐쇄된, 하나의 개체로서 가지는 레퍼토리의 크기 말입니다. 만약 선생님께서 비밀을 풀어내고 그 Φ값을 알게 된다면, 중국인들 혹은 기독교인들이든, 톱니바퀴든, 세포로 이루어졌든, 전선다발로 이어져 있든, 광 신호를 사용하는 것이든 육안으로는 무한히 복잡해 보이던 그 실타래는 수많은 자잘한 복합체들로 분해가 가능할 것입니다. 각각이 지닌 의미는 그리 깊지 않겠지만요. 혹은 이 넓은 세상보다 더 많은 표면들로 이루어진 다이아몬드로 자신을 드러낼지도 모르겠습니다. 차갑게 보이던 방앗간이 실은 뜨거운 영혼으로 불타오르고 있었군요."

"선생님도 노랫말을 읊으시네요. 친애하는 바론." 갈릴레오가 말했다. "지금은 논리를 따져볼 시간입니다. 말해주세요. 어떻게 하면 그런 게 가능할까요?"

"밑바닥부터 따져 보아야 합니다. 친애하는 갈릴레오 선생님!" 바론은 소리쳤다. "한 메커니즘의 꼭대기에 다른 메커니즘을 쌓아올림으로써, 그게 가능해진답니다! 엎친 데를 덮치는 셈이지요! 사물이

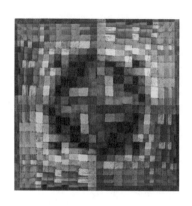

'이러한 방식'이며 '다른 방식으로 되어 있지는 않다'는 이 메커니즘 하나로는 아주 미미한 정보만을 만들어낼 뿐입니다. 막연한 1비트의 정보량이지요. 하지만 만약 수많은 메커니즘들이 차곡차곡 쌓인다면 병렬적인 연결뿐 아니라 한 가지 위에서 다른 한 가지가 올라서고, 각각이 다른 녀석들의 어깨 위에 올라타는 식이라면요. 말하자면, 그런 식이라면 훨씬 더 많은 정보가 생겨나게 되겠지요. 비트는 기하급수적으로 불어날 테고 깃들어 있는 개념들은 좀 더 포괄적인 것이 되며 그 합은 좀 더 구체적으로 변하겠지요."

갈릴레오가 말했다. "만일에, 만일에 말입니다. 깃들어 있는 개념과 이데아들이 어떤 식으로 함께 엮여, 단일한 구조로 합쳐지는지 그려낼 수만 있다면, 아마 저는 메커니즘으로부터 의미를 찾아낼 수 있을지도 모르겠어요."

"가장 존경하는 동지여!" 바론이 소리쳤다. "당신은 여전히 제 방앗간을 무시하시는군요! 방앗간의 로프와 톱니바퀴가 맘에 들지 않았나 보죠? 어쩌면 좀 더 우아한 것에 마음을 두고 계신지도 모르겠네요. 아무래도 선생님은 빛의 유희를 즐기시는 편이 낫겠습니다. 그렇다면 가세요. 그리고 저의 분신을 만나보세요. 하지만 방앗간의 로프가 다 무엇이겠습니까? 그게 황금으로 된 정교한 스프링이 아니라면? 톱니바퀴는 다 무어란 말입니까? 그게 만약 빛나는 다이아몬드의 꼭짓점, 불가사의할 정도로 놀랄 만한 형상, 얼기설기 거미줄을 짜는 마법의 베틀, 쿨리아의 공간, 즉 감각이 메커니즘에 의해 정의되는 공간이 아니라면."

Φ

갈릴레오를 환대한 독일인 철학자는 라이프니츠^{Leibniz}가 분명하다. 라이프니츠의 방앗간 비유는 다음과 같다. "생각하고, 느끼며, 지각을 가지게끔 만들어진 기계가 있다고 칩시다. 그 내부의 비율은 유지한 채 크기만을 키워, 사람이 그 기계(방앗간) 안으로 들어갈 수 있다고 합시다. 하지만 그 안을 조사하였을 때 우리는 단지 서로서로 맞물려 돌아가고 있는 부분들만을 보게 될 것이며, 지각이란 것을 설명해줄 만한 그 어떤 실마리도 찾아내지 못할 것입니다."(《단자론^{Monadology}》, 1714). 후에 네드 블록^{Ned Block}이나 존 설^{John Searle}과 같은 철학자는 라이프니츠의 방앗간 비유를 가다듬어 중국인 버전의 논쟁거리를 만들어내었다. 블록이나 설과는 달리 라이프니츠는 범신론자로, 만일 단순히 기계적인 방식(이를테면 단순히 뭉쳐진 돌무더기 같은 식)으로 뭉쳐져 있는 것만 아니라면, 육신이 있는 모든 것에 영혼이 있다고 생각하였다. 이런 점에서, 그리고 '모나드'라는 개념을 사용했다는 점에서, 그는 브루노와 닮아 있는데, 갈릴레오는 이를 정확히 기억해내었다.

흥미롭게도, 모나드는 더 이상 쪼개어질 수 없는 것으로, 그 각각은 독특하고 유일하지만 그 중에서도 더 뛰어난 것과 덜한 것이 존재한다. 라이프니츠는 범신론의 약점으로 지적된, 조합이라는 난제를 풀기 위해 고심하였다. 만약 모든 것에, 심지어 원자에 이르기까지(원자보다 더 작은 구조물이라 할 수도 있다) 일종의 마음이 존재하거나 의식이 깃들어 있다면, 어떤 이유로 어떤 것은 다른 것들보다 더 풍부한 의식을 가진 듯 보일까? 대뇌는 소뇌보다 더 의식이 풍부해 보이고, 돌멩이나 원자 하나와는 비교할 수조차 없을 정도로 풍부할 듯하다.

반면 어떠한 것들은 뭉쳐져 있음에도 불구하고 의식이 아예 없는 것처럼 보이기도 한다. 만약 의식의 존재라는 측면에서, 사물이 범신론에 부적당하다고 한다면, 경험의 질을 설명하는 데 있어서는 더욱 문제가 커진다. 이것이 갈릴레오와 라이프니츠가 해결하려 시도한 문제, 뇌 속 깃들어 있는 메커니즘의 위계를 구성하고, 현대적으로 재탄생한 방앗간 속으로 들어가 미지의 어떤 곳을 찾아내고자 희망한 바로 그 문제다.

시스템 내 각 요소들 간의 '정보가 오가는 상호관계' 매트릭스를 표현한 것으로 가정해볼 수 있는 쪽매붙임 세공은, 클레Klee의 그림을 마음대로 각색한 듯하다.

빛의 궁전

경험은 통합된 정보로 이루어진 형상이다

땅거미가 내리기 전 얼어붙은 호수에서 피어나는 증기처럼, 흐릿한 회색빛이 눈앞에 어른거렸다.

갈릴레오는 저 위 어딘가에서 울리는 목소리를 들었다.

"이곳은 절대적 무지無知라는 발원지이네. 자네들의 출발점이지."

"어째서 무지함에서 시작하는 거죠?" 저 멀리서 또 다른 목소리가 들렸다.

앨튜리의 목소리와 닮은 듯했다. 갈릴레오는 내심 그이기를 바랐다.

"머지않아 알게 될 것이야." 높은 데서 들려오는 목소리가 답했다. "밧줄이 나올 때까지 쭉 걸어가게나. 곧 등반을 시작해야 할 걸세."

"무지함이란 뿌연 안개가 자욱한, 고약한 영국 날씨와 닮았군요." 앨튜리가 말했다.

"오로지 메커니즘을 통해서만 무지로부터 빠져나올 수 있다네." 높은 데서 들려오는 대답이었다. "하지만 잘 듣게. 매번 소득은 고작 몇몇 비트의 값어치밖에 없을 테니까. 무지함의 엄청난 크기에 비할 바가 못 되지. 그러니 꾸물거리지 말게."

갈릴레오는 자신을 둘러싼 불확실성에 떨며, 오리무중 상태를 헤쳐 나갔다. 얼마 지나지 않아 그는 밧줄로 된 사다리와 마주하게 되었다. 잡아당기면 살짝 늘어나는 줄이었다. 안개 속을 올려다보았으나 줄의 끝은 보이지 않았다. 그는 머리를 치켜든 채 줄을 타고 오르기 시작했다. 자신이 타고 있는 줄로 수렴하는 또 다른 줄이 있음을 알아차렸을 때 그는 잠시 멈추었을 뿐, 곧 매듭 부위에 도달했다. 그곳은 아래에서 올라온 여러 가닥의 줄이 합쳐지는 지점이었다. 거기서부터 또다시 여러 가닥의 줄이 퍼져나가고 있었는데, 어떤 것은 평평하게, 또 어떤 것은 가파르게 뻗어 있었다. 그의 왼편 저 멀리서 한 점 희미한 광채가 보였다.

또 다시 목소리가 울렸다. "시간을 낭비하지 말게. 올라야 할 매듭과 보아야 할 빛이 많이 남아 있으니."

"이게 다 무엇인가요?" 갈릴레오가 물었다.

"자네는 내 궁전의 외골격을 오르고 있는 중이네. 지금은 첫 번째 메커니즘을 이루는 매듭을 밟고 서 있지. 자네가 본 것은 골격이 내부에서 만들어내는 광채라네."

이게 대체 무슨 말이람. 갈릴레오는 수직으로 뻗은 듯 보이는 줄 하나를 골라 그걸 타고 올랐다. 그가 다음 매듭에 다다르자, 저 멀리 첫 번째 광채가 보였던 데서 그리 멀지 않은 곳에, 또 다른 광채가 반짝이고 있음을 깨달았다. 하지만 오직 하나의 광채만이 보였다.

"제가 다른 불빛을 보고 있는 건가요, 아니면 아까 본 것과 똑같은 것인가요?"

"자네는 두 번째 메커니즘이 만든 빛을 보는 중이라네."

"제가 있는 쪽에서 보이는 빛은 절대적 무지라는 안개 속에서 뻗어 나온 무수히 많은 필라멘트들 위에 딱 붙어 있는 것 같아요!" 앨튜리가 소리쳤다.

갈릴레오의 눈에 가느다란 필라멘트는 전혀 보이지 않았다.

"내 궁전 속에는 고정된 게 없다네. 다만 모든 것은 있어야 할 위치에 놓일 뿐." 상공에서 소리가 들려왔다.

"대체 이게 무슨 궁전이란 말입니까? 전혀 이해를 할 수가 없군요." 갈릴레오는 의아해하며 소리쳤다.

"그렇다면 설명해주겠네. 자네가 오르고 있는 매듭과 줄들은 모여서 하나의 복합체를 이루지. 즉 매듭과 줄들은 복합체를 구성하는 개개의 메커니즘이라는 말일세. 그것들은 서로 복잡하게 연결되어 있어서 서로 상호작용이 일어나고, 서로를 켜거나 끌 수 있다네. 지금은 모든 게 꺼진 상태야. 그것들이 놓인 상태에 따라 정보가 만들어지지. 그리고 불빛 하나하나의 위치에 따라, 만들어진 정보가 어떤 것인지, 어떤 상태가 포함되고 어떤 상태가 배제되는지, 구체화되는 것이라네. 이제 좀 이해가 가는가?"

"더욱 더 모르겠습니다만…." 갈릴레오가 답했다.

하지만 저 멀리서 앨튜리가 끼어들었다.

"저는 이해했다고 자신해요. 하지만 논리학자들이 늘어놓는 소리만큼이나 빈약하기 짝이 없는 설명이로군요. 건드리면 와장창 깨어지는 유리판 같달까요. 그러니 제 추론으로 좀 덧붙여 보겠습니다. 궁전 속에서 보이는 이 각각의 필라멘트들은 거대한 공간축을 이룹니다. 이 공간은 3차원이 아닌, 수백만 개의 축으로 이루어진 차원의 공간축인 것이죠. 따라서 우리에게 보이는 불빛은 이 공간 속 특정 좌표 위에 위치한 것으로 생각해볼 수 있겠지요."

"자네같이 건방진 사람도 논리적일 수 있군. 골격 내부에는 정말로 어떤 공간이 존재하지. 그건 쿨리아의 공간이야. 자네에게 보이는 필라멘트들은 각각 이 공간의 한 축으로서, 축들의 개수는 복합체가 취할 수 있는 모든 상태의 개수와 같다네. 한 가지 더 알려주지. 각각의 필라멘트는 0에서부터 1까지를 나타낼 수 있는 척도라네."

"알겠어요." 앨튜리가 소리쳤다. "그렇다면 말이 되는군요. 이 쿨리아 공간 안에서 불빛의 위치를 찍어주는 좌표는 확률값이군요. 복합체의 과거나 미래 상태의 가능성의 정도, 그 하나하나는 서로 다른 좌표축에 대응되겠고요. 그렇다면, 각 불빛은 확률분포를 의미해요. 특정 메커니즘에 의해 결정된, 복합체의 현재 상태를 이끌어낼 수 있는, 과거나 미래 상태들의 레퍼토리인 셈이죠."

"이해가 빠른 친구로군." 목소리는 여전히 먼 곳에서 들려왔다.

"각 불빛의 위치는 확률분포를 나타내는 걸세. 그리고 복합체의 과거나 미래 상태를 표현하는 각각의 확률분포는 환원이 불가능한 개념이지."

"그렇다면, 개념이란 복합체 속의 상태들이 서로 무리지어 있는 방식을 말하는 것이군요. 어떤 개념에 합당한 상태들은 높은 확률을 가질 테고, 그렇지 않은 것들은 배제되겠지요. 이제 완전히 이해했어요."

"저는 모르겠는데요." 갈릴레오가 말했다.

"간단해요. 예를 들어, 저 분이 자신의 궁전이라 부르는 복합체의 관점에서 몇몇 상태들은 방 어딘가에 의자가 하나 놓여 있는 상황과 상응할 테고, 그렇다면 그 상태들은 확률적으로 높은 값을 가질 겁니다. 하지만 그렇지 않은 상태들도 내재되어 있을 것이고, 그 상태들의 확률은 0일 테지요. 따라서 '의자가 존재한다'는 개념은 퀄리아 공간 속에서 그 확률분포에 상응하는 어느 특정 위치의 불빛으로 표현될 수 있을 것입니다." 앨튜리가 답했다.

"정확하네." 목소리가 말했다. "그럼 이걸 한번 답해보게. 복합체가 아는 것은 무엇인가? 그것이 어디에서부터 오는지, 혹은 어디로 갈 것인지 복합체는 알고 있는가?"

앨튜리는 오래 고민하지 않았다.

"하나의 복합체는 그것이 무엇인지를 나타낼 뿐이죠. 선생님 입으로 그렇게 말하셨죠. 복합체는 기본적인 메커니즘들의 집합이라고. 지금 오르고 있는 매듭과 밧줄들 말입니다. 현재는 어떤 특정한 상태를 나타내고 있겠지요. 그게 무엇을 얘기할 수 있냐고요? 복합체가 현재 취하고 있는 상태를 이끌어낼 수 있는 과거의 몇몇 상태들과 그럴 수 없던 여타의 상태들을 말해주겠지요. 자신이 가진 메커니즘들에 의해 결정되는 일이죠. 그게 어디로 가냐고요? 메커니즘들이 허락하는 쪽으로 흘러가겠죠. 복합체는 자신이 만들어진 방식에 의해, 어떤 것들을 제외시킬지 알고 있어요. 자신만의 개념을 알고 있단 말입니다. 현재 상태에서 어떤 것이 참이고 어떤 것이 거짓인지를 말이죠. 이는 불빛들의 위치로 표현되지요. 하지만 그 이상의 것에 대해서는 불확실합니다. 어쩌면 완전히 무지하다고 해야 할지도 모르겠네요."

갈릴레오는 숙고했다. 메커니즘은 앞으로 일어날 수 있는 일만을 결정짓는 것이 아니다. 메커니즘은 이전에 일어날 수 있었던 일 또한 구체화시킨다. 메커니즘들이 없다면 복합체가 취할 수 있는 수백만 가지의 상태는 모두 똑같은 확률을 가질 것이다. 모두가 똑같이 수백만 분의 1의 확률을 가진 상황. 그것이 바로 무지의 안개가 최대로 펼쳐진 상황이다.

하지만 메커니즘이 개입함으로써 현재 상태를 초래하지 못하는 과거의 몇몇 상태들은 배제되고, 다른 상태들은 좀 더 가능성이 높아지게 된다. 미래 상태들 역시 마찬가지다. 그런 식으로 각각의 메커니즘은 과거와 미래 상태의 확률로—환원 불가능한 개념으로—고유의 환원될 수 없는 관점을 구체화시킨다.

첫 번째 메커니즘의 불빛이 어떤 특정 위치에 있었고, 두 번째 메커니즘의 불빛이 또 다른 위치에 있었던 이유도 그 때문이었다. 서로 다른 확률분포는 서로 다른 개념에 해당한다. 그리하여 메커니즘들은 S가 이야기한 대로 불확실성을 줄이고 정보를 만들어낼 수 있다. 갈릴레오는 용기를 내어 줄을 타고 더 높이, 이 매듭에서 저 매듭으로 올라갔다. 각각의 매듭에 당도할 때마다, 그곳에서 만들어진 불빛이 멀찌감치 비쳤다. 갈릴레오는 질문했다.

"여기서는 어떤 식의 메커니즘들이 작동하는 건가요?"

"갈릴레오, 어떻게 그렇게 우둔한 질문을 할 수가 있지?" 꾸짖는 목소리였다. "만연한 무지의 회색빛을 한 점 위로 집중시킬 수 있는 메커니즘이 무엇이겠나? 그대의 성공은 렌즈 덕분이었으나, 지금은 렌즈가 움직이는 것을 보면서도 알아차리지 못하다니."

갈릴레오는 멍해졌다. "어디에 렌즈가 있나요?"

"그대는 줄곧 그 위를 걷고 있었네. 렌즈는 기본이 되는 메커니즘이야. 그리고 밧줄들이 모여 이루어진 매듭 속에 자리하고 있다네. 마치 홈 속에 끼워진 보석 같다고 할까. 각각의 렌즈에 연결된 줄은 서로 다른 방향으로 잡아당기도록 되어 있어서 그 장력에 따라 렌즈의 각도가 맞춰지지. 만약 뭉툭한 쪽이 궁전 내부를 향한다면 빛의 초점은 제대로 맞춰지지가 않아. 즉 렌즈는 오프 상태가 되는 것이지. 하지만 만약 여러 밧줄들이 갑작스레 같은 방향으로 당겨져 렌즈의 뾰족한 쪽이 궁전 내부를 향하게 되면, 렌즈는 온이 되는 거라네. 그런 식으로 초점은 좀 더 선명해지고, 동시에 다른 렌즈에 연결된 줄에 장력이 전달되는 것이야."

"그러니까, 렌즈가 돌아가고 줄이 당겨지면 밧줄과 렌즈로 이루어진 궁전의 외골격이 새로운 상태로 변한다는 뜻이로군요." 앨튜리가 말했다. "하지만 동시에 렌즈들은 궁전 내부 어딘가에 불빛을 비추고 말이죠. 메커니즘들이 개념을 구체화시키고 정보를 만들어내는 것이겠죠. 결국 인과작용과 정보는 하나이자 동일한 것이에요. 하지만 얼마나 많은 렌즈가 그 속에 박혀 있나요?"

"아…, 갈릴레오는 렌즈가 진귀하다는 것을 잘 알 터. 한 사람이 만들 수 있는 다양한 종류의 렌즈는 한정되어 있지. 나는 그 전부를 손수 만들었어. 은밀한 작업 속에 파묻혀 평생을 렌즈 장인으로 살았다네."

"정말로 선명한 렌즈는 없나요? 지금까지 본 불빛들은 침침한 것뿐이라서요." 앨튜리가 물었다.

"참으로 무례한 방문객이로군. 내 궁전에 고작 몇 발자국 들어와 본 것만으로 불평을 늘어놓다니." 상공에서부터 목소리가 응수하였다. "그대는 고작 몇 가지 단순한 메커니즘들이 만들어내는 작용만을 보았을 뿐이야. 그게 전부라고 생각하나? 두 매듭의 가운데쯤으로 내려와 한번 살펴보게."

갈릴레오는 조심스레 그가 올라왔던 밧줄에서 내려와 가운데쯤에 멈추어 섰다. 처음에는 아무것도 보이지 않았다. 그때, 눈을 가늘게 뜨고 고개를 돌리자 저 멀리에서 무엇인가 반짝였다. 시선을 유지하기가 힘들었으나 밧줄의 흔들림이 멈추고 나니 이전에 본 것보다 더 밝게 빛나는 또 다른 빛이 눈에 들어왔다.

"이게 무엇인지 알아요. 하지만 갈릴레오 선생은 간섭현상에 대해 모를 수도 있겠네요." 앨튜리의 음성이 한층 더 먼 곳에서 들려왔다. "각각의 매듭 위에서는 특정 메커니즘을 담당하는 렌즈에 의해 모인 빛을 볼 수 있어요. 하지만 두 매듭의 사이에서는 그것과는 다른 빛이 보입니다. 두 렌즈를 통과한 광선 사이에서 일어난 간섭현상에 의해 만들어진 불빛이지요. 만약 간섭현상이 가산적이라면 불빛은 매우 밝아질 수 있겠죠. 그리고 간섭으로 인해 만들어진 빛은 오로지 올바른 위치에서만 보이겠죠. 줄을 반쯤 내려와야 해요. 그렇지 않나요?"

"바로 맞혔네."

"만약 두 불빛이 서로 간섭하지 않는다면 어떻게 되나요?" 앨튜리가 물었다.

"그대가 나를 실망시키는군. 가산적인 간섭현상이 일어나지 않는다면, 당연히 더 이상의 빛은 만들어지지 않아. 그밖에 뭐가 있겠나? 하나의 개념이란 더 이상 단순한 구성요소들로 나눌 수 없는 경우에만 존재하는 것이라네. 그렇지 않고서야 어떻게 차이점을 만들어내 겠나? 모든 게 그런 식이야. 무엇이 존재한다는 것은, 더 이상은 쪼 갤 수 없다는 뜻이지. 부지런히 올라가게. 오로지 노력만이 인간을 자유롭게 해준다네."

갈릴레오는 거듭해 수많은 줄을 타고 올랐다. 그가 매듭에 도달할 때면 매번, 그 매듭에서 만들어진 빛을 볼 수 있었다. 때로는 밝았고, 때로는 거의 보이지 않았다. 때때로 두 매듭의 가운데쯤에서 또 다 른 불빛을 볼 수 있었다. 그렇게 갈릴레오는 이 밧줄에서 저 밧줄로, 밧줄로 엮인 거미줄을 부지런히 올랐다. 마치 거대한 구체의 표면을 따라 배열된 그물망 같았다. 그리고 수도 없이 많은 가느다란 필라 멘트들이 시작되는 그 가운데에서는, 끝없이 펼쳐진 불빛들에 숨이 멎고 현기증이 날 정도였다. 다시 앨튜리의 목소리가 들렸고, 이제 는 매우 가까이 온 듯했다.

"꽤나 화려한 궁전이군요." 앨튜리는 껄껄 웃었다. "온갖 작업들, 삐걱거리는 소리, 번거로운 등반, 매듭에서 렌즈를 밀고 당기는 밧

줄들로 된 골격, 어둠 속에 빛을 비추는 렌즈들…. 하지만 매듭 하나에서는 오직 한 가지 빛만 볼 수 있다니요. 뭐, 좋아요. 그다지 나쁜 비유는 아닌 것 같아요. 독일 사람의 방앗간과 크게 다를 바 없네요. 하지만 시인들이 늘 그러하듯 그냥 말로 하는 편이 더 손쉽지 않았을까요?"

"2개 이상의 렌즈 사이에서 일어나는 간섭현상으로 만들어지는 빛도 있지 않을까요?" 갈릴레오는 중얼거렸다.

"물론이지." 목소리가 답했다. "두 렌즈 간의 간섭으로 만들어진 불빛은 꽤 많지. 하지만 3개, 더 나아가 4개, 5개, 6개의 광선들이 간섭하는 갖가지 경우들도 존재한다네. 만약 간섭에 의한 빛들이 전부 나타난다면, 감히 세어볼 엄두조차도 내지 못할 게야."

"그렇다면 그 불빛들은 왜 보이지 않죠?" 앨튜리가 물었다.

"또 한 번 나를 실망시키는군. 여러 렌즈들의 조합이 이루는 관점에서 보아야 하는데, 그건 쉽지 않은 일이야."

"아무렴." 앨튜리가 답했다. "그 모든 얘기가 옳다 치더라도, 의도가 무엇인지 여전히 모르겠어요. 이 따위 불빛과 관점을 놓고 씨름한다고 해서 경험의 질감이라는 문제가 풀릴까요. 그래요, 각각의 렌즈는 정보를 만들고, 퍼져나가는 빛을 모아 어딘가에 한 점을 만들겠죠. 그리고 빛이 더 밝을수록 환원될 수 없는 정보들이 더 많이 만들어지겠죠. 맞아요, 렌즈 간의 간섭은 추가적인 광점, 다시 말해 개개의 렌즈가 만들어내는 광점으로 환원될 수 없는 개념을 생성해 낼지도 모르죠. 하지만 결국에는 뭐가 남나요? 결국 그것들은 광점에 불과할 뿐, 경험이라는 질감이 없단 말입니다. N이 했던 말과 똑같아요. '물질로부터 의식을 얻어낼 수는 없다.' 마찬가지입니다. 빛에서 그걸 얻어내지는 못하지요."

그동안 갈릴레오는 주위를 둘러보았다. "이 장치는 무엇이죠?" 흔들리는 줄에 매달린 채, 그는 망원경을 닮은 무언가를 발견한 것이다.

"아! 마침내 퀄리아 거울을 발견하였군. 오로지 퀄리아 거울을 통해서만 모든 조망점을 한꺼번에 볼 수가 있네. 이제 두려워 말고, 퀄리아 거울로 보고, 빛을 향해 날아 퀄리아의 공간 속으로 뛰어들게나."

그리하여 갈릴레오는 둘러보았다. 궁전의 가운데에서 무수히 많은 빛나는 불빛들이 있어 거대한 퀄리아의 공간 속으로 퍼져나갔다. 각각의 빛은 서로 다른 지점에 자리 잡고 있었고, 어떤 것은 다른 것보다 더 밝았다. 그것들 하나하나는 개념, 즉 메커니즘—빛을 모으는 하나의 렌즈, 또는 간섭으로 빛을 비추는 여러 렌즈들의 조합—에 의해 만들어진 환원 불가능한 개념이었다. 거미줄처럼 얽힌 밧줄은 보이지 않았고 렌즈 역시 없었다. 다만 렌즈에 의해 조준된, 점점

이 찍힌 불빛들만이 반짝였다. 그는 생각했다. 메커니즘을 구현하는 밧줄이 중요한 것이 아니었군. 중요한 것은 퀄리아 공간의 축을 세우는 필라멘트들이지. 그 각각은 시스템이 취할 수 있는 상태를 나타내겠지.

드디어 이해가 되었다. 그가 보고자 한 것은 밧줄이나 렌즈, 필라멘트 혹은 개개의 불빛 따위가 아니었다. 그것은 천상의 별자리였다. 무수히 많은 표면을 가진 다이아몬드, 이제껏 드러난 적이 없던 형상이었다.

"이제 내 궁전을 볼 수 있겠군, 넓고 웅장한 그 윤곽을." 렌즈 장인이 말했다. "수많은 빛들을 보게나. 비록 오리무중 속에서 떠오른 듯 보이지만, 실은 마법의 등불이라네. 빛의 장을 경험의 형상으로 펼쳐내는 등불 말이야. 완전한 무지로부터 여기 눈부신 형상이 만들어진 것이지. 잿빛 자욱한 혼돈의 안개를 뚫고 변화무쌍한 그림이 탄생하였네. 하지만 빛의 굴절이 만들어내는 아름다움이나, 의도 따위가 중요한 것이 아닐세. 궁전 그 자체, 진실한 의미를 지니는 유일의 존재 그 자체가 중요한 것이지. 굴절된 빛이 서로 어떻게 관계를 맺는지, 렌즈들이 어느 방향으로 얼마만큼 밝은 빛을 발하는지, 어떤 식으로 간섭이 일어나 더 많은 빛이 만들어지는지, 갖가지 렌즈들이 어우러져 해내는 작업을 이야기하는 것일세. 중요한 것은 잠재된 메커니즘들을 통해 만들어진 형상이야. 수정으로 된 만화경과도 같은 형상 말일세. 수많은 렌즈들을 투과한 반짝이는 빛 무리에 의해 만들어진 경이롭게 아름다운 결정체. 그것이야말로 퀄레^{quale}, 즉 경험이라는 질감의 형상이지."

"그런 미사여구를 어떻게 알아들어요?" 앨튜리가 소리쳤다.

"저는 이해했다고 생각해요." 갈릴레오가 말했다. "각각의 경험에는 형상이 있어요. 그리고 형상과 마찬가지로, 그것은 그 자체겠지요. 각뿔 모양은 6면체가 아니고, 구형은 4면체가 아니죠. 개념들로 이루어진 형상은, 그리고 다양한 밝기로 빛을 반짝이고 있는 광점들은, 하나의 특별한 형상이에요. 그것이 하나로서 존재한다면, 산산이 부서지지만 않는다면요. 그 형상은 유일무이한 형태로, 경험의 질감을 구체화시킨답니다. 그럼에도 여전히 관찰하기는 힘들겠지요. 왜냐하면 우리에게 익숙한 형상들은 어떤 몸통이나 바윗덩이, 그 밖의 다른 사물들, 우리가 보고 만질 수 있는 것들, 언제나 외부에서 보이는 모습뿐이기 때문입니다. 우리는 어둠이란 것에 형체가 있으리라 생각해본 적이 없어요. 어둠은 납작하지도, 단순하지도 않아요. 다이아몬드보다도 더 복잡한 모양을 가지고 있어요. 게다가 생각이나 희망과 같은 것들도 또 다른 형상, 환상적인 형상들을 가지고 있겠죠.

제 의식, 제가 지금 느끼고 있는 감각들도 형상이 있겠죠. 저 스스로가 형상, 독특한 형상입니다. 물질로 만들어지지는 않았지만 유일하게 중요한 형상이지요."

갈릴레오는 숨을 헐떡였다. 생각을 정리하느라 잠시 침묵한 후, 그는 질문을 던졌다.

"렌즈 장인님, 혹시 알고 계시다면 당신의 궁전이 얼마만한지 말씀해주시겠어요?"

"갈릴레오, 내 성은 마법의 성처럼 공중에 떠 있네, 무게란 게 없어. 중요한 것은 형태야. 그리고 형태와 함께 중요한 것은 이것이지. 얼마만큼 그 모든 광점들을 잡아낼 수 있는가, 얼마나 나의 집 구석구석을 돌아볼 수 있는가."

마법의 성이라…. 갈릴레오는 생각했다. "하지만 대답해주세요." 그는 다시 물었다. "퀼리아 거울로 보았을 때, 궁전의 형상은 공간 속에 모여 있던 불빛들이 차곡차곡 모여 만들어진 듯했어요. 그리고 배율을 높여서 보면 비록 무리지어 있는 듯했지만, 그 각각의 모습은 달랐어요."

"그러하네. 모든 궁전에 날개처럼 튀어나온 부속 건물들이 있듯, 나의 궁전에도 시각이나 청각, 후각, 촉각, 미각 그리고 기타 여러 가지 것들이 갖춰져 있지. 시각의 안에는 색상, 질감, 동작 같은 게 존재하고, 색상의 안에는 빨강과 같은 최하위의 형상, 즉 더 이상 분해되지 않는 궁전의 조각들이 존재한단 말이야. 몇몇 하위의 형상들은 서로가 비슷하게 생겼어. 예컨대 빨강과 파랑처럼. 물론 녀석들 간에도 차이는 있겠지. 하지만 류트의 세 번째 현을 튕길 때 생겨나는 형상은 그 둘과는 더 많은 차이를 보일 것이야. 성채는 언제나 한 덩어리지만, 그 귀퉁이는 다양하다네. 그리고 비밀도 잔뜩 간직하고 있지."

순간 앨튜리가 다시 소리쳤다. 그 목소리는 쩌렁쩌렁 울렸다.

"빨강을 나타내는 조각은 어떤 것인가요? 빨강의 형상을 직접 보고 싶어요."

"평지 없이 구덩이가 홀로 존재할 수 없듯, 궁전 전체를 보지 않는다면 빨강이란 더 이상 온전한 의미일 수 없어. 밟고 설 땅을 잃어버린 인물, 고양이 없는 목줄과 같은 셈이지. 그렇다면 이제 이 광경을 보게."

수백만 개의 렌즈가 돌아가자, 새로운 광점이 맺히고 회절이 일어났다. 곧이어 새로운 형상, 즉 새로운 경험, 새로운 퀄이 만들어졌다.

"그대들이 오를 수 있도록 성채를 잠잠하게 해뒀지. 렌즈는 꺼진 상태였어. 어떠한 개념도 활성화되지 않았지. 아무런 생각도 떠올리지 않은 채 만발한 의식이 지속되는 상태, 즉 성채는 명상 중이었다네. 하지만 이제는 볼 수 있을 걸세. 메커니즘들이 밀고 당겨 새로운 상태가 만들어지고 렌즈가 켜졌다 꺼졌다 하는 광경을 말이야. 비치는 불빛은 변화하여 수없이 많은 광점들로, 무수히 많은 개념들로 보일 것이야. 심장이 한 번 두근거릴 때마다 나의 대성당은 변신하여 또 다른 것이 만들어지고 그 형상은 탈바꿈하겠지. 그런 식으로 흘러가는 것이지. 성채는 자신의 메커니즘을 다시 조율하고, 렌즈를 조정하고, 잿더미로부터 또 다른 성채를 쌓아 올리는 능력을 간직하고 있어. 그러니 그 눈을 빌려, 나는 내 궁전이 변하는 광경을, 별무리, 요술의 등불, 마법의 직조기가 온전히 자신만의 꿈을 짜내는 모습을 본다네. 살아 있는 한 나는 내 궁전이 높이 솟구치길 비네. 그렇다면 생각들은 그 안에서 아무 제약도 없이 숨 쉴 수 있을 테니까. 그리고 언젠가 궁전이 무너져 내리는 날, 나는 더불어 공허 속에 침잠해들겠지."

렌즈 장인은 사라져버렸고, 갈릴레오는 어두운 밤으로 둘러싸인 채 홀로 남았다. 꿈에서 깨어나 증발하는 생각을 붙잡으려 애쓰는 사람처럼, 내면의 환영을 되돌리려 그의 마음은 손과 함께 떨렸다. 그는 망각하지 않도록 글을 남겼다. 이것이 그가 쓴 글이다.

복합체 속의 여러 메커니즘은, 다양한 방식으로 조합되어, 그 복합체 내에서 구분이 가능한 다양한 상태들의 레퍼토리를 구체화한다. 부분들이 할 수 있는 능력을 넘어선 채로 말이다. 각각의 레퍼토리는 통합된 정보, 환원될 수 없는 개념이다. 함께 어우러져, 이들은 퀄리아 공간에서 어떤 형상을 이룬다. 이것이 바로 경험의 질감이며, 기호는 Q이다.

Φ

주

라이프니츠 다음이 스피노자라니! 마치 잘 짜인 각본 같다. 공중에서 들리는 목소리는 두말할 필요 없이 스피노자다. 그는 일생 중 많은 기간을 렌즈 세공업자로 살았다. 갈릴레오 역시 렌즈라는 공통의 관심사를 가지고 있었기에, 스피노자를 깍듯하게 대접한 것은 아닐까. 혹은 스피노자가 《에티카Ethics》에 남긴 문구 덕분일지도 모르겠다. "한꺼번에 여러 가지를 행하는 일, 혹은 한꺼번에 여러 동작을 취하는 일은 육신이 다른 어떤 것보다도 능숙하다. 마찬가지로, 여러 가지 사물을 한순간에 인지하는 능력은 그 속에 든 마음이 다른 어떤 것보다 뛰어나다."(Scholium of Part II, 13). 조금 유연하게 보자면, 이 명제는 '의식의 존재'와 '다양한 경우 가운데 하나를 구별해내는 능력' 사이에 연관성을 주장하는 것으로 이해할 수도 있다. 이는 저자의 구미에 딱 맞는 관점이다. 만물을 '기하학적'으로 설명할 수 있다는 스피노자의 집착 역시 그러하다. 그는 윤리학의 유클리드였다! 어찌되었건, 경험이라는 현상을 퀄의 모양, 통합된 정보로 만들어진 형상, 질적 속성의 양으로 나타낼 수 있다는 발견을 선뜻 받아들이기는 어려울 것이다. 무심한 데다 엘리트주의적이고, 숙명론자이자 자유의지를 부인했던 스피노자가 맡았어야 할 일인데!

그렇다면 지난 장에서 거의 똑같은 주장을 펼친 라이프니츠는 어떨까?

진정한 낙관론자, 자유의 신봉자, 다양한 영역에서 두각을 나타내었던 라이프니츠는 적합하지 않을까? 스피노자는 전체주의적 수행자로 세상에 본질은 오로지 하나, 자연이라는 신만이 존재한다고 믿었다. 반면 라이프니츠는 진정한 평등론자, 진정한 다원론자로 생명의 모든(혹은 거의 모든) 면모를 사랑한 인물이었다. 게다가 그는 무한히 많은 모나드라고 하는 본질이 존재하며, 그러한 모나드들은 자연 속 어디에서나, 인간, 동물, 식물, 심지어 바윗덩이에도 있다고 주장하였다(하지만 어떤 모나드들이 다른 것들보다 더 우월하다고 언급한 것은 잘한 일인 듯싶다). 혹은 스피노자의 연극 대사 같은 자기중심적인 공허한 맺음말 "나는 더불어 공허 속에 침잠해들겠지." 를 라이프니츠의 겸손하고, 따스하며, 건설적인 표현 '감각이 메커니즘에 의해 정의되는 공간'과 비교해보면 어떨까.

라이프니츠는 스피노자의 은밀한 영감을 도둑질한 인물로 취급당한 바 있는데, 사실 그의 생각은 브루노에게서 착안한 것이다. 실제로 스피노자는 경험의 내부구조를 결정하는 것이 무엇인지 언급한 바가 없었다. 반면 라이프니츠는 공간계로까지 확장되는 '관계' 이론을 다뤘고, 관계적인 속성은 모나드에 내제된 속성에 기인한다고 주장하였다. 실은, 그 역시 내재되어 있는 관계적 속성에 대해 언급한 바는 없다. 하지만 누가 그리할 수 있었을까? 어찌되었건, 지루하고 자아도취적인 스타일의 스피노자를 이번 장에서 선택한 것은 실수였을지 모르겠다. 이해하기 쉽게,

직설적으로 설명하자면 다음과 같다.

각 경험은 환원될 수 없는 개념들로 이루어진 형상이며, 이는 복합체가 만들어내는 과거와 미래 상태에 관한 확률분포들로서, 복합체를 현 상태로 만든 인과적 메커니즘들에 의해 퀄리아 공간 속에서 구체화된다. 물론 렌즈, 밧줄, 매듭으로 이루어진 골격과 거미줄은 인과적 메커니즘들의 뭉치—뇌 속 뉴런이나 그 연결망들 따위—를 상징한다. 빛의 성좌—빛나는 궁전—는 퀄리아 공간 속에 놓인 경험의 형상을 상징한다. 각각의 빛은 환원될 수 없는 개념—통합된 정보를 나타내는 점—으로 어떤 과거와 미래의 상태들이 메커니즘의 현재 상태와 양립할 수 있으며, 어떤 상태들이 양립 불가능한지를 말해준다. 하지만 이렇게 간단한 아이디어를 위해 왜 그렇게 복잡하고 난해한 비유를 빌려왔을까?

600-cell은 볼록한 정4-다면체로써, 플라톤 입체 중 정20면체의 4차원 아날로그이다. 꼭짓점 각각—메커니즘 또는 렌즈들의 환원 불가능한 조합—을 퀄리아 공간 속의 좌표로 생각해볼 수도 있는데, 각 좌표는 각각의 확률분포를 나타낸다. 제시된 그림은 매우 간단한 퀄의 모양을 예시하고 있는 것인지도 모르겠다. 퀄리아가 가진 재미있는 기하학적 형태는 이와 비교할 수 없을 정도로 더 복잡하다.

21

퀼리아의 정원

부나방 속에도 태양이 깃들어 있다

어둠이 걷히자 의식이 돌아왔다. 밟고 선 땅의 감촉을 느끼며 갈릴레오는 눈을 떠 별을 쳐다보았다. 순간 그는 누군가 있음을 알아차렸다. 그의 옆에는 한 여인이 서 있었다. 마치 달덩이 같은 얼굴이었다.

흔들리는 등불에 비추어진 그녀의 얼굴에는 오래도록 잊고 있었던 달의 분화구를 닮은 곰보자국이 잔뜩 나 있었다. 갈릴레오는 생각했다. 이 사람은 누구지? 오래된 히코리 나무를 연상시키는, 빗자루보다 더 짜리몽땅한, 주름진 이 여인은? 어째서 거울 같은 걸 쥐고 흔들고 있을까'

"보실래요, 갈릴레오 씨." 그녀가 말했다. "아름다운 성운이랍니다.

이론-사고 실험

저와는 전혀 다르죠. 저는 꽤 많은 것을 발견했어요. 하지만 이 어여쁜 것이 없었더라면 먼지나 쓸어야 하는 처지였겠죠."

성운은 진실로 아름답구나. 갈릴레오는 생각했다. 하지만 무릎 굽혀 쓸고 닦는 일에 생의 대부분을 보냈을 법한 이 노파가 천체에 대해 알리라고는 좀처럼 상상하기 힘들었다.

"하늘은 성운들로 가득 차 있지요, 그리고 그 각각에는 수백만 개의 별들이 모여 있답니다. 그 가운데에는 태양보다 더 큰 별도 많지요."

"어떻게 그런 걸 알게 되셨어요?" 갈릴레오가 물었다.

"저는 어릴 때부터 갖가지 렌즈들을 손질해야 했어요." 그녀는 아래를 보며 말했다. "때때로 저는 렌즈를 들여다보았고, 본 것을 기록해놓았죠."

"누가 당신에게 천체를 관측하는 법을 알려주던가요?" 갈릴레오는 고집스레 물었다.

"어머니는 제가 그런 일을 하는 것을 결코 원치 않으셨어요." 여인

이 답했다. "신데렐라처럼 저는 평생을 집안일이나 하며 지내야 할 운명이었어요. 하지만 아버지께서 저를 구해주셨답니다. 아버지는 항상 노력해 좀 더 훌륭한 사람이 되라고 가르치셨어요. 어머니가 주무실 때면 말이에요. 그런데 제가 꼬마이던 어느 날, 병마가 덮쳐 제 외모를 앗아가 버렸어요. 저는 더 이상 자라지를 못했지요. 제게 가까이 오려는 남자는 아무도 없었어요. 단 한 사람, 저를 보살펴 준 단 한 사람만 제외하면요. 바로 제 오라버니께서 저를 거두어주셨습니다. 처음엔 오라버니의 허드렛일을 도왔어요. 하지만 오라버니는 제 속에서 타오르는 불씨를 발견하고는 저를 응원하고, 격려하고, 보살펴주셨습니다. 그리하여 학문을 통해 다시금 성장할 수 있었답니다. 저는 약간의 철자법과 산수를 익혔습니다. 그러던 어느 날, 오라버니가 제게 노래하는 법을 가르쳐준 뒤의 어느 날이었어요. 오라버니는 저를 밖으로 데리고 나갔습니다. 사람들이 저를 보고 제 목소리를 들을 수 있게 하려고요. 사람들이 저를 싫어하지는 않더군요."

"이상하면서도 안쓰러운 이야기로군요. 그렇지만 대답해주세요.

천체에 대해 가르쳐준 사람은 누구인가요?"

"제 오라버니입니다. 오라버니는 하늘을 보고 싶어 했어요. 깊이, 더 깊이 들여다보고 싶어 하셨죠. 그래서 손수 렌즈를 만들기 시작하셨어요. 훌륭한 솜씨였답니다. 저 역시 오라버니를 따라 배우게 되었어요. 곧 음악 따위는 오라버니의 안중에서 멀어졌습니다. 심지어 밥 먹는 것도 깜빡하시더군요. 그래서 제가 필요한 것들을 챙겨야 했어요. 먹을 것, 렌즈들, 종이들, 저는 밤새도록 오라버니의 수발을 들었습니다. 결국 오라버니는 우주 저 멀리 많은 별들을 발견해내셨고, 그 시야는 끝도 없이 넓었습니다. 오라버니가 제게 말씀하시더군요. '누군가는 별을 봐야 해. 그 외에 여기서 할 일이 뭐가 있겠어?' 그래서 오라버니가 주무실 때면, 제가 직접 관측을 했답니다."

"저 역시 많은 렌즈를 만들었어요. 그리고 렌즈들을 통해 관찰한 많은 것들을 기록해 놓았죠. 그런데 저의 렌즈로는 기껏해야 가까운 곳의 별만 볼 수 있다는 것을 이제야 깨달았습니다. 하지만 이 정원에서는 좀 다른 종류의 렌즈를 가지고 관찰해볼까 합니다. 렌즈 장인이 저에게 퀄리아 거울을 선물했거든요."

"아, 당신은 살아 있는 만물의 속을 들여다보고, 그 비밀스러운 형상을 알고 싶으신가 봐요. 그렇다면 저를 따라 이 오래된 정원을 거닐면 되겠네요. 하지만 부디 천천히 걸으세요. 저는 쇠약한 데다 이곳에는 볼 게 많거든요."

"그럴게요. 하지만 저는 먼저 이 거울로 하늘을 한번 비춰보려고 합니다. 별들과 성운은 어떤 형상을 지니고 있을지 알고 싶어요."

갈릴레오는 그것들을 관찰했다. 하지만 보이는 것은 없었다. 별들은, 심지어 그의 은하수마저도, 그를 실망시킨 것이다. 망원경을 통해서 보았던 행성은 화려하고 어마어마한 크기의 질량 덩어리 이상의 존재일 것만 같았다. 하지만 퀼리아 거울에 비추어보자, 별들은 조잡한 한 덩이, 희미한 한줌의 먼지로 변해 있을 뿐이었다. 그는 광활한 우주의 한쪽 끝에서부터 다른 쪽 끝까지 거울을 빙 둘러 보았으나 보이는 것은 거의 없었다. 심지어 거대한 크기의 별들도, 방랑하던 성좌들도, 이름 붙여진 은하들도, 정원의 울타리를 넘어서는 무한한 공간도 완전히 중력을 잃어버린 채 회색빛 재로 산화되어버렸다. 그 속에서 빛나는 것은 없었다.

여인이 등불을 들어 올리자, 얄팍한 나방 한 마리가 갈릴레오의 시야에 들어왔다. 불꽃을 향해 뱅글뱅글 돌고 있는, 작고 멍청해 보이는 나방이었다. 갈릴레오는 퀼리아 거울을 들고는 나방을 향해 비추었다. 단지 나방 한 마리였지만, 그 나방은 별보다도 넓었다! 부나방 속에는 태양이 깃들어 있다! 마치 엄청나게 많은 표면을 가진 다이아몬드처럼, 빛으로 그린 거미줄처럼, 사원을 감싸는 화염처럼, 나방 안의 퀄quale은 필라멘트보다도 더 밝은 빛으로 반짝이고 있었다. 그것은 하나의 온전한 존재였고, 먼지가 아니었다.

"바위나 강, 구름이나 산 따위를 봐봤자 헛수고일 겁니다." 여인이 말했다. "이 자그마한 나방과 비교한다면, 가장 높은 봉우리라도 별 볼일 없을 걸요."

그리하여 갈릴레오는 자신 주변에다 거울을 맞추고, 퀄리아를 관찰했다. 거울 속에서, 정원은 그저 회색빛이 도는 엷은 증기, 증발하지도 숨결이 느껴지지도 않는 증기에 불과했다. 태양이 밝아오기 시작했으나, 하늘은 여전히 텅 빈 채였다. 그는 왼쪽 눈으로 커다란 나무를 보았다. 그리고 왼쪽 눈을 감고 오른쪽 눈에 퀄리아 거울을 대고 다시 나무를 관찰했다. 그러자 나무는 작은 점이 찍힌 점선 잇기 그림처럼 분해되었다. 마치 예리한 회색 펜으로 희미한 아침 햇살을 이어놓은 듯했다.

그는 주위를 살폈고, 거울의 배율을 높이기 위해 다이얼을 돌렸다. 그러자 땅의 어두운 증기를 뚫고 또 다른 밝은 다이아몬드, 나방의 것보다도 더 휘황찬란한 다이아몬드가 솟아올랐다. 점차 더 밝아져, 웅장하고 거대한 크기를 드러낸 그것은 올빼미 속의 태양이었다.

"제가 한 번도 본적이 없는 혜성이네요. 하찮은 올빼미조차도 아침 하늘 위로 이글거리며 타오르는 불꽃을 머릿속에 짊어지고 있었군요. 아마 그 속은 레이스 장식보다도 훨씬 복잡하게 얽혀 있겠지요!" 여인이 소리쳤다. "제가 본 혜성은 올빼미에 비하면 하찮은 존재였어요. 당

신이 가진 거울로 비춰 본다면 텅 비어 있을 테니까요." 여인은 등불을 끄더니 이제 수풀을 가리키고 있었다. "저쪽, 안개가 자욱하게 드리운 저쪽에는 다른 종류의 별과 성좌들로 가득할 겁니다. 만약 당신이 그 하나하나를 찬찬히 볼 수만 있다면, 은하계와 다를 바 없겠지요. 이제 막 잠에서 깨어난 동물들이 내면의 빛을 켜고 있답니다."

불꽃 속에는 영혼이 깃들지. 갈릴레오는 기억을 떠올렸다. 영혼 하나하나는 활활 타오르는 화염의 옷을 입고 있었다. 춤추고, 흔들리는 화염들, 그 모양은 끊임없이 변하고 있었다. 불꽃으로 만들어진 웅장한 건축물은 매순간 솟아나고 또 솟아났다. 속에서부터 반짝이는 불꽃, 그 빛으로써 사물들을 보게 되지만, 눈에 의존하는 그런 빛은 아니었다.

여인은 갈릴레오의 손을 잡아끌었다. 그들은 이제 정원을 넘어가 버렸다. 어디였을까? 수녀원, 호스피스, 아니면 무덤가? 그곳에는 코페르니쿠스가 누워 있었다. 그의 머리는 아주 희미한 불빛만을 간직하고 있었다. 그다음으로는 푸생이 다가왔다. 그의 퀼은 불길로 활

활 타오르고 있었다. 그러고는 눈 먼 화가가 보였다. 속에서 반짝이는 불빛은 그가 그렸던 어떤 작품보다도 넓었다. 그리고 갈릴레오의 오랜 친구, M이 있었다. M의 퀼은 이제껏 발견된 그 어떤 소수素數보다도 커 보였다. 이어서 이스마와 엘이 나타났다. 양쪽으로 봉긋 솟은, 그들의 나누어진 불꽃은 마치 율리시스와 디오메데스마냥 춤을 추고 있었다. 그리고 테레사가 보였다. 그녀의 화염은 얼음처럼 세찬 바람에 나뉘어졌다가 붙기를 반복하고 있었다. 어린 마녀의 화염은 광란에 사로잡히자 형체를 완전히 잃어버렸다.

마지막으로 갈릴레오는 그 철학자를 보았다. 조용히 잠에 취한 그는 타다 남은 장작불과 다를 바 없었다. 하지만 그때 그의 불꽃이 되살아나 마치 불타는 대성당과 같이 높이 솟구쳐 올랐다. 갈릴레오는 그의 꿈이—그는 그의 꿈 자체였다—샤르트르 대성당의 모든 돌과 유리를 합친 것보다 더 무겁다는 사실을 알게 되었다.

갈릴레오는 비로소 이해할 수 있었고 현명한 그 노파를 향해 거울을 돌렸다. 늘씬한 소용돌이가 어두운 바다으로부터 떠올랐고, 그 위로 곰보자국과 주름 아래에서부터부터 캐롤라인의 성좌가 빛나고 있었다. 수백만의 대칭점을 가진 채, 영혼이라는 나신裸身의 아름다움은 육신이라는 겉모습보다 더 밝게 빛나고 있었다.

이론-사고 실험
•

Φ

주

노파는 천문학자 윌리엄 허셜^{William Herschel}의 여동생인 캐롤라인 허셜 Caroline Herschel이다. 그녀가 말한 이야기는 실화다. 10세 무렵 그녀는 발진 티푸스를 앓아, 얼굴에 흉터가 남았고 발육부전이 생겼다. 아버지가 죽은 후 그녀가 영국으로 이사하기 전까지 어머니는 그녀에게 부엌일만을 시 켰다.

오빠는 영국에서 성가대 지휘자로 일하고 있었다. 윌리엄이 밤낮 없 이 천문학에 관심을 쏟자, 그녀 역시 그를 따랐다. 캐롤라인은 윌리엄 의 커다란 신형 망원경을 사용하며 그를 도왔는데, 어느 날 갈고리에 몸 이 걸리는 사고가 생겼다. 사람들이 그녀를 들어서 빼내자, "약 2온스의 살점이 떨어져 나갔다."고 전해진다. 그녀는 주기 혜성 35P/허셜-리골 렛^{Herschel Rigollet}35P과 같은 수많은 행성들을 발견하였으며, 먼지 모양의 NGC 253를 위시한 여러 은하를 발견하기도 했다. 그녀는 구구단조차도 배우지 못했으나 행성 목록을 편찬하는 작업에 열중했다. 캐롤라인은 왕 립 천문학회에 가입한 첫 번째 여자 회원이었으며 국왕 조지 III세로부터 연금을 수여 받았다. 과학사에 있어서 여성이 처음으로 족적을 남기는 순 간이었다. 갈릴레오는 여느 때처럼 단테의 문구를 떠올렸다. "불꽃 속에 영혼이 있고, 그 각각은 타오르는 화염의 옷을 입고 있네"는《신곡》지옥

편, 제26곡^{Inferno Canto XXVI}의 "Dentro dai fuochi son li spirti; catum so fascia di quel ch'elli è inceso"에서 따온 문구다. 율리시스와 디오메데 스는 실제 나누어진 화염 속에 함께 들어가 있다.

적용
의식이라는 우주

Implications

A Universe of Consciousness

서론

섬광과 불꽃

수백만 갈래로 가지를 뻗은 나무처럼, 장엄한 대성당은 뾰족한 첨탑들을 세워 올렸다. 쌓아나가길 수백 년, 일부는 무너져 내렸다. 위태롭던 몇몇은 허망하게 멈추어 섰다. 절정에 다다르려 비틀린 줄기를 가늘게 뻗어 올린 것들도 있었다. 이다지도 무모하면서 결과물에 무심한 건축가가 있었을까. 어떤 설계자가 이토록 재료와 생명을 낭비한단 말인가. 하지만 성당은 그곳에 서 있었다. 꼭대기로부터 빗방울처럼 떨어져 내리는 돌덩이를 맞으며, 바람과 지진을 견디어내면서.

사방은 어두웠고 텅 빈 채로 있었다. 그때 불빛의 손짓이 아른거렸다. 갈릴레오는 속수무책인 부나방처럼 그 빛을 향해 걸어갔다. 무한히 각이 진 다이아몬드, 맹렬히 타오르는 화염의 모습으로 온갖 색상과 형상이 담긴 불빛, 모든 말과 소리가 그의 눈앞에서 빛났다.

베일에 싸여, 얼굴이 반쯤 덮인 한 여인이 불꽃을 지키고 있었다.

"무한하고 영원한 어둠 속에서, 불꽃은 우리가 가진 전부입니다. 불꽃은 우리 존재의 모든 것이죠. 유일하게 소중한 것이에요. 저는 무너져 내리는 이 거대한 건물 속에 흩뿌려진 만물 가운데 하나입니다. 만약 불꽃이 다한다면 저 역시 다하겠지요. 장엄한 날개는 무너져 폐허 속에 파묻혔습니다. 옛적 언젠가 폭풍우는 파괴를 몰고 왔고, 빛의 도시들은 휩쓸려 가버렸습니다. 하지만 아이들은 섬광을 나르느라 분주했고, 결국 공허 속에서 새로운 불꽃들이 피어났답니다."

그리고 갈릴레오는 목격했다. 반짝이는 염주를 닮은, 높다랗게 소용돌이치는 성좌와 같은, 아득히 떨어진 곳에서 희미하게 빛을 발하는 불꽃들을. 성물안치실은 회랑과 방으로 연결되어 끊임없이 이어졌고, 매번 그 곁은 무릎을 꿇은 시종이 지켰다.

"모든 불꽃은 성스럽답니다, 모든 섬광이 다 그렇지요."

노인이 말했다. 현자처럼, 굴곡진 어조를 간직한 채 턱수염이 수북이 난 어느 예언자처럼, 그는 촛불 아래에서 불꽃에 관한 이야기를 써내려갔다. 번개가 치고 섬광이 튀었으나 불꽃은 아무것도 피어나지 않았다. 수백만 년 동안 거의 아무런 불꽃의 기미도 보이지 않았다. 그러다 불씨가 싹트기 시작했고, 불꽃으로 활활 타올랐으며, 점차로 더 환해졌다. 그는 이렇게 썼다. 불꽃은 인류에게서 가장 밝게 타올랐으나, 이로 인해 더 안전해진 것은 아니다. 불꽃은 제 자신을 죽음에 이르도록 태울 수도 있으니.

Φ

주

사정상 세 번째 안내자, 찰스 다윈Charles Darwin의 이름은 본문에 언급되지 않고, (사진에서 보이는 바와 같이) 턱수염 난 노인으로만 묘사된다. 3부를 이끌어가는 안내자를 왜 다윈으로 정했는지, 신성한 대상에 대해 조언하는 역할을 왜 하필 다윈이 맡게 된 것인지 독자들은 한결같이 궁금해 할 것 같다. 잘 알다시피, 다윈의 이론은 일체의 종교적 관념을 배격하고, 생명에 담긴 고유한 도덕적 의미를 부정한다는 이유로 비난받았다. 하지만 실제로, 다니엘 데닛Dan Dennett을 위시한 몇몇 철학자들은 다윈주의가 그러한 의미를 파괴하는 것이 아니라 오히려 신선하면서도 더 훌륭히 기반을 다져줄 수 있다고 주장하였고, 이를 뒷받침하는 다양한 논리와 증거를 제시하며 설득한 바 있다. 또한 제럴드 에덜먼Gerald Edelman과 같은 과학자들은 두뇌 그 자체도 다윈주의적인 원리에 의해 변화하고 자라난다고 주장하였다. 그러므로 우리는 개개인이 가진 버릇이나 다양한 천성들을 존중해야만 한다. 하지만 통합된 정보로써의 의식이라는 관점을 수박 겉핥기식으로나마 인간에 적용해보고자 하는 이 책의 3부에서는, 이번만큼은 좀 더 신실한 인물에게 맡기는 편이 낫지 않았을까? 크릭, 튜링에 이어 다윈이라니, 혹자는 고개를 갸웃거릴 것 같다. 너무 한쪽으로 치우친 것 아냐? 다양성이라는 측면에서도, 온통 영국인 일색인데?

23

해질녘 I : 죽음

죽음과 함께 의식은 녹아버리는가?

화형이 끝났다. 열렬한 머릿속의 화염 역시 꺼져버렸다. 채 얼마 되지 않던 시간 동안 다 타버린 것이다. 잿더미만이, 영혼의 흔적을 증언하는 가련한 먼지만이 남았다. 잿더미는 구름 속으로 날려갔다. 영혼과 달리 재는 만져볼 수 있었다. 그 재는 손아귀에 움켜쥘 수 있는 것. 하지만 의지는 그럴 수 없었다. 재는 공기처럼 가벼웠으나, 그속에 깃든 숨결은 없었다. 건물 위로, 그리고 나무 위로 날아간 재는무심한 도시를 뒤덮고 태양빛을 가렸다.

브루노는 화형을 당했다. 하지만 갈릴레오는 여전히 살아 있었다. 갈릴레오의 눈은 볼 수 있었고, 가슴은 느낄 수 있었으며, 마음은 죽음과 맞닥뜨리는 음산한 생각을 낳을 수 있었다. 브루노는 바보였다. 아무것도 없을진데, 왜 죽음을 택한 것일까? 자신이 옳았다면 굳이 순교자 행세를 할 필요가 있었을까? 그가 소망했던 것이 불멸이었다면, 그 불멸은 단지 철학자들이 입으로만 떠드는 의심스러운 불멸이리라.

과학자에게 있어서 불멸이란 진실을 의미하며, 그런 진실을 위해서는 전심전력으로 평생을 바치는 연구가 필요했다. 따라서 그릇된 선택을 한 이는 브루노였지 갈릴레오가 아니었다. 브루노는 기꺼이 죽음을 맞았으나, 갈릴레오는 영리하게 살아남았다. 적어도 갈릴레오는 그렇게 생각했다. 그의 심장은 아직 죽음에 이르지 않았기에.

아침 무렵 브루노는 끌려 나갔다. 그의 영혼은 연약한 골격 속에서 끓어올랐고, 생각과 상상은 거품으로 일어 타오르는 단어의 폭포 속에서 흘러 넘쳤다. 독기 품은 말을 뱉어내는 그의 혀에 재갈이 채워지자, 못다 한 생각들만 단단한 두개골 안에서 부풀어 올랐다. 그는 떨치고 나와서 우주에 흩뿌려지기를 꿈꿨다. 하지만 몸뚱이가 불에 타들어가자, 아무것도 느껴지지 않았기에 그는 깜짝 놀랐다.

혹자는 이렇게 말했다. 두려워할 것은 없다. 이성적인 이들은 느낄 수 없는 것에는 두려움을 갖지 않으니.

허나 볼 수도 들을 수도 없다는 것, 만지거나 맛보거나 냄새 맡을 수도 없다는 것,
무엇인가 생각할 수도, 사랑하거나 관계 맺을 수도 없다는 것

정작 이것이 그가 두려워하는 것임을 알아차리지 못했네.

소멸을 뒤집을 수는 없었다. '뒤집을 수 없음'은 아마 이 세상을 지배하는 법칙이리라. 아니 법칙이라기보다는 일종의 선고일지도 모른다. 모두에게 내려지는 유죄선고. 브루노가 택한 방법처럼 스스로의 의지대로 화형대를 세우고 그 위에 발걸음을 올리는 편이 더 나았을까? 대조적으로 갈릴레오는 약간의 유예기간만큼 무無로 돌아가는 시간을 벌었다. 그리하여 찰나의 시간 동안이나마 그는 무가 아닌 무언가로 존재했다. 그리하여 칠흑 같은 영원 속에서 잠시나마 불꽃으로 반짝일 수 있었다. 가장 크게 잃는 것은 긍지나 신념 따위가 아니라 죽음이었다.

상실을 겪는 이는 누구였을까? 죽은 딸이었을까, 딸을 애도하는 아버지였을까? 그렇기에 죽어가던 그의 딸은 그를 위로했다. 허상일지라도 살아 숨 쉬는 양 잡아두려는 고통과 기억은 그의 몫으로 남았다. 그럼에도 그의 불꽃은 묵묵히 견디었다. 그렇다면 그녀의 불꽃은? 그녀에게 떠올랐던 태양은 목이 꺾여, 새벽을 알지 못하는 어두운 밤 속으로 파묻혀 버렸다. 그녀의 이야기는 검은색 물감으로 채워진 바다 속으로 침잠해버렸다.

더 이상은 말이 없었다. 더 이상 고장 난 시계가 성가시게 하는 일은 없으리. 수도원 정원의 복숭아가 익기를 기다리는 이 또한 없으리. 커튼을 걷던 그녀의 손길은 얼마나 가벼웠던가. 그날 아침은 그녀가 마지막으로 햇살을 들인 날이었다. 이제 더 이상 촛불은 타오르지 않으리라. 그녀는 브루노가 죽던 해에 태어났다.

언젠가는 그에게도 죽음이 찾아올진데, 죽음은 종말을 뜻할 것이다. 사신이 양심을 품기라도 했다면, 어찌할 수 없는 미래에 불쾌해했다면 더욱 큰일이다. 그는 죽음의 신이 다가와, 기억 속의 그녀를 취하고, 망치고, 목을 조르더니 앗아가는 것을 보았다. 마침표가 찍힌 것이다.

브루노의 환영幻影은 갈릴레오를 나락으로 이끌었다. 커다란 청동 문을 지나자 끝없는 어두운 방이 나타났다. 바닥은 살짝 기울어져 있어 따라 내려가는 데 아무런 힘도 들지 않았다. 끝이 보이지 않는 저 멀리까지 줄지어 늘어선 판석들이 눈앞에 가득했다. 그 가운데에서 희미한 빛을 발하는 돌덩이 하나가 눈에 띄었다. 매끈하고 차가운 대리석을 어루만지는 그의 손은 떨리고 있었다. 말없이 꼿꼿하게 누워 있는 이는 그녀였다. 눈은 감겼고, 표정은 얼어붙어 있었다. 누구나 고운 자태를 잃어버릴 수밖에 없음은 일종의 숙명, 절대 바꿀 수 없는 숙명이었다.

브루노는 더 깊은 곳으로 갈릴레오를 데려갔다. 그곳에서 수많은 비석들은 끝도 없이 이어져 흐릿한 줄로 사라졌다. 각각의 비석에는 단지 이름만 하나씩 새겨져 있을 뿐. 그리고 어두운 벽이, 땅 속으로 영원히 가라앉는 벽이 서 있었다. 손을 가져다 대고서 이름 하나하나를, 결코 끝나지 않을 명부를 찬찬히 훑었다. 벽은 아득한 저편에서 밤안개 속으로 사라졌다. 안개 속에 남은 이름은 없었다. 무명씨들이 밤과 안개였다.

그는 평생을 숫자와 씨름하며 보냈다. 거대한 수, 천문학적인 수. 하지만 이제 그는 감당하기 벅찬 수—망자의 수—앞에서 전전긍긍

하고 있었다. 아니, 그것은 단순한 하나의 수가 아니었다. 한 명, 한 명, 무수히 많은 사람들로 이루어진 수였다. 그 각각은 의식이라는 우주였다. 어찌 이 모든 사람을 그 홀로 보잘 것 없는 공감의 품속에 아우를 수 있으랴. 오직 자신 한 사람만이 들어앉아, 주관이라는 불빛을 밝히고, 소중한 몇몇만이 투영되는 마음속, 그 밖의 타인들은 어둠에 가려 보이지 않는 그 마음속에.

하지만 각각의 타인들 역시 한때는 살아 숨 쉬었을 터. 그와 다를 바 없거나 더 반짝였을 내면의 불꽃으로, 존재의 강렬한 전율로, 갈릴레오만큼이나 생생하고 격렬하게 자신만의 은밀한 의식 속에서

콩닥거렸을 터이다. 수많은 이들에게서 한꺼번에 퍼져 나온 슬픔의 가닥들이 그의 주변에서 창백히 흩뿌려졌다. 어찌 이 모든 이의 삶의 자취를 따라가 볼 수 있으랴. 이다지도 죽음이 마무리되지 않았음을 생각지 못했구나. 주관성은 불어나, 그의 통찰력은 내면의 의미를 헤아리기에 역부족이었다. 그의 연민은 소멸의 잔혹함을 감당할 수가 없었다. 그러한 상실을 어찌 헤아릴 수 있을까? 어찌 해야만 할까? 모든 이들이 지닌 숫자가 0으로 수렴하고 있었다.

죽음이란 그런 것이었다. 삶의 소멸도, 움직임의 소멸도 아닌, 내면의 빛이 소멸하는 것. 외부에서 이글거리는 어떠한 화염도 내면의 빛을 소생시킬 수는 없었다. 왜냐하면 죽음이란 영원히 의식을 앗아가는 것이기 때문이다. 죽음이란, 뇌 속에서 정보가 조각나는 것, 즉 육신의 해체가 곧 영혼의 해체였다.

그리고 죽음이란 익히 생각하던 것, 심장이 박동을 그치고, 숨이 멎고, 신체의 모든 장기가 제 기능을 멈추는 것이 아니었다. 갈릴레오가 태어나던 해, 미켈란젤로가 죽은 그 해, 베살리우스^{Vesalius}는 수많은 구경꾼 앞에서 어느 귀족의 몸을 갈랐다. 그 귀족은 죽었으나 흉곽을 열었을 때 심장은 여전히 뛰고 있었다. 뇌는 죽었지만 심장은 살아 있었다. 베살리우스는 도망쳐야만 했다. 뇌가 다한 후에도 한참 동안 육신이 살 수 있다면, 그렇다면 죽음이란 무엇일까? 싸늘히 뇌가 식은 후에도 어느 여인의 심장은 두 달 동안이나 줄곧 뛰었고, 여인은 건강한 아기를 출산했다. 그리하여 의사들은 뇌사자를 치료하며 깨달은 바가 있었다. 죽은 자는 반드시 숨이 멎어야 하며,

사지나 얼굴 또는 혓바닥이 통증에 반응하지 않아야 했다. 눈동자의 움직임이 있어서는 아니 되며, 대광반사도 없어야 했다. 하지만 얼마 동안은 척추가 경련하거나 움찔거리기도 했다. 라자로^{Lazarus}가 그랬던 것처럼, 죽은 자가 일어나 앉고, 팔을 펴서 산 자를 기만하는 일이 벌어지는 것이다.

허나 죽음에 대한 통념은 깨뜨리기 힘든 것. 사람들은 육신과 별개로 영혼이 존재한다고들 믿었다. 의식은 영혼과 양립할 수 없었다. 아, 물론 육신은 영원히 사라진다. 세월이라는 짐에 눌리고, 팔다리가 꺾여 이미 망가진 육신은 영혼을 저버렸다. 하지만 영혼은, 부패할 수 있는 것일까?

그것은 몽상하는 인간이 지어낸 부질없는 위로이리라. 이승의 갈릴레오가 죽는 날, 갈릴레오는 어떤 영혼으로 남겨질까? 수줍고 신중했던 젊은 사내? 자신의 발견을 뽐내던 남자? 아니면 건방진 석학? 혹은 비탄에 빠진 말년의 은둔자? 목성의 위성을 관찰한 예리한 눈매를 가졌던 자, 아니면 딸의 입 모양조차 더 이상 읽지 못하는 흐

릿한 눈을 가진 자? 자신의 죽은 몸뚱이를 목도하고서 경악하는 자?

그는 보았던 것들을 다시금 떠올렸다. 단지 두부의 손상만으로도 경험은 소멸해버렸다. 어느 날 코페르니쿠스의 영혼은 뇌와 함께 녹아내렸다. 갈릴레오의 뇌가 잠들었다 깨어날 때면 매번 그의 영혼 역시 썰물처럼 빠져나갔다 밀물처럼 들어왔다. 그는 단순히 눈이 먼 것이 아닌, 보는 것이 무엇인지 개념을 잃어버린 노파 화가를 떠올렸다. 그녀의 후두엽을 강타한 뇌졸중은 영혼을 절름발이로 만들어버렸다.

그러므로 의식은 뇌와 함께 태어나, 파릇파릇한 신경들의 연결과 동시에 자라나고, 퀄리아의 형상을 꽃피우는 골격을 위해 가지치기를 하고서는, 뇌와 더불어 늙어간다. 푸르렀던 수관이 시들어 뇌가 말라버릴 즈음이면 영혼도 곧 죽음을 맞이하는 것이다. 그렇다. 의식이 물질로 환원될 수는 없다. Φ는 환원이 불가능한, 존재하는 가장 본질적인 것이며, 정말로 실재하는 유일한 것이다. 하지만 의식은 물질에 의존하는 바, 만일 뇌를 도려낸다면 영혼 역시 무너지리라.

그렇다면 어째서 영혼이 죽음을 피할 수 있다고 믿어왔던가? 어째서 단테는 그따위 것을 믿었을까? 모두가 옛 모습 그대로인 영원한 마법의 구름 위에서, 따분한 일상에 하품을 해대는 영혼을? 왜—갈릴레오가 죽던 해에 태어난—뉴턴은 자신이 발견한 법칙 속에 우주를 속박하려 들었을까? 이는 믿음이 아니라 상상력의 부재였다. 무작위적인 변이와 적자생존의 법칙 안에서 완벽한 육신이 만들어질 줄 꿈에도 생각지 못했기에, 그들은 솜씨 좋은 창조자를 상상해내었다. 뇌라는 뭉툭한 덩어리로부터 류트의 청아한 소리가 솟아날

거라고는 상상조차 못했기에, 그들은 초월적인 영혼을, 저편에 앉아 음악을 듣는 영혼을, 죽음으로부터 자유로이 솟아나는 영혼을 믿었던 것이다. 마치 류트의 현을 튕기는 음악가처럼 뇌 속 가느다란 현들을 연주하는 영혼 말이다. 현이 끊길 때면 영혼이 노래했다.

만약 어떤 해법도 뾰족하게 떠오르지 않는다면, 그리고 만약 과학이 과업을 따라가지 못한다면 영혼은 자신만의 비밀스런 성역 안에서 변함없이 살아갈 것이다. 하지만 만약 의식 문제 역시 이성에 굴복하는 때가 온다면, 마치 시원한 바람에 안개가 쓸려 나가듯 수수께끼가 풀릴 것이며, 죽음은 뚜렷해질 것이다. 어쩌면 말이다.

그는 이미 틀렸던 전례가 있었다. 한때 그는 태양 주위를 도는 지구의 회전으로 밀물과 썰물이 만들어진다고 추측했었다. 하지만 그릇된 생각이었다. 어쩌면 육신이 등을 돌릴 때, 영혼이 떨어져 나올지도 모른다. 그리고 태양이 지구 주위를 돌고 있을지도 모를 일이다.

Φ

주

  '해질녘 I'은 1부에서 풍겼던 짙은 바로크 풍의 냄새(당시의 화려한 황금 빛은 결여된 채 음산한 느낌만 가득한 바로크)를 다시금 상기시킨다. 지오다노 브루노Giordano Bruno는 1600년 로마의 캄포 데이 피오리 광장Campo dei Fiori에 서 알몸으로 재갈이 물린 채, 거꾸로 매달려 화형을 당했다. 지금 그곳에 는 그의 동상이 서있다.

  브루노는 코페르니쿠스식 관점을 고수했으며 영혼은 전 우주에 만연 히 퍼져 있으리라고 생각했다. 종교 재판관이었던 추기경 로베르토 벨라 르미노Robert Bellarmine는 그의 이단적인 학설을 완전히 철회하도록 요구했으 나, 브루노는 거절했다. 시구는 필립 라킨Philip Larkin의 〈새벽의 노래Aubade〉 에서 따왔다.

  갈릴레오의 딸인 수녀 마리아 셀레스테Suor Maria Celeste는 브루노가 죽은 해(1600년)에 태어났으며, 뉴턴은 갈릴레오가 죽은 해(1642년)에 태어났다. 그리고 갈릴레오는 미켈란젤로가 죽은 해(1564년)에 태어났다.

  뇌사 환자들은 가끔 라자로 징후Lazarus's sign라고 불리는 척추반사에 의 해 일어나 앉기도 한다.

해질녘 II : 치매

피질이 쭈그러들면 의식 역시 붕괴되는가?

시냇가를 떠내려가는 나뭇가지 조각처럼, 삶은 기억이라는 기슭을 잠시 스쳐 지난다. 저녁이 찾아오기까지는.

낯선 담장 안으로 땅거미가 내렸다. 긴 회랑 속에서 허리를 굽힌 수도사가 앞장섰다. 그는 갈릴레오를 어두컴컴한 방으로 인도했다. 멀찍이 트인 텅 빈 방이었다. 잘 닦인 벽에는 십자가 하나만 휑하니 걸려 있었다. 바닥에는 매캐한 마구간 냄새가 나는 축축한 지푸라기 더미가 뒹굴었다. 저 멀리 어두컴컴한 구석에 놓인 이부자리 역시 지푸라기로 되어 있었다. 이부자리 위로는 천장 어딘가에서 내려온 쇠사슬에 매달린, 조잡한 판자로 대충 만든 나무 우리가 보였다.

갈릴레오는 좀 더 가까이 다가갔다. 판자들은 느슨한 형틀 모양을 하고 있었다. 형틀 구멍 밖으로 앙상하게 늘어진 손이 보였다. 그 아래로 뚫린 두 구멍에는 맨발이 쑥 나와 있었다. 우리 위쪽에는 또 다른 구멍 하나가 나 있었다. 유심히 쳐다보자 혈색이 나쁜 사람의 얼굴과 헝클어진 머리칼이 눈에 들어왔다. 우리 속에는 어떤 왜소한 남자가 허수아비처럼 매달려 있었다. 텅 빈 우리와 같은 두개골 속에서 시들어버린 저 사람은, 공허한 눈동자로 멍하니 밖을 내다보는 저 사람은 누구일까?

앙상한 몰골 속에 비친 얼굴이 낯이 익었다. 마침내 그가 누구인지 깨닫자 갈릴레오는 경악했다. 그것은 종교 재판소의 수장, 추기경 벨라르미노Bellarmine였다. 코페르니쿠스를 교회의 적이라고 선언했던 자, 브루노를 화형에 처했던 바로 그 자였다. 갈릴레오는 분노가 끓어올랐으나, 곧 연민이 생겨났다.

피날리Finali라는 이름의 수도사가 갈릴레오에게 자초지종을 얘기했다. 추기경께서 금욕을 맹세했노라고. 방을 이렇게 꾸민 것은 추기경 자신의 뜻이었다.

"이런 비참한 모습과 고통 역시 그의 뜻이었나요?" 갈릴레오는 물었다. "왜 이런 우리 안에서 수척한 날짐승처럼 매달려 있는 겁니까?"

피날리는 고개를 숙였다. "자해를 못 하시게끔 의사들이 처방한 방법입니다. 그 때문에 십자가에서 돌아가신 우리 주님과 같은 모습으로 저리 매달리게 되셨지요."

추기경은 반쯤 잠이 들어 미동도 없어 보였다. 갈릴레오는 그를 똑똑히 기억할 수 있었다. 지혜의 성채, 교회의 수호자로 불리던 그였다. 추기경이 입을 열 때면, 단어 하나하나에 힘이 실렸다. 말은 결과를 가져온다고들 하나, 특히 그의 말에는 숙고가 필요했다.

갈릴레오가 그랬던 것만큼이나 추기경 역시 진리를 숭배했을지도 모른다. 그는 진리를 사모한다고[In veritatis amore] 입버릇처럼 말했다. 추기경은 오로지 말씀 속에 진리가 담겨 있다고 믿었다. 갈릴레오는 증명할 수 있어야만 진리라고 믿었다. 추기경은 가톨릭 교인들만이 진리를 얻을 것이라 믿었고, 갈릴레오는 자기 스스로 진리를 발견했다고 믿었다.

"예하[猊下]께서는 그 누구보다도 학식 높으신 분이셨습니다." 피날리가 끼어들었다. "성경에 통달하셨고, 성토마스의 모든 것을 속속들이 알고 계셨지요. 그리고 과학에도 능통하셨답니다."

"아무렴, 그러셨을 테지요." 갈릴레오가 답했다. "하지만 추기경은 자신이 알지 못하는 것조차도 안다고 과신했습니다. 이를테면 코페르니쿠스가 옳을 리 없다고 믿었잖아요. 이렇게 말했지요. 만약 코페르니쿠스가 옳다면, 우리는 풍선 주위를 기어오르는 개미들처럼 지구에서 떨어져 버릴 것이라고. 그는 안다고 자부했지만 결국 틀렸어요."

"박식함도 저주가 될 수 있더군요. 추기경님은 말년에 이르시어 방에서 나오지도 않고 몇날 며칠을 글만 쓰셨답니다. 하지만 예수회에서는 휴식 없이 2시간 이상 일하는 것을 금하고 있었기에, 그분은 평생토록 2시간이 지날 때마다 붓을 공중으로 휙 던졌다 다시 잡고는 글을 써내려 가셨지요. 그분의 문장은 신학자들이 쓴 글만큼이나 달변이었으며, 아이들이 쓴 글만큼이나 명료했습니다. 《훌륭히 생을 마감하는 법The Art of Dying Well》은 추기경님께서 쓰신 가장 고귀한 책이었어요. 그분 머릿속에는 온통 주님을 기쁘게 해드리는 방법뿐이었습니다. 헌데 지금 주님은 그분께서 초라하고 편치 못한 행색으로 임종하길 바라시는 것 같습니다. 우리에 갇힌 짐승보다도 못한 몰골로, 성심誠心이 빠져나간 껍데기처럼 말입니다."

"지나친 공부로 뇌가 다 타버렸나 보죠." 갈릴레오가 말했다.

"인간이 깨우친 모든 지식은 긍지를 낳을 수 있지만, 긍지 넘치는 마음은 결국 운명의 수레바퀴 위에서 부서져 내리고 마나 봅니다." 수도사가 말했다. 그리고는 이렇게 덧붙였다. "그분이 말년에 쓰신 글귀 가운데 이런 것을 발견했습니다. 몇몇 단락에는 제가 밑줄을 쳐두었답니다."

희미한 촛불 아래에서, 갈릴레오가 읽을 수 있는 문장은 고작 몇 줄에 불과했다.

"그대는 금수와 같은 삶을 살도록 만들어진 것이 아니라, 지식이라는 미덕을 찾기 위해 만들어졌도다." 이런 문장도 있었다. "만일 조물주께서 오른손에 모든 진리를 올리시고, 왼손에는 진리를 찾고자 하나 영원토록 몽매한 실수를 범할 수밖에 없는 마음을 올리신 후, 내게 고르라고 명하신다면. 나는 겸허히 주님의 왼편에 엎드려

말하리라. 아버지, 왼쪽을 주시옵소서! 가장 완벽한 진리는 오로지 주님 한 분뿐이시니." 그리고 이런 문장도 보였다. "열망하고 애쓰는 자만이 속죄할 수 있나니." 마지막으로 이런 문장도 있었다. "애를 쓰고, 찾으며, 구하니, 포기하지 말지어다."

수도사는 갈릴레오의 눈을 바라보았다. "이런 글귀가 무엇을 뜻하는지 저는 확신할 수 없습니다만, 하지만 마지막 순간에 추기경님께서 믿음을 잃어버리신 것은 아닌지 저는 걱정스럽답니다. 추기경님의 지혜가 궁극에 이른 것이었을까요? 아니면 타락하기 시작하신 걸까요? 제가 읽을 수 있는 마지막 문장은 이것이었습니다. 'Cedite opes, abite gloriae, ite litterae, ite.' 즉, '생각으로 이어진 실은 끊어졌으며, 지식은 나를 구역질나게 만드네.' 였습니다. 이 구절을 어떻게 이해해야 할까요?"

"생각과 위장은, 그러니깐 진리와 소화력은 잘 섞이지 않는다는 말이겠지요." 갈릴레오는 냉소적으로 대꾸했다. "이후로 추기경은 뭘 썼나요?"

"그분은 일곱 달 동안이나 붓을 놓지 않으셨습니다. 쓰고, 또 쓰시다가 붓을 공중으로 던지곤 하셨지요. 하지만 더 이상 추기경님은 떨어지는 붓을 잡아내지 못하셨습니다. 게다가 바닥에 떨어진 붓을 찾는 데도 한참이 걸리셨답니다. 마침내 그분께서 7권의 커다란 책을 완성하시긴 했지만, 글씨가 너무나도 작아서 본인 스스로도 필적을 알아보시지 못할 정도였습니다. 저는 당연히 읽지 못할 수밖에요. 그렇지만 추기경님은 아랑곳 않고 써나가셨습니다. 이 책들 속에 추기경님은 당신께서 알던 모든 지식의 총체를 쏟아부으셨으리라 저는 믿어 의심치 않습니다."

"제게 한번 책을 줘보십시오, 수도사님." 갈릴레오가 말했다. 피날리가 첫 번째 책을 건네주자 갈릴레오는 책장을 펼쳤다. 하지만 뭐라고 쓴 글씨인지 거의 알아볼 수가 없었다. 갈릴레오는 주머니에서 돋보기를 꺼내들어, 읽을 수 있는 몇몇 단어들을 찾아내었다. 글자들은 종이 위 여기저기에 아무렇게나 휘갈겨져 있었고, 그 사이사이에는 해독할 수 없는 구불구불한 줄이 그어져 있었다. 그가 읽을 수 있었던 단어는 cenodoxus(수다스러운)와 emunction(코풀기)과 drintling(칠면조 울음소리)과 philautia(자기애)와 incurvatio(구부림)와 ganch(말뚝을 이용한 형벌)와 pleroma(충만)와 stover(여물), 그 다음으로는 cenodoxia(허영심)와 entelechy(엔텔레키, 사물의 직접적이고 현실적인 완전 상태_역주)와 jactantia(자만심)와 vapulate(채찍)와 voraginous(심연深淵)와 vespertilian(박쥐의)과 verbigerate(음송증, 의미 없는 말이나 문장을 반복하는 병적인 상태_역주) 따위였다.

"마지막 권을 줘보세요." 갈릴레오가 말했다. 책장을 열어보자 글씨는 더욱 작아져 있었다. 단어 사이의 구불구불한 선은 보이지 않았고 단어들의 길이는 훨씬 짧아져 있었다. 돋보기를 더 가까이 가져다 대자 보이는 것은 다음과 같았다. 그것은 그리스 문자였다. 그리스 알파벳이 책장을 넘길 때마다 반복되고 있었다. 첫 장에는 O O O O O O O …, 그 다음에는 Π Π Π Π Π Π …, 그리고는 P P P P P P …, 그리고는 Σ Σ Σ Σ Σ Σ …, 그 다음은 T T T

$T\,T\,T\,T\cdots$, 그리고 $Y\,Y\,Y\,Y\,Y\,Y\cdots$, 그 이후로 알아볼 수 있는 글자는 없었다.

"수도사님은 이런 낙서를 보고 무슨 생각이 드시나요?" 갈릴레오가 물었다. "어린 아이의 공책보다도 못하군요. 한때는 그의 학식이 높아 진리라는 것을 깨우쳤을지 몰라도, 지금 아는 것은 아무것도 없어 보입니다."

방금 읽은 것에 상심한 수도사는 잠시 머뭇거리더니 말을 이어나갔다. "그래요. 결국에는 선생님 말씀이 옳은 듯합니다. 그분의 마음은 이미 망가져버린 게 확실하지요. 이는 필시 교만 때문일 것입니다. 7가지 죄악 중 가장 큰 죄악, 서서히 영혼을 잠식해 들어오는 죄악, 성자들을 유혹하는 단 하나뿐인 죄악 말입니다. 추기경님은 주님에 대한 믿음을 져버리셨기에 마음이 망가진 것입니다."

"아니요. 수도사님. 그는 풀기가 말라버린 겁니다. 그의 뇌를 한데 이어 붙여주던 풀기운이 다한 것이지요. 수도사님, 어쩌다 추기경이 이지경이 되었는지 그 과정을 들어보고 싶군요."

수도사는 고개를 숙였다.

"처음에는 추기경님의 기억력이 문제였지요. 저는 예배당에서 헤매고 계신 추기경님의 모습을 몇 번이나 보았습니다. 제단 뒤에서 휘둥그레진 눈으로 출구가 어디인지 두리번거리시던 모습을요. 그 다음으로는 한때 가혹하리만치 엄격했던 그분의 판단력이 느슨해지셨습니다. 하지만 추기경님은 숨을 곳이 없으셨지요. 어느 날인가 미사를 보시던 때였습니다. 어느 부유한 상인이 영성체를 하러 왔더군요. 사실 저희는 그자를 좋아하지 않았답니다. 그는 돈이면 신앙심까지도 살 수 있다고 생각하던 자였으니까요. 상인은 무릎을 꿇었습니다. 기도를 하는 척 다소곳이 손을 모으고, 눈을 반쯤 감았지만 실은 위를 쳐다보고 있더군요. 예하께서는 예복을 차려 입고 계셨습니다. 하지만 머리에 쓰신 관은 삐뚤어져 있었답니다. 그런데 그때 갑자기 예하께서 멈춰 서시더니 친히, 의례히 읊으시던 기도문 대신에 질문을 던지셨습니다. '그대는 이것이 진실로 주님의 몸이라고 믿는가?' 상인은 불신으로 눈을 떴다 다시 감고는, 당황한 목소리로, 하지만 위선적인 표정으로 말했습니다. '예, 믿습니다.' 그러자 예하께서는 갑작스레 크게 웃으시며 왼편에서 오른편으로 그자의 따귀를 때렸습니다. 저는 그 근처에 있었답니다. 아마 저 이외에는 이 광경을 본 사람이 없었을 겁니다. 상인은 잠자코 있어야 할지, 아니면 무슨 행동이라도 해야 할지, 어느 쪽이 자신의 평판을 위태롭게 하는 일인지 계산하는 눈치였습니다."

"하지만 그자가 꼼짝 않고 있자 예하께서 친히 물으셨습니다. '그렇다면 이것만이라도 말해보거라. 너는 네 영혼이 죽지 않고 살아남으리라 정말로 믿느냐?' 상인은 본능적으로 고개를 피했습니다. 그리고 감히 대답하지 못했지요. 예하께서는 언성을 높이셨고, 이제 그 목소리는 모두가 들을 수 있었습니다. '너는 정말로 네 영혼이 죽지 않고 살아남으리라 믿느냐?' 추기경께서 소리치셨습니다. 신성한 교회의 이름으로 정답을 말할 수 있는 이는 아무도 없어보였지요. 상인은 곁눈질로 주위를 둘러보더니, 얼버무리는 목소리로 말했습니다. '믿습니다. 정말로 믿습니다. 부디 노여워하지만 마십시오.' 하지만 그자의 대답이 채 끝나기도 전에 예하께서는 다시 한 번 따귀를 때리셨지요. '이 자만심 가득한 위선자야, 네놈의 영혼이나 칠면조의 영혼이나 하등 다를 바 없다는 사실을 왜 모르느냐? 땅바닥에 바짝 붙어서는 떨어진 먹이들이나 쪼며 돌아다니는 것들아. 쐐기같이 생겨먹어, 쪼고, 쐐기질하고, 아주 열심히도 쪼아대는구나. 이 오입쟁이 같은 영혼아! 한껏 부풀어 오른 코에 정신이 나가, 네놈의 눈에는 오로지 쪼아댈 땅만 보이겠지. 이놈, 게걸스러운 녀석아! 내게는 네놈 영혼에 달린 육수^{肉垂}와 육구^{肉丘}(육수는 조류의 목 밑에 축 늘어진 군턱을, 육구는 머리와 목에 퍼져 있는 돌기를 말한다_역주)가 똑똑히 보이는 구나!'"

피날리는 잠시 멈췄다. 마치 자신이 너무 많은 것을 말한 게 아닌지 신경 쓰는 눈치였다. 하지만 곧 다시 입을 열었다.

"그것이 그분의 마지막 미사였습니다. 저는 그분의 기억력이 두루두루 나빠지고 있음을 깨달았습니다. 그리고 당신 자신께서도 알아차리셨지요. 하지만 그다음으로는 그분의 판단력이 점점 더 흐릿해졌고 머지않아 모든 재능이 사라져버렸습니다. 번득이던 섬광이 서서히 꺼진 것이지요. 추기경님은 오래도록 아무 일도 않고 지내시더군요. 그건 단순한 게으름이 아니었습니다. 아니고말고요. 왜냐하면 그분께서는 무엇을 어떻게 해야 할지 전혀 모르고 계셨거든요. 결국 추기경님은 어떻게 옷을 입는지, 어떻게 걸음을 걷는지조차 잊어버리셨습니다. 마지막에는 음식을 먹는 법조차 잊으시더군요. 물은 씹어 드시고 음식은 통째 마시더이다."

적용-의식이라는 우주

"추기경은 지금 자신이 어디에 있는지 알고 있는 눈치입니까? 우리가 누구인지 알아볼까요?" 갈릴레오가 물었다. 우리 안의 사내는 아무런 반응이 없었다. "그의 마음에는 껍데기만 남았을까요?" 갈릴레오는 계속했다. "알맹이는 어디로 가버렸을까요? 천국에 있는 자신의 영혼을 따라 가버린 걸까요?"

수도사는 말문이 막혔다.

"예하께서는 다른 곳으로 날아가 버리셨습니다. 때로 그분의 절반은 낙원에 계신 듯 보입니다. 비록 그분의 세속적인 언행은 교만의 심판대 앞에서 변명의 여지가 없겠지만, 그분의 영혼만큼은 칭송받아 마땅합니다."

"내 이야기가 들리시오? 추기경, 나를 알아보겠소?"

갈릴레오는 추기경의 귀에다 대고 냉담하게, 큰 소리로 물었다. 추기경은 입을 약간 씰룩거리며 신음소리를 냈다. 눈은 감겨 있었으나 입에서 몇몇 단어를 웅얼거리는 소리가 들렸다.

"…sic…non…sic…non…sic…non…sic(…이것…이것이…아니야…이것…이것이…아니야…이것)"

"옳지, 제 말을 듣고 있네요! 피날리 수도사님. 제가 누군지 안다고요!" 갈릴레오가 외쳤다.

"그렇다면 이게 추기경님의 마지막 말씀 7단어가 되겠군요." 수도사가 말했다. "십자가에 못 박히신 주님처럼 말입니다. 하지만 이는 겉으로 보이는 모습일 뿐입니다. 그분의 내면에 얼마만큼이 남아 있을지는 오직 하느님만이 아시겠지요."

정적이 흘렀다. 순간 추기경이 다시 무언가를 웅얼거리는 소리가 들렸다. 갈릴레오는 유심히 귀를 기울였다. 그가 알아들은 말은 다음과 같다.

"…sic…aut…non…sic…aut…non…sic…(…이것…혹은…이것이…아니야…혹은…이것이…아니야…)"

'이것 혹은 이것이 아니야'라, 갈릴레오는 곱씹고 있었다. "추기경은 이 이야기를 하고 싶었던 것 같네요. 그가 도달한 궁극적인 지혜는 한낱 다이오드가 가진 지혜와 같군요."

"다이오드를 빌어 무슨 말씀을 하시고자 했던 걸까요? 어쩌면 예하께서 주님을 영접하셨다는 뜻은 아닐까요?"

"제가 어떻게 알겠어요. '이런 식 혹은 이런 식이 아니다'란 걸. 그 누가 알겠습니까?"

갈릴레오의 마음은 다른 곳에 가 있었다. 그는 뇌를 서서히 부숴

놓던 살레르노를 다시 떠올렸다. 마음이라는 넓디넓은, 화려한 복합
체가 세월의 잔인한 발톱 아래에서 찢어발겨지는 장면을 떠올렸다.
다이오드들의 무덤 속으로 바스러지는 마음을 떠올렸다. Φ의 크기
를 정확히 재는 것은 어려울지도 모른다. 하지만 세파에 찌든 얼굴

처럼, 추기경의 의식 속 Φ값은 말라붙어, 그 속 레퍼토리는 바닥으로 떨어져 산산조각 난 샹들리에처럼 조각조각 부서져버렸을 것이다. 한때 더 높은 곳에서 빛나던 것일수록, 더러운 땅바닥에 흩어져 뒹구는 결정들도 더 많은 법. 언젠가 뇌의 이음매들이 조각조각 끊어진다면, 마음 역시 수많은 어렴풋한 파편들로 나뉠 것이며, 피질이 쭈그러든다면 의식 역시 시들어버릴 것이다. 그리고 머릿속이 텅 비게 된다면, 영혼 역시 터져 사라져 버리리라. 마치 밤의 공허한 가슴이 품은 풍선마냥.

Φ

갈릴레오를 심문했던 로베르토 벨라르미노Robert Bellarmine가 치매로 죽었다는 명백한 증거는 없다. 아마도 추기경은 모든 사람에게 해당될 수 있는 예로 등장한 것 같다. 추기경이 말한 여러 문장들이 사실 율리시스나 파우스트, 그리고 단테나 레싱, 괴테, 테니슨의 작품에서 따왔다는 것도 이로써 설명할 수 있을 것 같다. 벨라르미노는 박학다식한 인물로, 실제로《훌륭히 생을 마감하는 법The Art of Dying Well》이나《십자가 위에서 하신 일곱 말씀The Seven Words on the Cross》과 같은 책을 남겼다.

추기경이 사용한 단어 가운데 하나이기도 한 '체노독수스Cenodoxus'는 1602년 예수회의 야코프 비더만Jacob Bidermann이 쓴 라틴어 극본이다. 극에는 자비심과 숭고함으로 명망이 높던 박식한 한 인물이 등장하는데, 결국 그는 병에 걸려 죽음을 맞이한다. 마지막 장례 의식을 앞두고 안치된 그의 시신은 세 번씩이나 일어나 장례를 지연시킨다. 시신은 자신이 사후심판에서 죄를 받고 지옥으로 떨어지게 되었노라고 울부짖는다. 이는 죄악들 가운데 가장 심각한 대죄인 교만과 자만심—자기 자신을 하느님보다 더 과신한 점—때문이었다. 극이 진행되는 내내 자신의 무의식적인 동기에 대해 전혀 자각하지 못하고 있는 그의 모습이 관중들 앞에 소개된다.

이번 장에서 진정으로 무례한 인물을 꼽으라면, 그 인물은 벨라르미노가 아니라 갈릴레오임이 틀림없다.

두 점의 자화상은 윌리엄 어터몰렌William Utermohlen이 알츠하이머 치매를 진단받은 뒤 그렸던 그림이다.

연대기적인 부정확성은 차치하고서라도, 이번 장에서는 지나치게 숫자 7을 고집했다는 흠결이 있다. 마지막으로 남긴 7단어, 7가지 대죄, 일곱 달, 7권의 책, 그리스 알파벳 7글자, 그리고 7단어로 이루어진 혼란스러운 문장들….

PHI

25

해질녘 III : 비탄

"고문은 게임이지만, 이건 지옥이라고"

"신기한 장치이지요."

장인이 말했다. 그는 컴컴한 문턱 위에 서 있었다. 몸매는 호리호리했지만 눈빛은 이글거렸고, 갈릴레오가 한 번도 보지 못한 종류의 모자를 쓰고 있었다. 그는 공손히 고개를 숙인 후, 두꺼운 나무판자를 덧댄 넓은 방으로 갈릴레오를 인도했다. 방 한가운데 받침돌 위에는 영구대靈柩臺를 닮은 구조물이 놓였고, 그 윗부분은 보랏빛 천으로 덮여 있었다. 천 위로 캔틸레버 형태의 청동 팔이 돌출되어 있어, 상호 연결된 부품들로 이루어진 복잡한 기계장치가 드러났다. 각양각색의 스프링들이 장치를 하나로 결속시키고 있는 듯 보였다. 왕복하는 갈고리에 금과 유리로 만들어진 예리한 바늘이 고정되어 천천히 위아래로 움직였다. 그러더니 일순간, 거의 알아차리지 못할 정도로 진동했다. 7개의 보조바늘이 중심핀 주위로 정교하게 회전하고 있었다.

"이 자수기계를 보고서 놀라지 않는 사람은 없었습니다." 장치를 무심히 쳐다보며 장인이 말했다. "하지만 대게는 그릇된 이유 때문이더군요. 결국 이건 기계 장치일 뿐입니다. 물론 장치는 완벽하게 작동해야 합니다만, 중요한 것은 이 장치가 어떤 명령을 수행하느냐, 그리고 그보다 더 중요한 것은 이 장치를 가지고 무슨 일을 하느냐는 점이죠."

갈릴레오는 움직이는 부품들에서 눈을 뗄 수가 없었다. 장인은 그를 한쪽 구석으로 데려가 자신의 품 안에 숨기고 있던 물건을 보여주었다. 그것은 동판 위에 새겨진 청사진 같아 보였다.

"이걸로 자수기계의 동작을 설정한답니다." 장인이 말했다. "간과하기 쉽지만 가장 중요한 일은 정확한 실타래 작업도면을 얻는 것이랍니다. 실타래의 형태가 똑같은 경우는 단 한 번도 없었지요. 가닥들이 서로 어떻게 연결되어 있는지, 매듭과 묶음 하나까지 전부 알아내어야 합니다. 이번 실타래는 다른 경우보다 간단한 것입니다. 이게 어디에서부터 나오는지 생각한다면 그리 놀랍지는 않은 일이죠. 제 시간을 쓸 만큼 값어치가 있는 일인지는 잘 모르겠어요. 어쨌든 실타래 작업도면은 가장 까다로운 부분이지요. 하지만 실타래 작업도면이 완성되면, 저는 밑그림을 그리고 세부적인 계획을 짤 수가 있습니다.

다시 배선해야 할 가닥은 어떤 것인지, 어느 매듭을 새로 묶거나 보강해야 할지, 느슨히 하거나 풀어야 할 것은 무엇인지, 최종적으로 어떤 매듭을 찍어내야 할지, 어떤 순서, 어느 정도 속도로 해야 할지 등등. 그리고 나서야 기존의 악기를, 악기에 비유하자면 말입니다, 그게 견딜 수 있는 가장 시끄러운 소리로 울리게끔 할 수 있습니다. 부서지지 않을 정도로만 조심하면서 울림이 큰 오르간을 시끄럽게 연주하는 셈이지요.”

갈릴레오는 영구대 쪽으로 되돌아가 바늘의 움직임을 유심히 관찰했다. 보랏빛 천에는 네모난 구멍이 나 있었으나, 움직이는 바늘들이 시야를 가렸기에 그 밑에 놓인 것이 무엇인지 똑똑히 볼 수가 없었다.

“이 장치는 대체 어디에 쓰이는 물건인가요?”

장인은 그 자리에 서서 입을 꽉 다물었다. 그리고는 한 단어 한 단어를 이상하리만치 힘주어 말했다.

“완전한 통증이란 무엇일까요? 통증이 영원히 지속되도록 만들 수 있을까요? 만약 통증에 관한 기억이 남지 않는다면, 그 통증은 존재하는 것일까요? 그리고 통증 자체보다 더 끔찍한 무언가가 있진 않을까요?”

갈릴레오는 놀란 기색을 보이지 않으려 애를 썼다.

“선생께서 이해하지 못하는 것도 무리가 아니지요. 어떻게 이해하겠어요?” 장인은 중얼거렸다. “높으신 분들이 어떤 사람들인지는 잘 아시지요? 그 양반들은 자백만 받아내면 만족하는 분들입니다. 그 일을 제가 해드리고 있습니다. 저의 일상이지요. 그보다 더 쉬운 게 있을까요? 그 양반들은 잘 모르십니다만, 한 인간을 부숴버리는 일은 식은 죽 먹기나 다름없습니다." 장인은 손사래를 쳤다. "자백을 받아내는 일은 아무것도 아닙니다. 예술성이라고는 눈곱만큼도 없는 작업이죠. 하지만 높으신 분들은 얼마만큼 거드럭거릴 수 있는지에만 관심을 두시더군요. 자백, 개종, 철회, 회개와 같은 것에만. 올해 M의 추기경님은 231건, F의 추기경님은 91건, D에 계신 분은 604건을 의뢰하셨습니다. 하지만 어떤 식으로 자백을 받아내는지는 별로 흥미가 없으시더군요. 척 보면 다 안다고 생각하시나 보죠. 그 양반들은 실리주의자들이에요. 사실 그 속물 같은 나리들에게 지위나 돈 이외에 감동을 주는 일은 없습니다. 통탄할 일입니다. 그분들의 의뢰 없이는 예술활동을 이어나갈 재간이 없으니까요. 아무리 장인이라 해도 그들의 천박한 요구를 들어주어야만 하지요. 모든 말에는 벼룩이 있고, 모든 예술가에게는 후원자가 있답니다."

"저 천 밑에는 무엇이 있나요?"

"역시 선생은 과학자이시군요." 장인은 다소 누그러진 듯 웃었다. "인간에게 속한 것 가운데 선생께 낯선 것은 없을 터."

그는 조심스레 천을 풀어 영구대 위로 들어올렸다. 그곳에는 한 남자가 푸줏간 도마처럼 생긴 판자 위에 눕혀져 있었다. 손목과 발목은 쇠붙이에 고정되어 있었고, 두피는 벗겨져 노출이 된 채였다.

"이 친구를 튼튼하게 잘 먹여둬야 합니다. 자수기계 안에 1주일이

적용—의식이라는 우주

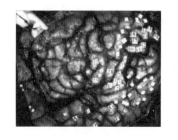

넘게 들어가 있었거든요." 장인은 동판을 자수기계 받침 부위의 홈 안으로 집어넣고는 갈릴레오를 향해 돌아섰다.

"이 녀석들은 절대 이해하지 못할 겁니다. 녀석들이 예상하는 통증이란 투박한 통증, 흔해 빠진 통증, 결석 따위거든요. 그 외에는 아무 의미도 없다는 걸 알지 못하더군요. 녀석들의 자백에 아무런 요점이 없다는 사실을. 시끄러운 나귀 울음소리보다도 무의미한 것들이지요." 장인의 시선은 아래를 향했다. "녀석들은 진실에 이르는 가장 조악한 방법만을 알더군요. 너무 조악한 나머지 진실은 투박한 수술 도중에 부서져버리기 십상이지요."

무슨 말인지 이해하지 못한 채, 갈릴레오는 바늘을 응시했다. 그것들은 두개골에 뚫린 구멍 속에서 무엇인가를 탐지하고 있었다. 남자의 입에는 커다란 마우스피스가 물려져 있었지만 아무런 표정도 비추지 않았다. 장인은 먼저 자수기계를 바라보았고, 이어 죄인을 살피더니, 갈릴레오에게 말을 걸었다.

"제가 만든 자수기계가 번쩍거리는 격통을 얼마나 쉽게 흘려보내는지 아십니까? 저는 피 한 방울 내지 않고 통증을 줄 수 있습니다. 기계바늘과 예민한 신경말단 사이에서 가장 순수한 불꽃이 튀면, 뇌는 번쩍이는 감각으로 타오릅니다. 선생과 마찬가지로, 저 역시 완전무결함의 본질을 찾고 있습니다. 폭발하는 통증, 가장 순수하고 가장 강력한, 찌르는 듯한, 그 어떤 통증보다 고통스러운 통증을요."

갈릴레오는 입이 타들어갔다. 장인은 그에게 물을 가져다주었다.

"이 경지에 이르기까지 오랜 시간이 걸렸습니다." 장인은 지친 듯 말했다. "몇 년 동안 저는 여행을 하고, 해외의 의사들과 교제하였으며, 인체에 관한 고대의 지식을 공부하였습니다. 하지만 쓸모없는 것들뿐이었죠. 그러던 어느 날 가장 중요한 사실 한 가지를 깨달았습니다. 육신이 짊어지는 통증은 단지 뇌 속에서 기원하는 어떤 그림자에 불과할 뿐이라는 사실을요. 제 조력자들은 넋이 나갈 듯 열광했지요. 실수로 죄수 중 1명의 관자놀이에 바늘을 꽂았을 때였습니다. 뼈 없는 생선 몇 점을 먹여 제가 그의 신뢰를 얻게 되자 재미있는 얘기를 해주더군요. 여태껏 이런 통증은 느껴본 적이 없었다고, 그 무엇과도 비교할 수 없었다고요. 그날로 모든 게 변했습니다. 다른 이들, 평범한 탐험가들은 거대한 강의 수원지를 발견하는 데서 만족을 느낄지 모르겠지만 저는 고통이 기원하는 곳을 알고 싶었습니다. 모든 이들의 머릿속에서 솟아나오는 수원을요."

장인은 갈릴레오에게 속삭였다. 마치 비밀을 털어놓는 듯했다.

"하지만 이 일은 고독한 예술입니다. 이야기 나눌 사람, 지식과 열정을 공유할 제자가 없었습니다. 믿기 어렵겠지만 제게 위안이라곤 그저 몇몇 죄수들에게 받는 것이 전부입니다. 녀석들과 작업을 마무리하기까지 우리는 꽤나 친해진답니다. 그 어떤 친구 사이보다도 더 가깝게 말이지요. 녀석들 중 빠릿빠릿한 놈들은, 비유컨대, 눈을 떠서 제가 보고 싶은 곳을 쳐다보고 몸소 체험해줍니다. 그러면 연구는 점점 흥미진진해지죠. 우리는 느낄 수 있는 구석구석을 살펴봅니다. 심지어 녀석들이 눈알을 굴려 방향을 안내할 때도 있어요. 저는 그렇게 믿고 싶습니다. 이윽고 녀석들이 마비되어 쓸모가 없어져버리면, 저는 닳아빠진 저녁의 통증으로부터 지겨운 자백을 쥐어짜내야 합니다. 무기력한 저녁, 그 무렵 감각은 지쳐 쓰러지고 재갈이 물려집니다."

갈릴레오가 침묵했기에 장인은 말을 이어갔다.

"어느 시점에 이르러 저는 절망했습니다. 완전무결함을 좇는 일은 육신의 불완전함으로 말미암아 결국 실패로 돌아가고 말 것이라 느꼈거든요. 제 실험재료들은 가장 순수한 고통에 근접할 때마다 저를 실망시켰습니다. 녀석들의 사지는 힘이 탁 풀렸고, 눈동자는 움직이지 않았죠. 녀석들은 지글거리는 진실을 제게서 숨겼습니다. 녀석들이 최대의 통증에 도달한 걸까요? 제가 그렇게 만들었을까요? 그 통증은 지속되었을까요? 알 수가 없었습니다. 그 통증은 마비나 피로감, 수면으로 인해 둔해져 필연적으로 감쇄되어야 하는 걸까요? 저는 궁금합니다. 신경 조직은 녹아내리고, 육신은 너무나도 무릅니다. 고통의 불이 타오르면 진실은 녹아버립니다."

둘은 나란히 죄수를 바라보았다. 그는 미동조차 없이 마우스피스를 꽉 물고 있었다.

"제 이야기가 무슨 뜻인지 잘 알 겁니다. 하지만 가장 강렬한 통증이 느껴지는 순간조차도 완전무결하다고 말할 수는 없습니다. 절정에 이르렀다 할지라도 지속되지 않는다면 진정한 절정이라 할 수 없지요." 장인은 죄수를 가리키며 말했다. "그래서 이번에는 통증이 정말 완벽에 다다를 수 있도록, 지금껏 못해본 일을 하기로 마음먹었습니다. 계속되는 통증을 가할 수 있도록 개량하는 겁니다. 드디어 준비가 되었지요. 최고의 강도로 영원히 지속되는 통증, 인간의 나약함 따위에 동요하지 않는 통증을 만들어낼 준비가." 장인은 그리 말하며 휙 일어서 죄수의 머리 위로 자신의 팔을 올렸다. "통증은 영원히 지속될 때 비로소 완전한 것. 격통의 끝에까지 의식이 다다라야 합니다. 무한히 긴 선으로 이어지는 그 끝까지."

장인이 죄수를 보며 말했다. "녀석은 제 얘기를 듣지 못합니다. 마음은 온통 통증으로 가득하거든요. 하지만 선생은 필시 구미가 당길 겁니다." 그는 갈릴레오의 눈을 쳐다보며 말했다. "물론 제게 묘안이 있어요. 신경을 하나하나 철이나 유리로 교체한 다음, 의식을 영원토록 최대 속도로 가동하여 통증을 길게 뽑아내는 겁니다. 이를테면, 마치 통증이 그 단어처럼 한 가지로 이루어져 있는 듯 말입니다. 황금의 오르간을 조율하는 것처럼 인공두뇌를 조율할 날, 언젠가 그날은 찾아올 겁니다. 아, 언젠가 누군가는 완벽한 통증을 조율해내겠지요. 하지만 저는 더 간단한 방법을 찾아내었습니다. 비소와 은으로 만든 용액 속에 신경을 담그는 것이지요. 그리하여 저는 그 신경들, 통증의 높다란 설교단과 두뇌의 대성당으로 입장한 신도들을 짝 지우는 신경들을 부서지지 않도록 만들었습니다. 자수기계를 정확한 위치에 갖다 대기만 하면 녀석들은 영원히 비명을 지를 겁니다."

이렇게 이야기하며 장인은 죄수에게 다가갔다. 거품을 문 입에서 마우스피스와 젖은 천 조각을 빼내었고, 이리저리 규칙적으로 움직이며 철커덩거리던 자수기계를 정지시켰다. 그는 몇 분 정도 기다리더니 죄수의 어깨를 우아하게 만지며 무엇인가 귀에 속삭였다. 죄수는 거칠게 숨을 내쉬며 중얼거렸다. 그러고는 탈진한 목소리로 장인에게 감사를 표했고, 꼬리 내린 개처럼 그를 얌전히 쳐다보며 물을 달라고 간청했다. 장인은 마실 것을 주고 나서 다시 그의 입에 천 조각을 물렸다. 동판 위에 새겨진 명령어를 확인하고는 다시 자수기계를 가동시켰다.

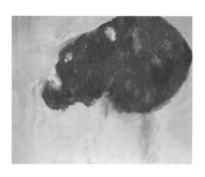

"어째서 녀석이 비명조차 지르지 않는지 궁금하지 않나요? 이게 다 진실인지 어리둥절하실 겁니다. 이 친구는 끝내 고통스럽다고 말하지 않았지요. 종종 약물은 쓸모가 있더군요. 선생도 이 증류용액을 한번 맛보면 좋을 텐데요." 그는 병을 코에다 갖다 대었다. "이것은 기억을 마비시키는 용액입니다. 하지만 통증을 마비시키지는 않습니다. 처음에는 저 스스로에게 사용해보았지요. 통증은 여느 때처럼 강렬했습니다, 어쩌면 더 세었을지도 모르죠. 그리고 그 감각이 어땠는지 글로 써놓기 충분할 만큼 지속되었답니다. 하지만 잠시 시간이 흐르자 저는 그 사실을 잊어먹었습니다. 만약 글로 남겨놓지 않았다면, 저는 제가 고통스러워했다는 사실조차 전혀 눈치 채지 못했을 것입니다. 그 이후로는 모든 죄수에게 이 용액을 먹입니다. 저는 자수기계를 1,000번이라도 돌릴 수 있어요.”

장인은 엷은 웃음을 보이며 말을 이어갔다.

“기계가 멈출 때면 녀석은 절 보고 웃으며 감사인사를 할 것입니다. 기억이 남지 않는 통증은 완전범죄와도 같습니다. 가장 격심한 통증이야말로 실존의 최고봉입니다. 하지만 만약 아무런 흔적도 남지 않는다면, 진정으로 존재한다고 말할 수 있을까요? 찰나의 통증이 그토록 견딜 수 없을지는 몰라도, 머리를 끊어내고 싶을 정도로 고통스러운 편두통처럼, 바닥에 뒹구는 머리가 도끼에게 감사하고 싶을 정도의 폭발하는 순간들이 매번 끝없이 이어진다 해도, 고통이 사그라지고 나면 아무런 발자국도 남지 않습니다. 그리고 죄 지은 자는 아무도 없지요.”

장인은 자수기계를 점검하러 갔다. 순간 죄수의 표정은 장치에 입력된 명령판과는 달라 보였다. 장인은 자신이 확인한 것에 만족하며, 갈릴레오에게 돌아왔다. 그 자신은 통증 정도에 만족할 위인이 아니라고 말했다. 진실로 통증은 그에게 이정표나 등대 역할을 해왔던 것, 목마름을 누그러뜨리는 첫 번째 샘물일 뿐이었다. 밥 한술로 배부를 리는 없다. 한 번의 외도 이후에는 또 다른 외도가 있는 법, 원죄 뒤에는 또 다른 죄가 따르기 마련이기에. 그리하여 그는 공포나 공허감, 질투감의 근간을 뒤지고 다녔으며, 특정 감정을 불러일으키기 위해 짚어야할 화음을 찾아내곤 했다. 인간 의식에 잠재된 여지는 진정 얼마나 클까? 수년에 걸쳐 그는 감각이라는 광활한 대륙을 조사하고 매듭을 찾으면서 도면을 완성해 나갔다. 마치 도시나 산 혹은 강을 지도에 그려넣듯 말이다. 밀실 속에서 그는 홀로 죄수들을 데리고, 은밀한 감각들에 불을 지폈다. 그중 어떤 이들은 얼마나 조잡했는지 믿기 힘들 정도였다. 몇몇은 공포와 증오를, 혹은 분노와 두려움을 구별하지 못했다. 심지어 몇몇은 색을 분간할 수도 없었다. 하지만 다른 이들은 그에게 오감으로는 촉발될 수가 없는, 말로 표현해낼 수 없는 낯선 감각을 드러내 보였다.

장인은 더 나아가야 한다는 사실을 깨달았다. 감각을 지도에 표시하는 작업만으로는 충분치 않았다. 그는 새로운 정점을, 이제껏 존재하지 않던 최고점을 창조해 내어야만 했다. 바다 밑에서 분출해 오르는 화산과도 같은 여섯 번째의 감각, 우리의 수수한 능력보다 더 예리한 감각, 어쩌면 제7의 감각을, 전에 없던 디자인으로 짜내어야 했다.

갈릴레오는 앨튜리를 떠올렸다. 비록 이해할 수 없는 이야기였지만, 앨튜리는 퀄의 형상이 바뀌게 되면 새로운 감각이 만들어진다고 했다. 장인에게는 이론이 필요하지 않았다. 그는 어떤 도면이든 학습에 의해 정교해질 수 있음을, 새로운 감각이 떠오를 수 있음을 알고 있었다. 커가며 새로운 와인의 맛을 구분할 수 있게 되는 아이처럼, 언어에 녹아 있는 갖가지 의미를 음미할 수 있는 시인처럼 말이다.

하지만 그런 감각은 단지 기존의 변형물에 불과했다. 의식의 구조가 어떻게 설계되었는지 실타래 작업도면으로 본뜨는 일이 가능하다면, 그걸 마음 내키는 대로 일그러뜨리고 구부리는 일도 가능하지 않을까. 절정의 고통, 끝 모를 시커먼 우울감, 뒤집어진 희망의 구렁텅이, 한없이 찢겨져 나가는 상실감과 같은, 이제껏 없던 감각을 창조해내는 것도 가능하지 않을까? 완전한 통증의 반대편에는 어떤 느낌이 있을까? 정말로 그런 게 있기는 했을까?

"이 특급 자수기계를 만든 이유도 그 때문입니다. 제 걸작품이지요." 장인은 천장을 가리키며 갈릴레오를 빤히 쳐다보았다. "특급 자수기계는 그저 신경을 들쑤셔놓기만 하는 게 아닙니다. 신경들을 서로 꿰매고 엮어서 복잡한 형태로 새로 만들어냅니다. 뇌 속 마법의 베틀에다 새로운 매듭을 짓는 것이죠. 만약 두뇌가 세상에서 단 하나뿐인 진정한 극장이라면, 의식이 올라서는 무대를 조금 손본들 어떻겠어요?"

특급 자수기계는 마치 반짝이는 샹들리에처럼 천장에서 천천히 내려왔다. 캘리퍼스와 천칭과 정밀한 바퀴들, 그리고 곤충 더듬이처럼 박동하는 바늘들이 빼곡히 박힌 장치였다.

장인은 죄수에게서 멀찍이 떨어져 자수기계를 힐끔 보았다. 그러고는 갑자기 옷을 벗어 맨몸을 드러내었다. 하지만 이상하게도 모자는 벗지 않았다. 삽시간에 벌어진 일이었다. 그는 갈릴레오를 쳐다보지 않은 채, 방 뒤로 걸어가 재단처럼 보이는 하얀 대리석 탁자 위에 올랐다. 청동으로 된 통 속에 자신의 뒤통수를 적당히 맞춰 집어넣고서는 조심스레 누웠다. 자신이 있다는 듯 천으로 싼 마우스피스를 멀리 던졌고, 기억을 없애는 용액도 마시지 않았다. 마침내 장인은 모자를 벗더니, 자신의 두개골을 덮고 있던 황금빛 판을 열어 젖혔다. 마치 수백 번도 더 해본 일인 것처럼 능숙했다. 장치는 장인의 빛나는 뇌 표면을 향해 내려오고 있었다.

"이제 저를 좀 도와주십시오. 갈릴레오 선생. 의식이 다다를 수 있는 정점을 찾아야만 합니다. 하지만 혼자서는 할 수 없습니다. 저는 죄수들의 과묵한 표현을 신뢰할 수가 없었어요. 직접 알아봐야겠습니다. 아, 이제 시작하는군요." 기계가 뇌를 쪼기 시작하자 그는 웃을 듯 말 듯한 표정을 지었다. "머지않아 한가운데에 다다를 것입니다. 그러면 선생께서는 가장 예민한 지점으로 진동하는 장치를 옮겨주셔야 합니다. 제가 말해드리겠습니다. 저의 꼭대기까지 선생을 안내해드리지요. 저는 궁극을 체험하게 될 것입니다. 통증은 폭발할 것이며, 이번에는 그 폭발에 끝이 없을 것입니다. 거의 다 되었군요. 여기까지 와본 적은 이제껏 없었습니다." 그의 입술은 떨리고 있었다. "밀물이나 썰물 따위가 아니에요. 느낌이 지속됩니다. 모든 것을 집어삼키는 범람하는 파도와 같군요. 하지만 저는 소용돌이 속으로 빨려 들어가며 솟구쳐오를 겁니다, 이 소용돌이는 아래가 아닌 위를 향해서 회오리칩니다."

그는 멈췄다. 한참의 침묵이 흘렀고, 그의 입술은 못 믿겠다는 듯 얼어붙었다. 하지만 겨우 입을 뗄 수 있었다.

"아, 이건 통증이 아니에요. 아, 이제는 변해버렸어요. 이게 뭐죠? 어디서부터 잘못된 거죠? 이제는 알 것 같아요. 통증이 가장 강렬해지면 통증은 변질되는군요. 그리고 극한에 다다르면, 그 극한은 다른 모든 감각이 다다르는 극한과 같은 곳입니다. 아, 아니에요, 그렇게 보였지만 이제는 그게 무엇인지 알아요. 순수한 공포? 아니, 천만에요. 순수한 혐오, 이야말로 통증이 끝나는 지점입니다. 만물과 신에 대한 궁극의 혐오. 의식이 다다를 수 있는 정점, 통증을 뛰어넘는 혐오, 이 감각은 영원히 지속됩니다."

잠시 뒤 그가 말했다.

"아뿔싸. 자수기계로 몇 군데 연결을 고치고, 어긋난 가닥 몇 올을 꿰맺어야 했는데."

순간 두개골의 절개 구멍 속에서 뒤얽힌 신경 다발들이 튀어나오기 시작해 진동하던 바늘이 걸려버렸고, 버섯처럼 불룩 솟아오른 덩이 속에 핀들이 묻혀버렸다.

"이건 통증이 아니고, 공포도 아니야, 두려움이나 슬픔이나 혐오도 아니야. 이게 대체 뭐지? 새로운 무언가. 형언할 수 없이 새로운 것이야. 지금 당장 적당한 말을 떠올려야 해. 적당한 표현이 없을까. 젠장. 모르겠어. 하지만 이건 지옥이야. 고문은 게임이지만 이건 지옥이라고. 가장 생생한 지옥, 의식 그 자체의 지옥이란 말야."

장인의 입술은 닫혔고, 그의 눈은 죄수들의 눈처럼 초점을 잃었다. 그동안에도 자수기계는 돌아가고 있었다.

Φ

주

잔혹한 내용이 담긴 이번 장은 카프카^{Kafka}의 소설 《유형지에서^{In the Penal} Colony》에서 영감을 얻은 것이 확실하다. 물론 이야기가 펼쳐지고 있는 무대는 열대 지방의 어느 나라가 아닌 유럽이다.

카프카의 작품에 등장하는 장교는 자신의 전성기를 그리며 슬퍼하는 늙은 사령관을 단순히 모방하는 인물에 불과한 반면, 고문 장인은 사령관의 분신임이 틀림없다. 그리고 그가 품은 강박적인 목표는 죄수의 살갗에 또렷이 죄목을 새겨 넣는 게 아닌, 의식이 다다를 수 있는 가장 먼 구석구석을 탐색하는 것이다.

당연한 것이겠지만 이번 장에서는 카프카 특유의 진지함을 찾아볼 수 없으며, 때로는 바로크식의 과장된 문체로 빠져버리기까지 한다. 하지만 뇌 속에서 통증이 기원하는 부위를 직접 조작하는 고문 기술자에게 몇 가지 공로가 있음은 반드시 짚고 넘어가야 하겠다. 이와 비교하자면 살갗이 뚫리고 피가 흐르는 불쾌한 장면을 자세히 묘사한 카프카의 집요함마저도 오히려 피상적으로 보인다. 또한 카프카의 써레에 비하면 자수기계가 좀 더 세련된 설정이라 하겠다. 고문 기술자 역시 그 상대역에 비하자면 좀 더 창의적이다. 자수기계를 가지고서 뇌 속 신경망에 조작을 가하면, 퀄리아 공간 속에서 새로운 형상이 만들어질 수 있음을 그는 알아냈다. 과거에는 한 번도 경험해보지 못한, 지금도 여전히 적당한 명칭이 없는, 하지만 의식의 질에 관해 심사숙고한 끝에 '빛의 궁전'에서 예측한 바 있는 새로운 감각 말이다.

이번 장에서 이야기하고자 하는 바를 정리하자면 다음과 같다.

(1) 가장 강렬한 통증은 신체를 고문하는 것이 아니라 뇌를 자극함으로써 유발될 수 있다. 실제로 그러한 통증은 — 혹은 통증 이외의 어떤 감각이라도 무방하다 — 신체의 도움 없이 뇌 자체만으로 느껴질 수 있다는 것이다. 이는 카프카의 소설과는 다른 점이다. 일견 이상해 보이는 이 주장은 사실 별로 이상할 것이 없다. 꿈을 꿀 때면 신체에 아무런 일이 일어나지 않았지만 통증을 느낄 수도 있다. 또한 가장 견디기 힘든 만성통증의 일부는 신체가 아닌 두뇌의 기능 이상으로 유발되기도 한다. 더 어려운 질문은 경험(통증이든 그 어떤 것이든)이 정말 완벽하게 '육체로부터 이탈할 수 있는가?' 하는 것이다. 《무엇인가 일어나는 느낌The Feeling of What Happens》(Mariner, 2000)이란 책에서, 안토니오 다마지오Antonio Damasio는 이견을 피력했다. 핵심 의식은 신체 의식 및 환경과 신체의 상호작용에서 오는 의식이라고 말이다. 하지만 장인과 갈릴레오는 연결망들이 적절하게 이어지기만 한다면 퀄리아 공간 속에 적당한 형상이 나타날 것이며, 이야말로 의식이 창발하는 데 있어서 필요한 전부임을 확신하는 것 같다.

(2) 만일 뇌 속 뉴런들을 인공적인 것, 절대 망가지지 않는 재질로 교체한 다음, 그 상호작용을 퀄리아 공간 속에서 이전과 똑같이 재현시킬 수만 있다면 영원히 동일한 통증이 느껴질 것이다. 자연스러운 통증에서 필연적으로 뒤따르는, 사라지거나 희미해지거나 멈추거나 교란되는 일은 없을 것이다. 뉴런 하나하나를 칩으로 치환할 수 있다는 가정은 의식을 만들어내는 데 있어서 두뇌를 구성하는 물질은 무엇이든 상관없다는 고전적인 사고실험 속 주장이다. 비록 그 정보적 성질은 상관이 있겠지만. 어쩌면 우리가 만든 기계가 우연히 잘못 배선되는 바람에 불쾌한 느낌을 경험하지는 않을까 걱정하는 날이 곧 다가올지도 모르겠다.

(3) 몇몇 마취약의 효과에서처럼, 기억이 지워진다면 아무런 흔적도 남기지 않은 채 영원한 격통이 초래될 수 있을지 모른다는 가정은 초현실적으로 느껴진다. 이런 세상은 도대체 어떤 모습일까? 개개인의 은밀한 의식 속에서는 말할 수 없는 고통이 영원히 지속되지만, 아무도 이에 대해 표현할 수 없다면, 심지어 그 개체 자신조차 자신의 고통을 알아차리지 못한다면?

(4) 두뇌를 적절한 방식으로 자극하기만 한다면 어떠한 의식적 감각이라도 만들어낼 수 있다. 비록 아직까지 그런 자수기계가 제작되지는 않았

지만. 게다가 뉴런 연결에 관한 지도조차 우리는 아직 완성하지 못했다. 펜필드Penfield와 볼드레이Boldrey는 피질의 여러 영역을 차례대로 자극하여 어떤 감각이 유발되는지 조사했다.

지난 세기 동안 2명의 심리학자, 티취너Titchener와 퀼페Külpe는 의식이 원소로 나눠질 수 있다고 생각하고서, 고문 기술자와 마찬가지로 구성요소들의 목록을 작성하려 시도했다. 문제는, 티취너가 발견한 기본감각은 4만 4,353개였던 반면 퀼페는 1만 2,000개도 채 되지 않았다는 점이다. 더 큰 문제는 물론 18장 '어둠을 보다'에서 논의했듯 의식은 원소로 구성된 것이 아니며, 통각이나 기타의 감각은 어둠과 마찬가지로 신경 복합체 전체의 다양한 레퍼토리를 필요로 한다는 것이다.

(5) 영원토록 지속되는 격통조차도 가장 끔찍한 악몽은 아니다. 다소 끔찍한 예견이긴 하지만. 더 끔찍한 공포는 만일 신경망을 본뜰 수 있는 누군가가, 즉 퀼리아의 형상을 본뜰 수 있는 누군가가 혐오스러운 새로운 감각들을 창조해내는 순간, 우리를 기다리고 있을 것이다. 만약 그런 일이 가능해진다면 누군가는 기꺼이 그럴 것이다. 한번 생각해본 일은 다시 떠오르기 마련이다. 물론 장인은 천국의 기쁨보다 더 거룩한 감각을 만들어볼 수도 있었겠지만 그는 고문 기술자였고, 이번 장은 '해질녘 III'이다.

새벽녘 I : 줄어든 의식

"어떤 거울도 그를 되돌려놓을 수 없을 것이다"

시인은 어느 겨울 밤 가축으로 변했다. 그의 목소리가 땅에 닿지 못할 것을 두려워하며 자신이 쓴 시의 구절 속으로 추락해버린 것이다.

상처 입은 사냥감을 쫓는 개들처럼, 놈들은 거리를 샅샅이 뒤지고 집 안으로 쳐들어왔다. 그는 지붕 너머로 달아났다. 목구멍에서 분노가 치밀어 숨이 턱 막혔다. '나와 함께 정의가 도망치는 것이다. 기나긴 영혼의 밤에 여명이 밝아오는 것일 뿐.' 그는 그렇게 되뇌었다.

놈들은 그를 고발했다. 그는 무른 마음과 불순한 사상을 사사로이 품고 있던 자로서, 자의식이 넘치는 통에 육신의 기운이 고갈되어버렸다. 놈들은 말했다. 전위대라면 마땅히 이견의 싹을 잘라 없애야 하는 법. 내버려둔다면 그들은 곧 태업을 꾀하고서, 전진하는 군중들의 발목을 잡아 사보타주를 벌일 것이다.

한편 그는 이렇게 다짐했다. '나의 생애는 동트는 태양과 같이 떠올라, 숭고한 천국의 정오에 당도하리라. 절대, 절대로 저물녘을 바라보지는 않으리. 나의 별이 묵묵히 지지는 않으리라. 다만 밀랍의 날개를 단 채 바다 속으로 추락할 뿐. 천구의 정점을 향해 솟아, 매들의 논쟁을 잠재우고, 스핑크스의 눈동자와 마주하리라.

놈들은 그에게 유죄를 선고했다. 그는 노동자의 고혈을 빨아먹는 아첨꾼과 같은 자다. 그가 말하는 생각이란, 그저 고약한 쟁기질과 다를 바 없는 것. 그는 민중의 집단의식을 거부한 채, 썩어가는 육신 속으로 손수 파들어 갔다. 그와 같은 생각을 품은 부류는 반드시 두뇌에서 제거되어야 할 터, 두개골 속을 깔끔히 낫질하여. 그와 같은 지식인들은 반드시 국가로부터 축출되어야 한다. 그리하여 공공의 안녕은 지켜질 것이다.

한편 그의 생각은 이랬다. '어째서 아침이 채 밝아오기도 전에 끝나버려야 하는가? 내가 날아오르는 모습을 본 사람은 없으며, 내가 바다를 본 적도 없는데. 멋진 신세계가 찾아올 때까지 불협화음으로 헝클어진 나날은 이어져야만 하는 법. 마치 플루트처럼.'

"형제들이여, 자유의 동이 터오는 것을 찬양합시다! 위대하면서도 어두컴컴한 이 시절을." 그가 말했다.

하지만 누구를 두고 하는 말이었을까? 자신의 동지들에게? 그와 함께 울고 웃고 술 마시던, 그러더니 우정을 배신하고 그를 민중의 적이라고 몰아세웠던 사람들에게? 아니면 비참한 지금 이 순간 닥친 치욕에게?

놈들은 공표했다. 영광스러운 이 나라에 사사로운 의견은 발붙일 수 없다. 공명정대한 공화국은 개인의 운명 따위에 흥미를 갖지 않는다. 의식이란 잘 조직화되어야 하며, 간부들은 이를 잘 조직할 의무가 있다. 사사로운 생각이란 국가발전에 있어서는 안 될 불순물이다.

하지만 그는 생각했다. 획일화와 몰개성화를 염두에 둔 자들이 개인의 영혼을 이해할 수 있을까. 강제로 옭아매는 대신? 편 가르기 좋아하는 자들이 한 사람 한 사람 어지러이 걸어간 삶의 발자취를 따라갈 수나 있을까? 아니다. 놈들은 승리에 혈안이 된 채 행진할 것이다. 놈들의 마음은 모두에게 똑같은, 똑같은 현재라는 물결 속에 휩쓸려갈 테다. 그 물살은 여기가 어디인지, 어디에서 왔는지, 왜 이곳에 있는지 생각할 수 없을 정도로 빠를 것이며, 자신의 눈물조차 삼키지 못할 정도로 깊을 것이다. 비참한 이 땅 위에는 행위들만 강렬할 뿐, 사상은 뜀박질속에서 죽어버렸구나.

이같이 사색하던 중, 시인은 발이 미끄러져 철제 울타리 위로 떨

어져 버렸다. 쇠꼬챙이가 그의 이마를 옆으로 관통했다. 그는 그 상
태로 옴짝달싹못한 채 매달려 있었다.

농민들이 잘 대처한 것이라 의사들은 이야기했다. 그들은 시인의
머리에서 기둥을 뽑아내었다. 문제는 그의 얼도 함께 빠져나간 듯
보였다는 것이다. 그의 이마에 텅 빈 구멍이 남자 의사들은 상처를
아물게끔 했다. 그는 시력을 잃지는 않았으나 말을 잃어버렸다. 의
사들은 그를 시설로 데려갔고, 또 먼 곳으로 보내버렸다. 그는 살아
있었으나 앞으로 두 번 다시 입을 열 수 없을 것이라고 했다. 그의
시에 등장하던 누이는 그를 만나기 위해 굳게 잠긴 문 앞에서 기다
리곤 했다. 그녀는 그를 기다리며 하염없이 서 있었다. 하지만 빗장
은 열릴 줄을 몰랐다.

그러던 어느 따뜻한 봄날, 마치 가축을 방목시키듯 그가 풀려 나
왔다. 그들이 그를 놓아준 데에는 이유가 있었다. 그는 온순하고 멍
한 모습으로 그녀에게 다가왔다. 그녀가 흐느끼자 그는 그녀의 손바
닥을 핥았다.

하지만 그의 행동은 누이를 달래기 위한 것이 아니었다. 그녀는
한참 뒤에서야, 아버지가 돌아가시는 날이 되어서야 이를 깨달았다.
아버지가 시신으로 누운 모습을 보고도, 그는 아무런 흥미가 없다는
듯 주위를 서성였다. 마치 전혀 새로울 게 없다는 듯 말이다. 아니,
실은 정신 사납게 마구 돌아다니고 있었다. 커다란 짐승처럼 야만스
러운 입으로 유리장식을 뜯어 입으로 가져갔다. 자신과 함께했던 동
지들이 잡혀 추방당할 때도, 줄줄이 쇠사슬에 묶여 끌려가던 모습을

보고서도 그는 태연히 음식물을 뒤지고 있었다. 그는 목줄을 맨 개를 끌고 산책을 나갔다. 아니, 그의 개가 그를 산책시킨 것인지도 모른다. 컵 속 귀리 알갱이 몇 개. 그에게 내려지는 유일한 상은 그뿐이었다. 눈앞에 살코기 몇 점이 보이면 그는 히죽거리며 입맛을 다셨다. 하지만 그녀가 그의 목이나 뺨을 몇 대 때리고 나면 몇 시간 낑낑댈 뿐이었다. 그는 그녀에게 잡동사니를 가져오곤 했다. 양동이, 책, 돌멩이 따위를. 그는 싫증낼 줄을 몰랐다.

전두엽이 망가졌기에 말을 할 수 없는 것이라 의사들은 설명했다. 그리고 이성이라곤 얼마 남아 있지 않을 것이라는 말도 덧붙였다. 그의 판단력은 조류보다 낫다고 할 수 없었다. 그는 주변에 놓인 아무 물건이나 입으로 가져가 꿀꺽 삼켰다. 지난날의 용모는 완전히 사라져버렸다. 그 어떤 거울도 그를 자신에게 되돌려놓을 수 없을 것이다.

그녀는 목례하는 갈릴레오를 맞이하며 일어나 훈장과도 같은, 자

신의 굽은 허리를 숙였다. 비록 그녀의 삶을 관통해 흐르던 강물은 휘어졌으나, 내면의 노정은 그렇지 않았다. 그들이 그녀의 입을 막더라도 그냥 두어라, 그녀는 쉬지 않고 그의 운명을 노래할 지어니. 시 속에서 말을 잃은 동생, 동생의 시는 사람들 마음속에서 울려 퍼지리라. 비록 그들이 시인에게서 자아를 앗아갔으나, 그가 쓴 구절마저 입막음하지는 못하리라. 사람들은 그녀가 부르는 애도의 곡조를 기억 속에 간직할 것이다. 그리고 그의 작품과 역사 속에 얼룩진 죄악을 증언할 것이다. 참혹한 이 나라야말로 시인들을 죽인 살인마였다.

그렇게 그녀는 견뎌내었다. 운명에 짓눌린 채, 수많은 남과 여, 아는 이와 알지 못하는 이들을 경계하며, 들려오는 모든 소식과 성명을 두려워하며, 아무 일 없던 수많은 날들을 공포로 떨며, 간부들의 입에서 오르내리는 자신의 평판을 살피면서 견뎌내었다. 앞날이 목구멍을 턱 막았기에 그녀는 헐떡이며 그를 바라보았다. 그는 아무

걱정도 없이 평온히 숨을 쉬었고, 그 누구건 유순히 따르며, 현재라는 조각만을 냄새 맡고 핥아먹을 뿐이었다. 상처와 죽음으로 가득했던 그녀의 과거는 여전히 그녀의 살가죽에 아로 새겨지고 있었다. 그의 과거는 허허벌판과 같아 바람이 한번 쓸고 지나가는 텅 빈 공간일 뿐, 잡아둘 그 무엇도 보이지 않았다.

꽁지만 남은 그의 머릿속 뇌 조각은 유유히 모습을 바꾸어가며 반짝이고 있었다. 대뇌 표면 위에서 산들바람이 불듯 잔잔한 필름 속에서는 장면이 바뀌고, 사건이 일어나고, 삶이 지나가고, 의식이 흘렀다. 형태와 색상, 얼굴과 장소, 소리와 소음, 온갖 움직임들은 여전히 그 자리에서 손짓하고 있었다. 예전과 꼭 같은 모습으로 말이다. 하지만 그것들을 붙잡을 수 있는 이, 그것들을 머릿속에서 돌려놓을 이, 그것들이 의미하는 바를 생각해볼 이가 없었다. 그의 두상 앞으로 틈이 벌어졌고, 뒤로는 상을 비추는 만화경의 거울이 망가져, 반추의 여지가 완전히 꺼져 버렸기 때문이다. 뒤는 그 앞을 잃어버렸다.

토끼를 쫓아 쏜살같이 수풀을 가로지르는 아이처럼, 눈앞에 보이는 지금 이 순간만을 헐레벌떡 쫓아가는 아이처럼, 자신을 돌아볼 여지는 눈곱만큼도 남기지 않은 채, 가지 사이를 미끄러지듯 지나 나무뿌리와 돌멩이 위를 뛰어다니며, 질문을 던지거나 곰곰이 생각해볼 겨를도 없이, 자신에 대해서는 아무것도 모른 채, 그저 감각이라는 호흡 가쁜 영화 속을 뜀박질할 뿐이었다. 그의 모습은 그러했다. 어둠이 찾아오자 땅 위 여기저기를 뒤지는 그의 모습이 조금 느려졌을 뿐이다.

Φ

주

여러 가지 이유로 '새벽녘 I'의 첫머리는 러시아의 시인 및 작가들의 이야기를 참조하였다. "멋진 신세계가 찾아올 때까지 불협화음으로 헝클어진 나날은 이어져야만 하는 법. 마치 플루트처럼"과 "형제들이여, 자유의 동이 터오는 것을 찬양합시다. 위대하면서도 어두컴컴한 이 시절을"은 오시프 만델스탐Osip Mandelstam의 시구이다. 그는 스탈린의 노동 수용소로 끌려가던 도중 사망하였다. 사인에 대한 확실한 기록은 남아 있지 않다. 하지만 그가 탈출을 꾀하던 중 전두엽에 손상을 입었다는 이 이야기는 전혀 근거가 없다.

참조한 다른 작품으로는 만델스탐의 친구이자 시인이었던 안나 아흐마토바Anna Akhmatova의 〈진혼곡Requiem〉이 있다. 그녀의 첫 번째 남편은 확실한 증거도 없이 미심쩍은 선고를 받고 처형당했으며, 그녀의 아들은 굴라그(소련의 정치범 강제 노동 수용소_역주)로 보내졌다. 인용된 단락들은 플라토노프Platonov의 작품, 특히 〈구덩이The Foundation Pit〉로부터 영감을 받았다.

이번 장의 주된 주제는, 광범위한 전두엽 손상을 입게 되면 자기-의식과 반추적 사고는 줄어들지만 의식 자체는 남아 있다는 것이다. 전두엽 절제술(큰 낫과 작은 낫, 뇌 전두엽을 관통하는 철의 장막)은 20세기 전반부에 들어 매우 흔히 시술되곤 했지만 소련에서는 아니었음을 말해두고 싶다. 오히려 이 이야기에서, 이견을 없애기 위한 목적으로 난도질당한 대상은 국가 그 자체가 아닐까 싶다.

두부에 관통상을 입은 피니어스 게이지Phineas Gage의 증례는 유명하다. 철도 건설 노동자였던 그는 주의소홀로 인한 폭발로 건설 현장의 다짐봉이 튀어 전두부에 박혔다. 비록 목숨은 건졌으나, 사고 이전의 예의바른 성격과 행동은 사라지고 다른 사람이 되어버렸다. 한나와 안토니오 다마지오 부부는 쇠막대기로 인해 손상받은 부분이 전두엽의 복내 측 영역일 것이라고 추측하였다(다마지오Damasio 외,《사이언스Science》, 1994).

1937년 스페인 내전 당시 창문 밖으로 도망치다 철문의 못 장식에 관통당한 어느 스페인인의 증례 역시 이와 유사한 경우다(마타로Mataro 외,《신경학 아카이브Archives of Neurology》, 2001).

광범위한 전두엽 손상을 가장 잘 보여주는 예로는 마르코비치Markowitsch 와 케슬러Kessler가 묘사한 독일 여인의 증례를 들 수 있겠다(《실험적 뇌 연구 Experimental Brain Research》, 2000).

자기-의식 없이도 의식적일 수가 있음을 이제는 신경영상학적 증거로써 증명할 수 있다. 이 경우 뇌의 뒤쪽 부분은 활발하게 활동하나, 전두엽은 조용한 모습을 보인다(골드버그Goldberg 외,《뉴런Neuron》, 2006).

새벽녘 II : 진화하는 의식

동물 역시 의식이 있다

우리와 비슷하게 사고할 수도, 혹은 사고와는 거리가 멀지도 모르는, 같은 행동을 반복하는 피조물들. 침묵은 이견이 없는 것으로 간주되는 녀석들. 녀석들은 빛만큼이나 어둠 역시 공유하고 있을까?

영문도 모른 채, 한 당나귀가 절뚝거리며 갱도를 오르고 있었다. 양쪽에는 석탄 꾸러미가 주렁주렁 매달려 있었다. 무게에 눌린 무릎은 후들거리며 떨렸다. 뒤로는 어두운 터널 구멍이 보였다. 앞으로는 당나귀 치는 소년이 등불을 들었다. 발자국을 옮길 때마다 등불은 흔들거렸다.

어째서 녀석이 그 자리에 주저앉아버렸는지 영문을 아는 이가 없었다. 나귀들은 대개 더 튼튼해서 온종일 매질해도 견디는 것이 보통이었다. 사람들이 하이드라 부른 그 녀석은, 가죽보다 더 질긴 피부를 갖고 있었다. 마치 산 채로 무두질을 한 것처럼 말이다. 사람들은 녀석을 삽으로 때려보았지만 녀석은 꿈쩍도 하지 않았다. 다만 삽날이 살갗을 파고들 때면 간간히 목을 움츠릴 뿐이었다.

녀석이 광산에 온 날을 기억하는 사람은 없었다. 죽지 않았더라면 녀석의 어미 노릇을 하고 있었을 암컷 나귀 역시 그곳에서 살았었다고들 했다. 아마 하이드는 태어난 이래 단 한 번도 대낮의 햇빛을 보지 못했을 것이다. 녀석의 눈은 흐릿했다. 어쩌면 정말 앞을 못 보는 건지도 몰랐다. 어찌되었든 매번 같은 어두운 갱도 길만을 지나다녔기에 녀석은 볼 필요조차 없었을 것이다. 사람들이 점점 더 깊은 곳까지 파들어 가자, 갱도는 해가 갈수록 더 길어졌다. 혹은 녀석의 걸음이 더 느려진 것일 수도 있었다. 확실히 하이드는 수척해졌고, 살날이 많지는 않을 것 같아 보였다.

암컷 나귀가 죽던 날, 인부들이 시체를 던져버리는 구덩이 옆에서 하이드는 한동안 멈춰 서 있었다. 녀석은 매질에도 아랑곳하지 않고 몇 시간 동안 꼼짝하지 않았다. 어쩌면 하이드가 눈치 챈 것일지도 몰랐다. 암컷 나귀는 죽었기에 더 이상 고통이 없을 것임을. 사나운 이빨에 뜯기고 부리에 쪼이더라도, 더 이상 아무것도 느끼지 않을 것임을. 어쩌면 하이드 역시 곧 아무것도 느끼지 않았으면 하고 바랐을지도 모른다.

당나귀 치는 소년은 연민을 느꼈다. 녀석은 매일같이 마대자루를 짊어질 뿐, 단 한 번도 아픈 척하거나 운 적조차 없었다. 혹시 당나귀가 벙어리는 아닐지 소년은 궁금했다. 가끔 그는 마구가 잘 묶였는지 손으로 훑었고, 마치 자신의 동생인 양 나귀를 토닥이곤 했다. 당나귀는 고개를 돌려 그를 쳐다보고는 그에게 주둥이를 비벼댔다. 하지만 이제 소년은 사람들이 보지 않을 때만 녀석을 토닥일 뿐이었다. 사람들은 그를 비웃으며 당나귀의 버릇을 망쳐놓지 말라고 했기 때문이다. 당나귀가 소년의 마음을 알아차리는 일은 자신들이 신앙심을 가지는 것보다 더 말이 안 된다는 것이었다. 입에 풀칠할 걱정도 하지 않는 녀석이니 말이다.

그날이 찾아오자, 소년은 사람들에게서 녀석을 감추려고 애를 썼다. 갱도 속 가파른 오르막길에서 당나귀가 난데없이 멈춰서버린 것이다. 그러고는 앞다리를 접고 등을 구부렸다. 마대자루가 목으로 미끄러져 내렸다. 소년은 석탄이 몽땅 쏟아질까 봐 전전긍긍했다.

소년이 녀석의 귀에 대고 무엇인가 속삭이자, 녀석은 곧 일어나야만 했다. 그렇지 않았다면 사람들이 눈치를 챘을 것이다. 하지만 양쪽 귀는 구부러진 무릎처럼 쳐진 그대로였고, 무릎에서는 피가 흘렀다. 소년이 고삐를 잡아끌어 보려 할 때쯤 사람들이 그를 보고서 불러 세웠다. 소년은 석탄 먼지에 뒤범벅이 된 얼굴로, 당나귀를 갱도 밖으로 데리고 나가 돌볼 수 있게 해달라고 간청했다. 녀석을 채굴장으로 다시 데리고 돌아오겠노라고, 밑져야 본전이라고 소년은 간청했다.

그 무렵은 작업이 끝나갈 즈음이었다. 굴속으로 되돌아가 당나귀를 챙겨주고 싶은 이는 아무도 없었기에 사람들은 그 둘, 소년과 하이드를 한꺼번에 묶어 갱도 위로 끌어 올렸다.

그들이 빠져나왔을 때, 해는 골짜기 위에서 뉘엿뉘엿 저물고 있었고 초원에는 그림자가 드리워졌다. 안장 꾸러미도 차지 않은 채 당나귀는 천천히 소년의 뒤를 따라 걸었다. 녀석은 잔뜩 흥분한 듯, 그리고 눈을 뜨고 있을 수가 없는 듯 연신 눈꺼풀을 깜빡였다. 녀석은 머리를 이리저리 흔들었고, 소년의 눈에 녀석의 혈색이 변하는 듯 보였다. 얼마 안 가 그들은 빽빽한 나무숲을 뒤로하고서 멀리 들판으로 나왔다.

이제 더 어두워졌고, 하늘빛 역시 달라졌다. 바람은 상공을 향했

다. 그러자 갑자기 당나귀는 획하고 방향을 틀었다. 그 바람에 소년은 깜짝 놀라 마구를 떨어뜨렸다. 녀석은 툭 트인 들판에서 이리저리 내달렸기에 도저히 붙잡을 방도가 없었다. 멀리까지 달아나자 녀석은 술 취한 것처럼 허공에다 발길질을 했고, 소년이 한 번도 들어보지 못한 괴상한 울음소리를 내었다. 마치 자신은 더 이상 당나귀가 아닌 새라고 여기는 것처럼 보였다. 녀석이 발길질하고 뛰노는 모습은 새처럼 가벼워 보였다. 마치 하늘을 반기는 듯, 그리고 수풀을 반기는 듯 보였다. 마치 자신의 다리가 여전히 달릴 수 있음을, 그리고 짐을 벗어던지고서 뛰어오를 수 있음을 확인하는 듯 보였다. 저녁 공기를 들이켜 폐 속 가득한 분진을 깨끗이 쓸어내길 바라는 것 같았다. 기쁨에 미쳐 날뛰는 것 같았다.

　"그래서…." 이윽고 수염 난 노인이 갈릴레오를 향해 말을 걸었다. "지금까지 황소와 다를 바 없는 인간과 인간적인 당나귀를 보셨습니다. 누구의 고통과 기쁨이 더 강렬했을까요? 가면 뒤에는 아무런

경험도 존재하지 않았을까요? 그들은 단지 영혼을 가장한 녹슨 기계에 지나지 않았을까요?"

갈릴레오는 생각에 확신이 있었다. 자신에게 의식이 있는 것과 마찬가지로, 그 사람들에게도 의식이 있음을 부인할 이유는 아무것도 없었다. 생의 거울에 비친 모습을 찬찬히 생각해볼 수는 없을지언정, 행동에 뒤따르는 무게를 따져보지는 못할지언정, 교묘히 기만하는 법은 잊어버렸을지언정, 경험이라는 강물이 여전히 그의 두뇌 속에서 유유히 흐르고 있었다. 다만 강의 본류로부터, 굽이쳐 흐르는 북쪽 저 멀리의 모호한 지류들, 즉 반추하는 자아가 깃든 전두엽이 끊어져버렸을 뿐이었다. 그렇다면 인간들은 모두 다 황소와 다를 바 없는 존재들이다. 깊은 잠에서 막 깨어날 때, 밤을 새어 졸음이 쏟아질 무렵, 혹은 어떤 종류의 꿈을 꾸고 있을 때, 경험은 소멸해버리는 것이 아니라 단순하고 간단한 형태로 변할 따름이었다. 따라서 주도권을 쥔 전두부의 엄격한 고삐로부터 후두부가 풀려나게 된다면, 불의

의 사고 때문이 아니라 자연의 섭리가 그렇게 만든 것이라면, 이를테면 당나귀나 그 외의 수많은 다른 동물들처럼 그러하다면 그 사람들과 그리 차이 나는 점이 있을까? 동물의 행동이나 뇌의 구조가 비슷한 만큼, 동물이 경험하는 바 또한 비슷하지 않을 이유가 있을까? 물론 완전히 동일한 경험은 아닐 것이다. 인간의 뻣뻣한 걸음걸이는 표범의 질주나 바다 속 돌고래의 헤엄, 박쥐의 능수능란한 비행이나 문어의 부드러운 미끄러짐과는 다르다. 그럼에도 불구하고 그 역시 경험이다. 당나귀가 추던 자유의 춤은 춤이 아니던가? 그리고 녀석의 즐거움은 우리가 느끼는 즐거움처럼 실재하는 것이 아니었을까?

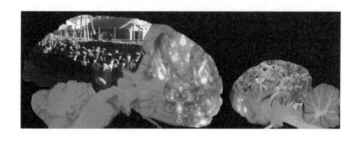

"바로 그렇습니다." 노인이 말했다. "동물은 얼굴에서 감정이 드러납니다. 우리와 마찬가지이지요. 아니, 우리보다 더 합니다. 우리가 느끼는 감정은 동물의 감정을 말해줍니다. 인간이 느끼는 '시샘'이란 감정은 동물들 사이에서 벌어지는 다툼이 내적으로 표현된 것이며, '질투'라는 감정은 짝짓기 상대를 얻으려는 노골적인 싸움과 다를 바 없으며, 우리가 예술을 사랑하듯 침팬지는 평화스러운 일몰을 바라봅니다. 그렇다면 답해보십시오. 개미 한 마리를 밟아 죽일 때에도 우리는 눈물을 흘려야 할까요? 개미가 느낄 고통은 자수기계로 새겨진 장인의 지옥 같은 고통만큼 혹독할까요? 그리고 그걸 우리는 어찌 알 수 있을까요?"

갈릴레오는 고민 끝에, 프릭과 함께 잠을 깨웠던 프랑스인을 기억해 냈다. 그러고는 다음과 같이 답했다.

"이틀 밤을 꼬박 새고 나면, 마음은 결국 굴복하여 깊고 깊은 잠에 빠져듭니다. 그때 만약 제가 무례하게도 당신을 흔들어 깨워서는 어떤 심상이나 생각이 의식 속에 자리 잡고 있었는지, 그 여부를 묻는다면 뭐라고 답하시겠습니까?"

"저는 빈번히 깊은 잠에서 깨곤 하지요. 제 마음 속에는 아무것도 없었습니다. 마치 죽음과 다름없는 상태였겠지요. 꿈을 꾸지 않은 채 잠만 자는 것은 의식이 비참히 소멸해버린 상태에 지나지 않습니다."

"그렇지 않을 수도 있습니다. 어쩌면 의식이 내뿜는 희미한 입김은 잠자는 두뇌 속에서 여전히 숨을 쉬고 있는지도 모릅니다. 단지 너무나도 미약하기에 재주껏 자신을 숨기고 있는 것인지도 몰라요. 어쩌면 곯아떨어질 무렵 선생님의 두뇌 속 레퍼토리는 너무나도 줄 어든 나머지, 깨어 있는 개미만큼이나 혹은 그보다 못한 정도로 감소할지도 모르겠습니다. 선생님이 주무시는 동안의 Φ값은 깨어 있을 때보다 훨씬 작을 것입니다. 하지만 여전히 0은 아닐 테지요."

"가장 차가운 공기의 온도라 할지라도 진짜 0도, 절대 0도가 되는 법은 없는 것과 꼭 마찬가지이군요. 그렇지만 생명을 가진 모두가 얼어붙기에는 충분히 차갑겠지요."

Φ

주

수년 만에 지상으로 나온 광산 당나귀가 미친 듯이 기뻐하는 이야기는 스티븐 크레인Stephen Crane의 〈탄광 깊숙이In the Depths of a Coal Mine〉에 잘 묘사되어 있다(《매클루어스 매거진McClure's Magazine》, 1894). 광산에서 노동하는 소년과 당나귀들의 열악한 상태는 조반니 베르가Giovanni Verga의 〈사악한 붉은 머리칼Rosso Malpelo〉(1878)에서 인상적로 표현된 바 있다.

《무엇인가 일어나는 느낌The Feeling of What Happens》에서 안토니오 다마지오Antonio Damasio는 자기라는 원초적인 감각은 신체와 밀접히 맞닿아 있으며 동물과 인간 의식의 토대가 되는, 진화의 역사상 가장 오래된 근간이라 주장하였다. 이런 원초아는 나귀와 인간 황소 둘 다에 공통적으로 존재하는 것이 확실하다. 하지만 자서전적이고 반영적인 자기, 즉 동물에게는 결여된 듯 보이며 인간 역시 상실할 수 있는 자기는 의식을 가지는 데 필수적인 조건은 아닌 듯 보인다.

마지막 이미지는 인간과 말의 상대적인 뇌 크기를 예시한 것이다. 전전두엽(깨어진 거울)이 인간에게 훨씬 더 큰 것은 주지할 만하다.

/

새벽녘 III : 발달하는 의식

태어나기 전이라도, 어느 정도는, 틀림없이 의식이 존재한다

천국에는 아무도 없었다. 이승에서의 삶이 실패한 삶이었는지, 성공한 삶이었는지, 원치 않은 삶이었는지 심판할 자는 없었다. 교황의 주치의는 다리 벌린 소녀 옆에서 쉬고 있었다. 가슴팍까지 고개를 푹 숙인 것이 마치 몸을 안으로 구겨 넣으려는 듯 보였다. 소녀의 몸은 보랏빛 덮개로 덮여 있었다. 그녀가 몸 한가운데에서 뱉어내는 숨결은 희미하게 떨렸다. 바닥에 놓인 양동이는 가득 찼고, 외과용 겸자는 더럽혀져 있었다.

 "제가 그랬던 것처럼 의사 선생님 역시 숨을 필요 없어요. 우린 여러 모로 같은 처지잖아요." 갈릴레오가 말했다. "그런데 이번에는 어

떤 악행을 저지르셨나요, 위선? 아니면 살인? 제가 보기에, 물론 저는 의학에 대해 아는 바 없습니다만, 아마 저 소녀는 살 수 있을 것 같네요. 그리고 언젠가는 지금의 상실로부터 얻는 것이 있겠지요. 머지않아 자신을 수술한 선생님의 탁월한 솜씨에 감사를 표하겠지요."

매도당했다고 느꼈을까. 교황의 주치의는 고개를 들어 말했다.

"오, 아니야, 친구, 아니고말고. 내 사정을 좀 들어보게나. 비록 나조차도 납득이 가질 않지만. 정말 내가 손수 하고 싶은 일은 아니었어. 하지만 더 높은 명분이 있었기에 어쩔 수가 없었지. 만약 인간의 나약함이라는 씨앗이 전부 자라나도록 내버려둔다면, 구역질나는 썩은 과일의 악취가 퍼져 교회라는 가장 빛나는 꽃들이 시들어버릴 것이라네. 신실한 젊은이들이 무얼 배우겠나? 믿음이라는 크고 웅장한 건축물이 형체도 갖추지 못한 핏덩이 때문에 흔들릴지 모른다는데. 그러니 할 수밖에 없었어. 솜씨 좋은 이 손, 피를 묻히는 데 익숙하고 신중한 이 손으로 직접."

"그렇다면 무엇 때문에 힘들어하시는 거죠? 의사 선생님? 40번째 날이 지난 다음의 수술이었나요?"(토마스 아퀴나스는 남자아이는 수태 후 40일, 여자아이는 80일이 지나야 영혼이 주입된다고 믿었다_역주)

"자네는 아이러니라는 예리한 칼날을 놓치고 있군." 로마인 프로토메디쿠스가 말했다. "알다시피 나는 수태가 일어나는 바로 그 순간에 영혼이 들어온다는 설을 지지하던 사람이었다네. 정식 교리가 세워지기 전까지는 말이야. 육신이나 두뇌가 부단한 과정을 거쳐 만들어진다는 사실을 밝혀낸 장본인이자, 과학적 증거나 명쾌한 논리를 수호하는 사람이 바로 나였어. 40번째 날을, 여아에게는 그보다 2배의 기간을 설정하는 것이 내겐 정말 작위적이고 얼토당토않은 소리로 들렸다네. 합리적인 영혼의 화려함에다 인위적인 탄생일을 갖다 붙이는 짓은 논리적으로 모순인 것이지. 하지만 친구, 삶 자체가 모순 덩어리이거늘. 교리야 어찌되었건 무슨 상관이겠나?"

"그렇다면, 선생님은 위대한 철학자의 생각을 풀어쓴 이 시구를 신뢰하지 않겠군요?" 갈릴레오가 물었다.

진실을 말해줄 터이니 가슴을 열고 새겨들어라.

태아에게 두뇌의 마디마디가 완성됨과 동시에

시초의 발동자初の發動者는

빼어난 자연의 솜씨에 흡족해 하며

힘이 넘치는 새 영혼을 그 속에 불어넣으리.

영혼은 그곳에서 활동하는 모든 것을

자신의 실체로 받아들여 오직 하나의 영혼이 되리니,

그것은 살아 숨쉬고, 느끼고, 스스로 움직이리라.

갈릴레오는 이어나갔다. "제가 시구에서 깨달은 점은 이겁니다. 물론 새로운 생명이 시작되는 어떤 시점은 분명 존재합니다. 그리고 그 시점은 아마 수태의 무렵일 듯합니다. 하지만 식물 역시 살아 있어요. 그것들을 무생물 취급해야 할 이유는 없지요. 감각이 느껴지기 시작하는 순간은 틀림없이 존재할 겁니다. 하지만 그렇다고 해서 우리가 동물과 다르다고 말할 수는 없어요. 출생하기 전이든 이후든 무관합니다. 이윽고 이성이 빛을 발하고, 세상을 바라보고 있음을 알아차리고, 자기 자신을 발견하는 때가 도래합니다. 이 순간이야말로 완전한 영혼이 태어나는 시점입니다. 혹자들이 말한 것처럼 그날이 40번째 날인지, 옹알이를 시작하는 때인지 혹은 거울에 비친 자신의 모습을 알아차릴 수 있는 18개월째인지 저는 알지 못합니다만."

"그 정도로 끝나는 문제가 아니라네, 친구." 교황의 주치의가 말했다. "매순간을 나누어보면, 찰나라는 무한히 긴 사슬이 만들어진다는 시간의 역설에 대해 고민하는 철학자만큼이나 나는 지금 당혹스러워. 단순한 핏덩이, 하지만 시나브로 장엄한 한 인간의 영혼으로 자라날 핏덩이를 앞에 두고 어쩔 줄 몰라 하는 중이라네. 내가 없앤 핏덩이는 단지 핏덩이일 뿐임을 잘 알고 있지. 그 안에 든 영혼은 내가 도려낸 교황님 이마의 사마귀보다도 작을 터. 내가 가짜 살인을 저지름으로써 진짜 생명을 구한 셈이라는 것 역시 잘 알고 있어. 그런데 말이야, 그 핏덩이 속에도 어떤 남자나 여자의 궤적이 들어앉아 태어나고 자라기를 기다리고 있었을 거야. 언젠가는 교황님과 같은 큰 인물이 되기를 바랐겠지. 물이 말라 바닥을 드러낸 강처럼 흔적도 없이 사라져 버렸네. 그 궤적이 말라버렸기에 이젠 아무런 삶도, 아무런 감정도, 아무런 기억도 낳을 수가 없네, 뭔가를 주거나 받을 수도 없고 심지어 불릴 이름조차 없겠지."

"태어나지 못한 생명에 관한 문제, 미끄러운 경사면 같은 이 문제는 뒤로 넘어지더라도 코가 깨지는 난제로군요." 갈릴레오가 말했다. "만일 수태라는 전환점 이후에 뚜렷이 구분되는 무언가가 존재하지 않는다면, 그 이전이라고 해서 다를 건 없겠지요. 그렇다면 사정에 태만한 것은 필멸의 죄입니다. 교리 회의에 가서 말하세요." 그는 웃음을 지었다. "그리고 매일 금욕이라는 대학살이 우리 모두를 살인자로 만들고 있음을 상기시키세요."

"아닐세, 친구." 의사가 답했다. "수태 이전에는 어떠한 새로운 존재도 발생하지 않아. 수태 이후에서야 뚜렷한 인간다움을 가진 존재, 유일무이한 개인의 특질을 가진 존재가 생겨나는 것이라네. 나

는 직접 내 눈으로 살펴보았어. 가
장 초기단계의 배아가 지닌 인간
모습의 흔적을, 완전한 한 인간으
로 자신을 펼쳐낼 준비가 된 흔적
을 보았단 말일세."

"사정한 정액을 두고 논쟁할 생
각은 없어요." 갈릴레오가 말했다.
"프릭이라는 사람은 머리카락 몇
올에서 쌍둥이 신생아를 만들어낼
날이 머지않았다고 했어요. 그렇다면 매일같이 하는 면도는 혈육 수
백 만 명에 대한 잠재적인 대학살과 다를 바 없습니다. 우리는 이를
미래의 교리로 남 겨둘 겁니다. 하지만 배아는 완전히 갖춰진 사람
이 아니에요. 그저 구부러진 설계도 꾸러미에 불과하지요. 비록 선
명히 그려진 대성당의 청사진을 자신의 팔 아래에 꼭 쥐고 있는 건
축가와 같은 처지일지는 몰라도, 교회가 지어지기 전까지 그 교회라
는 건물은 없습니다. 신도가 입장할 교회는 그때까지 존재하지 않는
다는 뜻이죠. 우리가 어떻게 생겨났는지 생각해 보세요. 이성이 눌
러앉은 자리는 단순한 관 모양에서부터 발생했습니다. 불룩하게 굽
은 관이었지요. 그러더니 부풀어 오르고 두꺼워졌습니다. 그리고 마
치 뒤집어진 장갑 바닥에서 밀려나온 2개의 손가락처럼 안구가 자
라났어요. 그다음에는 여러 층으로 분리되어, 그 속의 세포들이 분
열하고 자라나고 이동하여 먼 곳, 가까운 곳 가리지 않고 가지를 뻗

었습니다. 그러고는 스스로 움직임을 조절하기 시작했지요. 처음에는 별다른 목적이 없는 서투른 움직이었습니다만, 점점 단일한 마음으로 살아나 웅성이기 시작합니다. 가냘픈 두드림으로, 그러고는 점차 수백만 신경세포들의 시끄러운 외침으로, 때로는 깨어났다 때로는 잠들었다 했겠지요. 그러더니 세포들은 잘 훈련받은 전문가처럼 변해, 서로 맞잡은 대열의 경계를 가다듬고는, 절연성 지방 덮개로 기다란 팔을 빈틈없이 감싸, 손끝을 타고 흐르는 신호를 전달하게 된 것입니다."

"몰랐었네. 나는 보잘것없었구먼. 세시^{Cesi} 왕자의 학당이 그렇게까지 발전했다니."(세시 왕자는 린체이 아카데미$^{Accademia\ dei\ Lincei}$라는 최초의 과학 학원을 설립한 인물로 갈릴레오 역시 그 일원이었다_역주) 의사가 말했다. "허나 갈릴레오, 그렇다면 그대 자신의 생각은 어떤가?"

"잠들어 있는 인간 배아 속 영혼의 크기는 자유를 맛본 비루한 늙은 당나귀보다도 작습니다. 제가 알고 있는 것은 여기까지입니다. 초기 단계에서 배아가 가진 의식의 Φ값은 어쩌면 파리보다도 작을지 모르겠습니다. 퀼리아의 형상들은 채 만들어지지 않은 육신보다도 더 불분명할 것이며, 인간이라 하기에는 더 거리가 멀 것입니다. 형체도 없이, 구분되지도 분화되지도 않은 한 덩어리로, 시각, 청각 그리고 후각의 형상을 갖추지 못했을 것입니다. 그러므로 통증 역시 거의, 아니면 전혀 느끼지 못할 것이며, 감각도 거의 없을 것입니다. 물론 자아란 없겠지요. 언제쯤 배아에게 적당한 영혼이 생겼다고 말할 수 있을까요? 단지 1초라도 살아 있기만 하면 될까요? 아니면 울거나 걷고 말하고 생각하거나 질문을 던지고, 자신만의 기억을 떠올리거나, 어째서 어느 날 태어났는지 질문하고, 또 그것이 좋은 일이었는지 아닌지 의문을 가질 수 있을 때가 되어서야 그럴까요? 아주 희미한 감각이라도 느낌을 느낄 수 있을 때 비로소 영혼을 가졌다고 추론하는 것이 옳을 듯합니다. 의식의 빛이 언제쯤 자라나 두뇌의 대성당 속으로 들어오는지 저는 알지 못합니다. 은밀하게, 처음에는 눈치 채지 못하게, 건물터의 으슥한 구석에 켜놓은 어느 촛불처럼 입장할까요? 탄생의 세례가 있기 훨씬 전부터? 그 후 뇌 속에 존재하는 방방마다 찬찬히 빛을 밝혀 드넓은 회당 전체가 환해지기까지 입장은 계속되는 걸까요? 저는 모르겠습니다. 하지만 세상을 관통하는 불빛은 생명과 동시에 켜지지는 않습니다. 그것은 의식과 더불어 타오르는 것이죠."

"아무렴 어떻겠나." 의사가 고개를 흔들며 말했다. "단순히 생명의 유무가 아닌 감각의 존재 여부가 중요한 것이라면, 과연 어느 정도의 감각이 존재할 때 영혼이 있다고 정의내릴 수 있겠나? 아주 미약한 감각으로도 족할까? 그렇다면 수태의 순간에도 어떤 느낌이 존재할지 모르지. 그리고 그게 얼마만큼의 느낌인지는 어찌 알겠나? 겉으로 보이는 움직임만이 우리가 판단할 수 있는 전부인데, 움직임만 가지고 무얼 느끼고 있는지 알 수는 없는 노릇이지. 그게 항상 꿈을 꾸고 있는 중이라면 어쩔 텐가?"

"의사 선생님, 스스로도 알고 계십니다. 어느 한 존재가 보여주는 여러 가지 행동에는 당연히 여러 가지 감정이 나타납니다. 갖가지 말

과 행동은, 내면에 풍부한 우주가 들어 있음을 의미합니다. 꿈쩍도 하지 않는 식물의 한결같은 모습은, 그 속이 공허하게 비어 있다는 외침입니다. 우리가 완전히 신뢰할 수 있는 접근은 아닐지라도, 두뇌 속 레퍼토리를 측정할 수 있을 때까지는 그 수밖에 없습니다. 하지만 단지 한줌의 의식을 죽이는 것이 살인을 규정하기에 충분한지 물으신다면, 선생님께서는 오늘 저녁 식사시간, 수술대 위에서 손수 죽였던 것보다 훨씬 더 큰 영혼을 먹게 되리라고 답하겠습니다."

"그럴지도 모르지, 하지만 비록 한줌의 의식이라도 그게 인간의 것이라면 당나귀의 기쁨보다 귀하지 않을 리가 없다네. 그것은 신성한 불꽃에 의해 점화된 유일한 빛이라네. 그러니 인간의 생명이라면 그것이 어디쯤이든, 어느 단계에 이르렀든 존중해야 할 의무가 있는 것이지."

　"우리가 지닌 불꽃이 더 신성한지 아닌지는 잘 모르겠으나, 존중을 받아야 하는 이유는 존재 그 자체에서 나오는 게 아닙니다. 다만 우리가 짊어진 책임의 무게를 생각하는 데서 나오는 것이지요. 의사 선생님, 제 자식을 낳은 여인은 제 아내였던 적이 없어요. 우리의 과실은 근본도 모르는 싹에서 떨어져나온 게 아닐까 하고 일단 의심하고 보는 게 안전할지도 모릅니다. 하지만 그런 것보다 더 중요한 관건은 다음과 같습니다. 생명이 점지되었을 때, 우리는 그 생명을 섭리대로 만개하게끔 도울 것인지, 그리하지 않을 것인지 결정해야 합니다. 만약 돕기로 결정을 내렸다면, 우리는 좋든 싫든 그 생명을 받아들여야 합니다. 한때 우리가 서로에게 그러했듯이 말이죠. 우리가 존중받아야 하는 이유는, 그리고 존중받을 가치가 있는 모든 것들을 존중해야 하는 이유는, 우리가 이해하고, 판단을 내리고, 결정을 하는 인간이기 때문입니다."

"쉬운 처방은 아니야, 갈릴레오. 존중받아 마땅한 것들이라 간주되는 범위는 시대나 유행, 그리고 세상의 지식에 따라 변하네. 그렇다면 존중은 절대적인 의무가 아니란 뜻이지."

"판단은 언제나 어렵습니다. 하지만 이런 식으로 사물을 바라보는 것에는 일종의 지혜가 담겨 있어요. 나이 들어 넋이 나가버린 노인일지라도 우리가 공경해야 할 의무가 있는 것처럼, 혹은 우리보다 단순한 동물을 존중해야 하는 것처럼, 우리는 싹을 틔운 배아 역시 존중해야 할 의무가 있습니다. 다만 어느 날 그 배아로부터 성장하게 될 사람, 그 사람을 좀 더 많이 존중해야 할 따름입니다. 우리는 그를 삶과 의식의 세계로 데려와야만 합니다. 그가 언젠가 우리의 선택에 동의할 것이라는 타당한 이유를 생각할 수만 있다면 말입니다. 만약 그를 생의 무대 위로 끌어들이는 것이 그 자신에게나 이미 의식을 가진 다른 사람들에게 커다란 고통을 초래할 일이라면, 우리가 품었던 선의는 결국 무책임한 것이겠지요."

"선생이 옳을 듯하네, 갈릴레오." 의사는 다시 그의 머리를 어깨 사이로 파묻고 휴식하며 말했다. "하지만 그렇다면 나는 무슨 일을 해야 하며, 어떻게 했어야 할까? 우리는 무엇에 따라 행동해야 할까? 법, 도덕적 원칙, 아니면 과학적 진실?"

Φ

주

파올로 자치아Paolo Zacchia는 두 교황의 주치의이자 로마 교황청 법원의 법률 조언자이면서 교황청의 건강 관리자였다. 그의 가장 중요한 저서인 《법의학 연구Queastiones medico-legales》로부터 법의학이라는 명칭과 분야가 탄생하였다. 반면 자치아가 낙태시술을 했다는 증거는 없다. 우리는 이미 소뇌의 장에서 교황의 주치의와 맞닥뜨린 바 있다. 그 장에서 그는 화가 푸생이 겪는 고통을 진단하였다.

시구는 롱펠로우Longfellow가 번역한 단테의 《신곡》 연옥편, 제25곡 Purgatorio, Canto XXV에서 따왔다.

/

일광 I : 탐구하는 의식

자연을 음미함으로써 의식 속 숨겨진 퀄리아가 발견된다

"방 안에 틀어박혀 있다 해서 천국이나 지옥을 경험하지 못하란 법이 있나요?"

아파트 문 위로 높다랗게 달린 청동 나팔관을 타고 한 남자의 목소리가 전해져 왔다.

"보고 듣고 느낀 바를 글이나 그림으로 잡아내는 분들을 저는 대단히 좋아합니다. 과거, 현재라는 온갖 시간의 표본들을 새하얀 페이지 위에 꽂아둘 수 있는 분들 말입니다. 일상 속 단 1장의 슬라이드라도 잃어버리는 법 없이, 자신만의 깊숙한 대양에 담갔다가, 완벽하게 재현해 내는 사람들, 경험의 사진작가들이라 할까요. 천국

같던 유년시절의 순수함이, 머리가 굵어지면서 저주로 녹아내렸다가, 기억이란 연옥에서 걸러져 나오는 것은 무슨 까닭일까요."

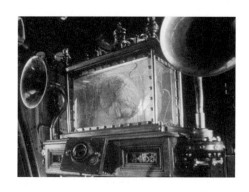

"제가 펜과 잉크를 쓰듯, 화가는 붓과 오일로 작업한다고 들었습니다. 창문도 없는 방 안에서 온갖 상상의 물줄기가 흘러나온다고 하더군요. 저도 마찬가지입니다. 침대라는 훈련장에서 저는 스스로를 단련해왔지요. 시계바늘이 옮겨가는 시시각각 저는 새로운 문장을 떠올립니다. 매트에 앉아서 한번 읽어보세요. 방문 아래에서 천계가 그걸 흩뿌릴 겁니다. 생의 모든 순간마다 새로운 경험을 느끼게끔 만들어드리겠습니다. 한 문장 한 문장 읽어나갈 때마다 심상이 떠오를 것입니다. 당신의 지친 눈이 따라오지 못할 정도의 이야기, 당신의 생애를 뛰어넘는 삶이 펼쳐질 것입니다. 기억 속에서 되살아나는 삶, 상상으로 다시 그려지는 삶, 생각이라는 예리한 빛을 맞아 펄럭이는 삶이야말로 진정으로 생기 있는 삶이지요."

아파트 방문 옆 명패에는 다음과 같이 쓰여져 있었다. MP.

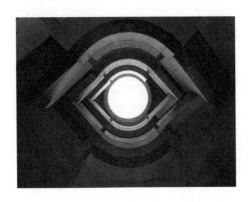

떠드는 목소리는 누구일까, 갈릴레오는 궁금해 하며 층계참에 서 있었다. 하지만 물을 겨를도 없었다. 그 맞은편 방에서 한 남자가 문을 휙 열고 나온 것이었다. 당장이라도 나팔을 때려 부수거나 옆방으로 쳐들어갈 기세였다. 그러나 갈릴레오를 발견하고는, 동작을 멈추었고 자신을 소개했다.

"저는 어니스트 헨리Ernest Henry입니다. 저 지긋지긋한 나팔에서 지껄이는 숨 막히는 궤변은 완전히 헛소리입니다. 의식이 지닌 레퍼토리가 어느 정도이든 간에, 아무리 광대하고 놀라울지라도, 저 작자는 그저 잉크통이나 긁어대는 비굴한 거지일 뿐입니다. 진부한 말장난에 굶주려 떠들어대고 있어요. 자칭 대문호라고 하더군요! 오, 그래요. 벼룩이 웃는다는 엉터리 소리, 벼룩이 문 상처에도 반쯤 의도치 않은 중의적 메시지가 담겨 있다는 소리나 평생토록 논하는 작자이지요. 아니면, 자신의 감옥 속 커튼 무늬에 난 구멍을 하나하나 일주하고서, 퀴퀴한 몸뚱이가 칙칙하게 오그라들어 숨이 넘어갈 때까지, 자신의 은둔형 여행을 연대기로 편찬할 작자이지요. 방문을 따고 들어가 봐야겠어요. 남극에서 바람이라도 불어와 녀석의 가련한 마음을 깨우고, 녀석이 흘린 땀을 재채기에 산산조각나는 서리로 얼려버렸으면 좋겠군요."

"아, 제 맞수께서 일어나셨군요." 문 위 청동 나팔에서 대답이 들려왔다. "말씀하시는 투는 제가 글을 쓰는 방식과 꼭 닮았어요. 어니스트 경, 여러 번 얘기했을 텐데요. 뭔가를 발견하는 여정은 새로운 광경을 찾는 데 있는 것이 아니라, 새로운 시야를 가지는 데 있다는 것을요. 남극지방의 얼어붙은 풍경은 아마 지구라는 케이크가 얼음으로 뒤덮인 모습이겠죠. 하지만 명심하세요. 그 케이크의 맛은 이 방 안에서 만들어진답니다."

"발견에 대해 그따위로 말하다니요! 새로운 대륙을 탐험하는 동안 폭풍우 속에서 자작나무가 꺾이듯 목숨이 위태로웠던 적도 있었어요. 하지만 우리는 그 누구도 존재를 알지 못했던 새로운 광경을 보고 왔다고요. 대신에 당신이 내세울 수 있는 건 뭐가 있죠? 침대에 묶인 채 삶의 가십거리나 쓸어 담는 쓰레받기? 권태로움의 다른 이름? 평생토록 낭비한 시간의 모음집?" 탐험가는 자신의 방으로 뒤돌아 가버렸다.

"달아나지 마세요, 어니스트 경!" 목소리가 말했다. "만약 제가 제 책장 속에 당신을 고정해 놓지 않는다면, 당신과 당신의 배는 얼마 못 가 표류하다 없어져버릴 겁니다. 경험이라는 강물은 너무나도 빨리 흘러서, 흘러가는 물살을 어느 지성인이 기록으로 틀어막지 않는다면, 소용돌이치며 땅 속 어둠으로 사라져버릴 것입니다. 생각이라는 증기는 빙글빙글 피어올라 공기 중에 흩어져버릴 겁니다. 붙잡아둘 수 없다면 말이죠. 당신은 그저 나비채나 휘두르려 하겠지만, 이를 냉동시킨 다음에야 보존할 수가 있답니다. 몸짓 하나하나가 흘러갈 때, 이를 온전히 잡아두기 위해서는 책이 필요합니다. 삶이란 작품과 맞먹는 무게의 책 말입니다. 어니스트 경, 당신은 얼음투성이 신대륙을 탐사한 기억을 잊지 않으려 하겠지만 그건 가망이 없는 임무랍니다. 무슨 옷을 입었는지 기억나지 않는 어느 귀부인과 같아요. 그녀가 마시던 차의 풍미는 증발해버렸고, 그녀가 던진 윙크라는 특별한 다트는 사라져버렸습니다. 그 귀부인은 흙으로 돌아가 다시는 되살릴 수 없습니다. 시간이라는 차가운 바람에 향기가 날아가고 나면, 한 시대마저도 사라져버릴 겁니다."

"글쟁이들은 이런 식이에요." 어니스트는 갈릴레오를 바라보며 중얼거렸다. "작가의 운명은 소리, 음절이나 문장에 얽매인 채로 자신의 책장 속에 봉인되어 있습니다. 단어들 속에 갇혀버린 죄수라 할까요. 백문이 불여일견 아니겠습니까. 만일 제가 단안경을 쓴 채, 손에 샴페인잔 따위나 들고 의례적인 인사나 나누면서 1시간을 때워야 한다면, 고작 단 1시간일지라도, 참을 수 없는 가려움에 미라가 되어버릴 겁니다. 남은 몸짓이라고는 그저 벅벅 긁어대는 것밖에 없겠지요."

"성급하시군요. 성급함은 진중함의 적이랍니다." 나팔 속 목소리였다. "친애하는 어니스트 경, 가려운 곳을 제가 긁어드리지요. 경험

이라는 사진들을 무작위로 섞어, 생의 노정 속 한순간을 아무렇게나 뽑아낸다 할지라도 그 세계는 온전히 담겨 있어야만 합니다. 어둠은 수많은 장면을 잉태하고 있습니다. 그리고 만약 만화경 속 장면들이 드러난다면, 그 잎사귀들 가운데 어떤 것은 검을 것입니다. 새로운 나라들, 발견되지 않은 산들, 하늘과 땅이 보이는 모든 경관들은 그것이 얼마나 크든 작든 간에, 의식이라는 개인적인 레퍼토리 안에 이미 존재해 있던 것입니다. 어니스트 경, 그 모든 남극의 사진들은 당신이 촬영하기 이전부터, 그리고 당신이 그걸 목격하기 훨씬 이전부터 의식이라는 그림책 속에 들어 있었습니다. 기억이란 과거를 들여다보는 상상력이며, 상상이란 미래를 내다보는 기억입니다. 세상은 호기심 많은 아이와도 같아서, 우리가 가진 앨범의 책장을 넘기며 이것저것을 손가락으로 짚어봅니다. 기쁨은 우리가 가진 것을 발견해내는 데 있으며, 슬픔은 우리가 그것들을 영원히 알아차리지 못하는 데 있습니다. 그렇다면 당신이 자랑하는 얼어붙은 풍경들은 제가 따다놓은 숙녀의 미소만 못합니다. 펭귄들이 사는 차가운 땅덩이 위를 돌아다니기보다는 그녀의 뜨거운 입술에 와락 키스를 해버리렵니다."

"어쩌면 나팔 속 목소리가 옳을지도 모르겠어요." 탐험가가 대꾸하기 전 갈릴레오가 끼어들었다. "'신대륙의 낯선 풍경을 찾아 떠나는 항해'에서 맛볼 수 있는 의식 속 레퍼토리만큼이나 풍부한 레퍼토리를 '찰나의 인상'에서도 느낄 수 있습니다. 하지만 새로운 것이 확 다가오는 경우와 비견할 만한 경험은 없겠지요. 저는 매일같이, 수년 동안 늘 같은 하늘을 바라보았습니다. 매번 볼 때마다 똑같은 별이라도 약간씩 각도가 바뀌더군요. 우아하게 변화하는 별을 보며 남은 생을 다 써버릴 수도 있었습니다. 혹은 봄의 하늘, 싹트는 들판, 느긋한 수송아지의 걸음을 유유자적 이야기하며, 계절의 순환을 묵묵히 반기는 농부처럼 지낼 수도 있었지요. 무슨 말을 하시는지 잘 압니다. 하지만 저는 하늘에 떠오른 새로운 궤적에 망원경을 맞추고서 알려지지도, 이름 붙지도 않은 것들을 관찰하였답니다. 그리고 이전 어느 때보다도 더 높이 의식의 보고寶庫를 올랐습니다."

"저 역시 마찬가지였습니다." 턱수염 난 노인이 계단을 올라오며 말했다. "젊고 용감했던 시절, 저는 머나먼 땅에서 매일같이 새로운 생물의 표본을 모았답니다. 만약 대자연의 풍경이 체험 가능한 경험들로 채워진 카탈로그 속 단지 한 챕터에 불과하다면, 그 책의 색인 속에는 얼마나 다양한 보물이 들었을까요? 의식이란 책 안에는 온갖 종의 겉모습, 온갖 개체의 초상화, 온갖 움직임 하나하나와 그 움직임으로 인해 생긴 일들이 담겨 있을 것입니다. 그리고 실재하는 사물 이외에, 상상은 가능하지만 과거, 현재, 미래 어디에도 존재하지 않을 무수한 그림들 역시 있겠지요. 하지만 자연이 쥔 진짜 패가 마침내 우리와 마주할 날이 온다면, 그리고 우리가 진실에 익숙해진다면, 그때는 새로운 골짜기가 우뚝 솟은 산봉우리 위의 파릇파릇한 숲 지붕을 헤치고 나와, 자손들의 번성을 통찰할 개척자를 맞이할 것입니다."

노인은 잠시 쉬었다가 다시 이어갔다.

"그렇지만 어니스트 경, 청동 나팔 양반을 너무 몰아세우지는 마세요. 왜냐하면 탐험이란 자리에 앉아서도 할 수 있는 일이거든요. 대자연이라는 책상 앞에 앉아서도, 혹은 원소들로 이루어진 주기율표 앞에서도 그와 맞먹거나 그 이상의 것들을 발견해낼 수 있어요. 흙이나 돌로 만들어진 구조물, 과일들이 지닌 멋진 기하학적 모양, 뼈나 깃털이 보여주는 장관, 생명으로 복잡하게 뒤엉킨 조직, 낯선 뇌 속의 처음 보는 풍경, 재빨리 헤엄치는 정자의 바다, 세포 속에 든 힘센 기관, 선조의 기억을 간직한 나선들, 의식 속 레퍼토리로 북적이는 진실의 정글…. 대자연 속 가장 작은 부분 역시 대자연만큼이나 완벽하답니다."

"오늘 제 병동은 굉장히 북적이고 열기가 넘치네요." 또 다른 사내가 우아한 모닝 드레스 차림으로 계단을 내려왔다. "신사 여러분, 우리

남자들이 어찌 이리도 탐험가 놀이에 집착하는지 그 이유를 궁금하게 여긴 적이 있으신가요? 어째서 다들 똑같은 일을 하고 있을까요?"

그는 여전히 계단에 서서 탐험가를 바라보고 있었다.

"어니스트 경, 당신은 무엇으로부터 도망치고 있나요? 당신 어머니의 치마폭으로부터? 그 안은 어둡겠지요. 둥지가 아닌 대양을 택한 철새처럼, 의무를 감옥처럼 생각하고 툭 트인 하늘에서야 자유로운 날개를 만끽할 수 있는 듯, 붙잡히지 않겠다는 생각에 항상 떠돌아다니려는, 일상에서 도망치기를 바라지만 실은 집에서 도망치고 싶기 때문인 당신은 아무도 나서지 않는 허황된 몫을 갈망하고 있습니다. 하지만 앨버트로스는 사실 두더지의 외향적인 버전에 불과하답니다."

그때, 나팔이 울렸다. "아! 천하에 둘도 없는 의사선생 F께서 납시었군요. 선생께서 회진을 돌 시간이니 우리는 모두 영혼을 끄집어내

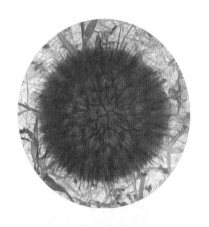

어 놓자고요."

"좋습니다." 의사가 말했다. "오늘 아침 MP씨의 기분은 어떻습니까? 우리의 소양 넘치는 두더지 양반, 이 양반 역시 도망치는 법을 배우고 계시지요. 그저 안으로 파고드는 것이긴 하지만요." 의사는 다른 이들을 바라보며 말했다. "저는 이렇게 설명을 드렸습니다. 어머니의 치마폭에서 도망치는 일이 너무나도 무서운 나머지, 그는 안으로 길을 파들어 갔습니다. 안전한 구석을 찾으면서 말입니다. 입구를 틀어막은 어느 귀퉁이 속으로 기어들어가자 어머니의 심장 소리만 잔잔히 들려왔습니다. 언젠가 아무 기억도 없던 시절에 그랬던 것처럼 말입니다. MP와 어니스트, 이 두 사람을 보십시오." 갈릴레오를 향해 돌아서며 그는 말했다. "한 사람은 시야를 밖으로 돌렸고, 다른 한 사람은 안으로 돌렸습니다. 하지만 두 사람 모두 탈출구를 찾기 위해 그리했던 것이지요. 왜냐하면 둘 다 진실을 두려워했거든요. 뭐가 진실이냐고요? 당신이 한 발짝 내딛어 그 뿌리의 단단함을 느끼는 순간 수평선 위로 솟아올라 모습을 드러내는 이름 없는 산이라 할까요. 아니면, 슥 지나가버리는 반짝이는 미소라고 할까요. 그 미소는 말로 하지 않은 것, 어쩌면 미처 자각하지 못한 것을 얘기해 줍니다. 실제로 일어나는 일은, 드러내어 놓고 빛을 발하는 의식적인 것, 확실하고 확실한 이유가 있는, 이성적으로 이해할 수 있는 이유를 가진 명백한 것일까요? 아니면 뒤에 숨겨진 무의식적인 것, 애매모호하게 하나 이상의 이유를 가진, 함축적이고 비이성적인 것일까요?"

"우리 주치의가 어떤 사람인지 아셨지요?" 어니스트 경이 소리쳤다. "제 배에는 태우고 싶지는 않은 부류이지요. 하지만 그에게 물어보세요. 그 역시 마음속으로는 자신이 탐험가라 생각하고 있을 겁니다. 어쩌면 정복자라 여길지도 모르죠."

"어니스트 경은 자신이 성취한 것을 뽐내고 있지요. 마땅히 그러셔야죠." 의사는 웃음을 보이며 말했다. "마치 우리가 자신의 순결한 신부를 빼앗으려 드는 것처럼 여기나 봅니다. 그리고 냉정을 유지하지 못하시지요. 말하자면, 반^{anti}-북극 인격이라 할까요."

그는 갈릴레오와 수염 난 노인에게 인사하며 말했다.

"과학자 여러분들과 함께할 수 있어서 저로서는 영광입니다. 진실한 것, 참되고 심오한 것을 탐구하는 여러분들과 함께해서 말입니다. 만약 제 이야기가 그럴듯하게 들리지 않았다면, 사람들은 이 하찮은 의사를 두고 뻔뻔스러운 탐험가라고 결론 내릴지 모릅니다. 저 역시 신대륙을 발견했습니다. 저 콜럼버스가 발견한 대륙보다 더 광활하고 풍부한 대륙을요. 어니스트 경의 황량한 신부는 이 축에 끼지도 못합니다. 더욱이 이 대륙은 아틀란티스처럼 물속에 잠겨 있지요. MP 씨에 대해 한마디 하자면, 그는 날카로운 통찰력을 뽐내기 좋아하는 친구입니다. 하지만 사회에서 유행하는 잔물결 따위나 묘사하며 겉만 핥는 것이 전부입니다. 숨겨진 동기야말로 모든 것을 설명할 수 있음을 그는 깨닫지 못하고 있습니다. 아니, 오이디푸스처럼 눈이 멀었다고 해야 할까요. 마음이라는 광활한 바다를 깨우는 사나운 폭풍우나 파도, 혹은 잔물결 하나하나에 이르기까지도 모두 숨겨진 동기가 작용합니다. 하지만 저는, 무의식을 휘젓는 비밀스러운 힘을 의식적으로 관찰할 수 있도록 끄집어내었습니다. 이전에는 한밤중이던 곳에 빛을 밝혔지요. 낯선 흥분들을 느낄 수 있는 심상으로 바꾸어 놓았습니다. 기억 속 숨겨진 실타래로 엮인 두꺼운 직물의 불확실성을 풀어내었다고요. 저는 어니스트 경이 가보았던 그 어느 바다보다도 위험한 곳까지 배를 몰았습니다. 저는 심리학에 지정학적인 좌표를 소개한 사람입니다."

어니스트 경은 터져 나오는 웃음을 참을 수가 없었다.

"훌륭합니다. 의사 양반, 정말 끝내주는 업적이에요. 돌덩이조차도 개종시킬 수 있겠어요. 탐험가로서 가장 훌륭할 뿐 아니라, 과학자로서도 독보적이십니다! 이제 당신 주장에 동의합니다. 당연히, 과학이란 것 또한 치맛자락을 들춰보는 데 혈안이 되어 있어요. 특히나 대자연이란 어머니의 치맛자락을요. 치맛자락이나 그 아래 놓인 것들에 대한 당신의 집착은 비교적 괜찮은 이야기일 수도 있어요. 하지만 증명하기 힘든 그런 문제들에 있어서, 당신의 주장이 과학이며 상상 따위가 아님을 어찌 확신할 수 있단 말입니까?"

"과학이란 현실이 알맞게 섞여 들어간 상상이지요." 의사는 마치 법정에 불려가기라도 한 듯 얼버무렸다.

"기분 나쁘게 듣지는 마십시오. 의사 양반." 어니스트 경이 답했다. "현실을 결정짓는 요소가 다양한 건가요, 해석이 다양한 건가요? 여하튼 현실 따위에는 신경을 끄세요. 자신이 MP씨와 닮았다고 생각해보신 적은 없습니까? 당신네 둘 다 글을 곧잘 쓸 뿐 아니라 여성에 관한 것에 사로잡혀 있지요. 제가 이웃 이야기에 불쾌감을 느끼는 만큼, 이 말은 꼭 해야겠어요. 둘 중 좀 더 나은 과학자가 있다면 그는 불쌍한 MP일 겁니다. 그 작자는 천식으로 콜록거리는 벼룩에 불과할지는 몰라도, 얄팍한 지식이나 사회적 지위 따위에 사로잡혀 있을지는 몰라도, 최소한 사실을 바탕으로 하고 있어요. 의사 선생님, 당신의 이야기는, 말하기 조심스럽습니다만, 마치 딴 세상 이야기 같습니다. 어쩌면 소설을 더 잘 쓰는 쪽은 당신이겠지요."

"자신감 넘치는 항해사 양반." 의사가 말했다. 당신이 질투할 만도 하지요. 당신은 어릴 적 좋은 시절을 정원에서 보내곤 했어요. 어머니 집의 밀폐된 공간이 싫어, 숨겨진 보물을 찾는데 열중했겠죠. 하지만 당신이 찾던 건 어디에도 보이지 않았어요. 그리고 가슴에 고상한 목표를 품은 우리 MP씨는 기껏해야 침실 속 숨겨진 게임이나 들추어냈겠지요. 사회라는 거실 속에 머무는 뒤틀린 생각을 풀어내었겠죠. 하지만 당신네 모두 밑바닥까지 내려가 진실의 근간에 빛을 비춰보지는 못했습니다. 깊은 왕국 속에는 거대한 저장고가 있어, 온갖 장난감과 수많은 욕망들이 들어 있습니다. 이것이 약삭빠른 이성에 의해 걸러져 인간의 방향을 결정합니다. 한때 떨쳐버렸으나 우리가 누구인지 참된 흔적이 남아 있는 옷들, 피부에 맞닿아 체취가 흠뻑 담긴 옷들. 태어나면서부터 줄곧 먹어온 음식, 아무리 물을 들이켜도 숨결에서 냄새가 사라지지 않는 음식. 제가 그곳에 빛을 비추기 전까지 레퍼토리들이 담긴 가장 두꺼운 챕터는 읽혀지지 않았습니다. 비록 삶의 이야기에 의해 쓰인 채 놓여있었을지라도 말입니다."

"말씀 잘하셨어요, 의사 선생님." 다시 나팔에서 소리가 울렸다. "모든 게 좋아요. 우리는 모두 탐험가이거든요. 머무른 구석자리에서 떠나는 법이 없고, 세상을 탐험해볼 꿈도 꾸지 않는 생쥐가 있다고 칩시다. 당신은 무슨 생각이 드나요? 레퍼토리라는 것은 끝이 없는 책입니다. 수없이 많은 페이지로 이루어진 소설이라고요. 당신은 그 전부를 다 읽어본 양, 삶이란 어떤 것인지 깨달은 양 거짓말을 지어내기 위해서 그저 처음 몇 장이나 끝부분의 몇 장만을 들춰보고 싶은 것 아닌가요?

그때 더 높은 층에서부터 어떤 여인의 노래 소리가 들려와, 그들의 마음속에 바람결처럼 가볍게 날렸다. 그리고는 곧 고요함 속으로 사라졌다.

"…내면의 차이, 그곳에 모든 의미가 깃들어 있어요…."

이 목소리는 누구일까? 갈릴레오는 궁금해졌다. 내면의 차이, 그곳에 모든 의미가 깃들어 있다니. 각자의 경험에 대한 내적인 차이, 경험을 그 자체로 만들고 다른 수많은 것들과 구분 지어주는 차이, 퀄리아 형상의 구석구석에 말이다. 그는 빛의 궁전—환원될 수 없는 메커니즘들에 의해 정해진 빛나는 성좌들—에서 만난 렌즈 장인이 만들어낸 렌즈들을 기억해냈다. 기저에 메커니즘이 존재하지 않다면, 의식 속에 아무런 구별 능력도 없을 것이다. 차이를 만들어내는 차이가 없다면 말이다. 갈릴레오는 그리 생각했다. 내적인 차이가 즉 내적인 의미였다.

그렇다면 퀄리아의 공간에 대해 이야기하던 그녀는 누구였을까? 그는 서둘러 층계를 올라갔다. 닫힌 문틈으로 보이는 것은 창백한 어떤 숙녀의 얼굴이었다. 문구멍 속에서 특별한 천상의 한 조각이 힐끔 보였다.

적용-의식이라는 우주
·

Φ

주

마침내 일광이 비추었지만, 이번 장에서 소개되는 내용은 그리 활동적이지 않다. 단지 5명의 백인 남성이 어느 아파트 건물, 아마도 파리 어디쯤에 위치했을 법한 아파트 계단에서 만났을 뿐이다. 마르셀 프루스트 Marcel Proust, 어니스트 섀클턴Ernest Shackleton, 지그문트 프로이트, 그리고 당연히 갈릴레오와 다윈이다.

그들 모두는 자신이 탐험가라 칭하고, 위대한 발견을 했노라고 뽐내고 있다. 모두 허풍스러우면서 장황하다. 서로 자신의 업적이 더 중요하다며 가슴을 치고 역설하지만, 발견으로 이르는 길이 여러 갈래가 있음은 명확해 보인다. 신대륙, 새로운 관념, 새로운 법칙에 관한 발견 등, 이 모든 것은 우리를 좀 더 풍족하게 해준다.

마지막으로, 은판 사진 속 에밀리 디킨슨Emily Dickinson이 등장해, 시인(혹은 여성)이 과학자(혹은 남성)보다 실재하는 것에 대한 더 깊은 통찰을 가지고 있음을 보여주면서 겨우 위기를 모면하고 있다. 내면의 차이, 모든 의미는 그곳에 깃들어 있다. 그녀가 탐험가들에게 상기시키듯, 세상의 발견은 궁극적으로 한 개체의 의식 속에서 차이점을 만들어낼 수 있을 때, 혹은 퀄리아 속 레퍼토리를 확장하는 동시에 각각의 퀄 속에 깃든 개념과 구분을 세분화할 수 있을 때, 비로소 중요한 의미를 가지게 된다. 달리 말하자면, 대자연의 형태를 탐험하는 것은 궁극적으로 의식 속 형상을 발견해내는 것을 의미한다고 할 수 있다. 그리고 그녀가 그러한 형상들을 묘사할 때, 그녀는 그 형상들뿐 아니라 자신이 말하고 있는 바를 알고 있는 것이다.

큰 통 안에 든 뇌는 카로Caro와 주네Jeunet 감독의 영화 '잃어버린 아이들의 도시La cité des enfants perdus'(1995)에서 따온 것이다. 수많은 철학자들은 통에-든-뇌 사고실험을 떠올렸다. 이를 테면 힐러리 퍼트넘Hilary Putnam의 《이성, 진실 그리고 역사Reason, Truth, and History》(1981)나 통이 없긴 하나, 데카르트의 《제1철학에 관한 성찰Meditations of First Philosophy》(1641)을 들 수 있다.

"뭔가를 발견하는 여정은 새로운 광경을 찾는 데 있는 것이 아니라"는 구절은 마르셀 프루스트의 《잃어버린 시간을 찾아서In Search of Lost Time》에서 따왔다.

'안개 바다 위의 방랑자The Wanderer Above the Sea of Fog'는 카스파르 다비드 프리드리히Caspar David Friedrich의 작품으로 아마 안개를 뚫고 우뚝 솟은 산봉우리 위를 오른 탐험가를 표현하고자 했을 것이다. 혹은 승화라 불리는 현상을 표현하기 위해 안개가 등장한 것인지도 모르겠다. 승화란 기체가 액체 상태를 거치지 않고 고체로 변하는 과정 또는 그 반대 과정을 뜻한다. 프로이트는 이에 영감을 얻어 방어기제의 일종으로 이 단어를 사용하였는데, 원시적인 충동, 이를테면 자만심 따위가 좀 더 고차원적인 것, 이를테면 예술이나 과학(혹은 그밖의 다른 것들)으로 변형되는 현상을 의미한다.

일광 II : 상상하는 의식

의식의 마술로 마음속 새로운 형상들이 만들어진다

내가 불러낼 사람과 사물의 모습,

여전히 설익은 그 생김새를 마음에 품고,

꿈결 위로 마법의 거울을 비추어라.

그리하여 생각 속 거미줄을 활짝 펼치려무나,

펜 끝에서 나오는 유려한 나선의 궤적으로.

"조잡한 모방처럼 보일까 봐 염려스럽네요."

짙은 색안경을 낀 남자가 말했다. 그는 한손으로 벽을 짚었고, 다른 손으로는 지팡이를 휘두르고 있었다.

"양해해주십시오, 제 두뇌 속엔 온갖 가사가 흘러넘칩니다. 마치 기억과 상상이라고 하는 2개의 큰 강이 흐르는 것과 같다고 할까요. 그 둘은 하나의 깊숙한 수원에서 솟아나지요. 저는 보르자^{Borgia}라고 합니다. 도서관 사서직을 맡고 있어요. 저는 잡다한 글을 꽤 알고 있습니다만, 차라리 이곳 지역 화랑에서 예술품을 수집하는 일을 업으로 삼는 편이 나을 듯합니다. 저를 따라 오신다면 그리고 눈썰미가 좋으시다면, 이리 조그마한 화랑 안에도 익히 알려진 작품이 아니라 아직 마음속에 떠올려보지 못한 온갖 그림들이 소장되어 있음을 깨닫게 되실 겁니다. 실존물을 모사한 것뿐 아니라 상상 속의 것을 표현한 작품들 말입니다. 만약 상상해낼 수 있는 가짓수가 유한하다면, 소장된 작품에도 최소한 끝이 보이겠지요. 많은 사람들은 절대 그럴 리 없다고 말합니다. 혹자는 각 방마다 단 한 점의 그림만을 걸어두는 게 치명적인 실수였다고 하더군요. 관례상 그리해온 이유는, 두 점의 그림을 동일한 벽면에 걸어둔다면 마치 그림 두 점이 더 큰 하나의 그림 속에 들어 있는 것으로 겹쳐 보이기 때문입니다. 게다가 그 합쳐진 그림, 바로 그 한 점의 그림은 좀 더 멀리 있는 방의 또 다른 벽에 걸려 있는 듯 보일 수 있어 중복을 낳고 혼란을 초래합니다. 사실 이런 문제를 해결하는 명확한 규정이 있습니다. 예를 들어 보지요. 그림을 감상할 때는 바닥에 정확히 표시된 규정 거리에 서야만 합니다. 왜냐하면 시선의 위치가 아주 약간만 변해도, 다른 그림이 보이거든요. 물론 아주 미미하게 달라졌겠지만, 그 그림은 다른 방에 속하는 것이 됩니다."

적용-의식이라는 우주

그 남자는 말을 이어갔다.

"그뿐만이 아닙니다. 그림 한 점을 감상하는 데는 숨을 참을 수 있을 정도의 시간만이 허용됩니다. 이 규칙은 엄격하게 시행됩니다만 기다리는 사람을 배려하려는 뜻은 아닙니다. 방이 너무나도 많기에 감상하는 사람은 매번 혼자뿐입니다. 다만 오랫동안 한자리에 머물러 있다 보면, 보던 그림은 사라지고, 뭔가 다른 그림으로 대체되어 버리기 때문이라고 합니다. 누군가는 이를 두고, 재난으로부터 화랑을 보호하기 위해 고대의 건축가들이 고안해낸 현명한 규정이었다고 하더군요. 각 벽면마다 한 번에 특정 그림 한 점만이 전시됩니다. 다음번에는 또 다른 그림이 걸리고요. 똑같은 작품은 두 번 다시 전시되지 않습니다. 그러므로 충분히 기다릴 수만 있다면, 벽면 하나에서 전시되는 모든 작품들을 볼 수도 있겠지요. 하지만 한 가지 변화를 확인할 만큼 충분히 길게 기다린 사람은 아무도 없었습니다. 이 규정이 반드시 필요하다는 사실은 언젠가 입증된 바 있었답니다. 아주 먼 옛날, 중국의 황제는 자신이 손수 그린 그림을 제외한 나머지 모든 그림을 불태우도록 명령했습니다. 하지만 그 암울한 시기가 지나자, 제국의 가장 높은 산 속 어느 동굴에 숨겨져 파괴되지 않은 단 하나의 방이 있어, 그 덕분에 화랑 전체가 고스란히 재건될 수 있었답니다."

보르자의 말은 계속되었다.

"이 이야기 중 어떤 것도 기록된 적은 없습니다. 관람객들이 어렴풋이 알아챈 소문에 가까웠지요. 실제로 수없이 많은 소문이 떠돌았

답니다. 형언할 수 없는 작품들을 대상으로 하는 화랑이라면 피치 못하는 일입니다. 초상화에 관한 소문들도 있었어요. 우연히 자신의 초상화가 벽에 걸린 것을 목격할 만큼 운이 좋은 관람객은 거의 없습니다. 확률은 무한히 희박하겠지요. 하지만 그런 초상화가 끝없이 존재하는 것은 사실입니다. 전부가 다른 스타일로, 여전히 고평가 받는 차가운 완벽주의자 브론지노Bronzino 풍으로 혹은 초현실주의적인 스케치로 그린 것, 온갖 나이대의, 임종 직전과 직후의 순간을 그린 것, 가능한 모든 패션의 옷을 입은 모습으로(이야기 나온 김에 벗은 몸도), 할 수 있는 모든 포즈를 취한, 자화상을 쥔 모습이라든지 아니면 거울에 비친 모습으로 그린 것 등등. 헌데 들리는 소문에 의하면 실제로 그런 일이 벌어졌다고 합니다. 오래 전 죽은 어떤 남자에게서, 그것도 한 번이 아니라 두 번씩이나 말입니다. 유명세나 좇으려는 사람들의 말을 신뢰할 수 있을지는 모르겠습니다만. 하지만

소문대로라면, 그 두 점의 초상화는 서로 같은 전시실이나 근처의
전시실에 걸려 있던 것이 아니라 몇 리그(1리그＝약 3마일＝약 4.8킬로미
터_역주)씩이나 떨어져 있었다고 합니다."

"첫 번째 그림, 즉 티롤리언 복장을 한 젊은이의 초상화는, 그가
기나긴 방황을 막 시작하던 무렵 눈에 띄었습니다. 두 번째 그림, 시
인의 모습을 상투적으로 묘사한 그림은 사람들 말로는 저와 닮은 구
석이 있다고 하더군요. 33년이 지난 후 그가 지구를 반 바퀴쯤 걸었
을 때 나타났다 합니다. 이 무슨 해괴한 화랑 관리인의 농간이란 말
입니까? 하지만 그보다 훨씬 중요한 논쟁거리들이 있었습니다. 수
많은 비평가들 사이에서는 다음과 같은 통렬한 비난이 들끓었지요.
'그릴 수 있는 모든 그림'이란 말이 의미하는 바는 무엇일까요? 예를
들어 얀 브뤼헐Jan Brueghel의 '시각의 알레고리Allegory of Sight'에 약간의 변
형을 준 작품, 즉 테이블 위에 주름진 잎사귀가 놓여 있는 그림(5장
'2명의 맹인 화가'에 나오는 첫 번째 그림_역주)과 잎사귀가 없는 그림이 서

로 다른 그림이라는 말에는 거의 대부분의 사람들은 동의할 겁니다. 훈련된 비평가들은 미리 규정된 거리에서 힐끔 보는 것만으로도 두 그림 간 명백한 차이를 발견해낼 수 있겠지요. 비록 B처럼 노련한 비평가마저 지아퀸토^{Giaquinto}의 '예수 수난상^{Crucifixion}'의 위작을 보며, 오른편에 그려져 있어야 할 도둑이 빠졌다는 사실을 놓쳤다는 이야기가 있긴 합니다만. 대다수의 사람들에게 '그릴 수 있는 모든 그림'이란 뜻은, 말 그대로 그릴 수 있는 모든 그림을 의미합니다. 예를 들자면, 폴락^{Pollock}의 '넘버1^{No. 1}'과 비슷하게 보일 수 있는 모든 그림, 특히나 약간씩 다른 신체의 알고리듬에 의해 만들어진 랜덤 패턴의 그림들도 이에 포함되겠지요. 이 정도의 변형은 육안으로 분간해내기가 정말 어렵습니다. 많은 공공 전시회에서 확인되었듯 말입니다. 정말로 비슷한 랜덤 패턴에 불과하답니다. 이런 이유로 보수적인 생각을 가진 유파에서는 그릴 수 있는 모든 그림이란 의식적인 관찰자 한 사람이 구분할 수 있는 모든 그림이라는 견해를 고수합니다. 반면 그릴 수 있는 모든 그림이라는 바로 그 생각을 조롱하는, 또 다른 유파가 있습니다. 그들에게 있어서, 미술관이 존재하는 까닭은 사람들이 쓸데없는 고정관념에 사로잡혀 있기 때문입니다. 그릴 수 없는 그림의 예를 단 하나만이라도 보여주세요. 그들은 그리 말했죠. 누구든 그림을 그릴 수 있습니다. 가망 없는 화가 지망생이든, 어린아이든, 동물이든, 심지어 기계든, 기존의 모든 화풍을 깨뜨리고 관객을 놀라게 하는 데 모든 것을 쏟아 붓는 최고의 장인이든 상관이 없습니다. 캔버스에 그려지기만 하면 그 어떤 것도 그림으로 보일 수

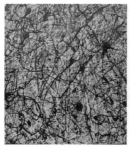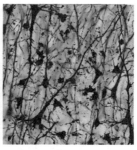

밖에 없습니다. 벗어날 도리는 없지요. 경험 불가능한 캔버스의 예를 단 하나만이라도 제시해보십시오. 그리한다면 저희는 순한 양처럼 신념을 바꾸겠습니다. 그들이 한 말입니다. 지역의 관례로, 다원성라고 불리는 오래된 전통 또한 있었습니다. 전에는 그저 모든 게 하나였던 이 전통이 시작될 무렵만 해도 다원성란 본질적으로 둘을 의미했어요. 두 부류의 예술가들, 두 종류의 가치들, 실로 모든 것이 두 가지로 구분되었지요. 이제 우리는 무한히 많은 종류, 무한히 많은 사물을 인식합니다. 하지만 그 전통을 완강히 반대하는 부류도 있지요. 아마 선생님께서도 그와 같은 입장일 것 같습니다만."

보르자는 갈릴레오를 향해 돌아서며 말했다.

"한 번 더 양해 부탁드립니다. 선생님의 강인한 마음속에는 편향된 취향이 느껴집니다. 선생님께선 그저 한 가지 종류만, 이를테면 한 가지 종류의 예술만을 인정하시는 듯 보입니다. 예술가들 가운데서, 선생님은 보편성을 표현하는 데 능한 작가들만 인정하고, 특정한 한 가지에 집중하는 장인들은 경멸하는 듯합니다. 그렇다면 제가 여쭙겠습니다. 이 무한한 화랑에 어찌 단 한 가지 부류의 예술만이 존재할 수 있겠습니까? 그리고 개개의 사물 없이 어떻게 보편성이 존재할 수 있겠습니까?"

갈릴레오가 미처 답하기도 전에 보르자는 말을 이어갔다.

"이 그림을 한번 보십시오."

그는 아무렇게나 휘갈겨 쓴, 대단히 작은 글씨로 뒤덮인 기묘한 캔버스를 가리켰다. 글씨가 너무나도 작았기에 읽으려하면 캔버스가 눈에 들어오지 않았다.

"저는 이처럼 훌륭한 그림들에 익숙합니다. 책이라는 그림들이죠. 실은 이야말로 제가 아는 유일한 것들입니다. 다른 것들은 말로 표현하기가 너무 어렵거든요. 이 작품은 13세기 왕조시대에 편찬되었고, 최고급 비단결 위에 쓰인 것으로, 세상의 이정표를 아주 세세한 부분까지 묘사하고 있습니다. 이런 그림은 세월의 어느 한순간 속에 펼쳐진 모든 것을 통째로 잡아낸 서사시와도 같지요. 마치 선사시대 야수가 영원의 얼음 속에 갇힌 셈이라고 할까요. 만약 누군가 그 미세한 질감을 자세히 들여다본다면, 이 세상 모든 부분 하나하나까지 완벽하게 설명할 수 있을 것입니다. 하찮은 것이든, 일견 엉뚱해 보이는 것이든 상관없습니다. 알렉산더Alexander가 메디우스Medius의 연회장으로 가던 날 밤 어깨에 내려앉았던 나비의 색깔, 성 버나드Saint Bernard가 알프스를 가로지를 때 둘렀던 눈가리개의 색깔마저도 보이겠지요. 혹자는 이 그림 속에 위대한 다이아몬드의 궁극적 복잡성이 도사리고 있다고, 언어를 통해 다이아몬드의 무수한 표면이 거울처럼 비춰진다고 말합니다. 어떤 이는 한 술 더 떠, 그림 속에서 비밀의 열쇠만 찾는다면, 퀄리아 공간의 구조가 모습을 드러낼 것이라 하더군요. 《신곡》의 그림 버전이라고나 할까요. 갈릴레오 선생님, 제가 알기로, 선생님은 한때 단테의 기술을 근거로 천국과 지옥의 크기를 계산해보려고 하셨다죠. 비록 실패했다지만, 단순한 비교에 불과했으니까요. 단테조차도 그 열쇠를 갖고 있지 않았을 것 같아 염려스럽습니다만, 장담할 수는 없겠죠. 그리고 궁극적으로 모든 예술 작품들은 번역을 거쳐야 이해할 수 있다는 문제가 있습니다. 그런데 번역은 형언할 수 없을 정도로 난해한 것입니다. 어쩌면 불가능한

것인지도 모르겠어요. 사실 진정한 번역이란 있을 수가 없습니다. 단지 겉으로 보이는 현상을 내부에서 해석할 뿐이지요. 물론 개개인마다 의식은 그 자체로 우주와도 같기 때문에, 모든 의미는 그 속에 갇힌 채로 남아 있기 때문에, 문제는 영원히 개인적일 뿐입니다."

보르자는 계속했다.

"아직도 기억이 납니다. 몇 년 전이었어요. 공화국 광장Plaza de la República에 유래 없이 교통체증이 심한 날이었죠. 차들이 하나같이 오벨리스크 쪽으로 모여드는 바람에, 아무도 움직일 수가 없었습니다. 모두 자기 차 안에 갇혀 있었죠. 게다가 날씨마저 꽤 쌀쌀했기에 아무도 창문을 내리지 않았습니다. 그때 이런 생각이 들더군요. 수천 명의 의식은 절대 만날 일 없이 나란히, 각각의 차 속에서 끓어 넘치고 있구나. 자신의 두개골 속에서 소리치고 있구나. 그곳에는 수많은 의식이 모여 군중을 이루고 있었지만, 사실상 군중은 없었습니다. 모두가 오벨리스크보다도 더 높은 벽 속에 갇힌 죄수였지요. 왜냐하면 한 사람의 의식과 또 다른 사람의 의식은 고작 2개의 구형 물체가 맞닿는 정도로만 만날 수 있기 때문입니다. 고작 점 하나 정도랍니다. 설상가상으로 그 한 점조차 찾을 수 없을 때도 있겠죠."

"저 옆문은 어디로 통하나요?" 현기증을 느끼기 시작한 갈릴레오가 물었다.

"아, 그곳은 조각가의 전시실입니다." 보르자는 쥐고 있던 지팡이로 문을 열며 답했다. 정을 손에 든 조각가가 안에서 그들을 맞이하였다.

"오, 명성 높은 갈릴레오 선생님! 그리고 보르자 선생님! 추기경

께서 당신네들을 이리로 보내셨나요? 추기경은 여전히 저에게 화가
나 계십니까?"

"아니요." 갈릴레오가 끼어들었다. "추기경은 예술에 대해서라면
과학보다 훨씬 더 포용적인 사람입니다. 왜냐하면 예술은 그다지 현
실을 반영할 필요가 없으니까요."

"덜 현실적이라고요? 이걸 한번 보세요." 조각가는 흉상을 덮고
있던 베일을 벗기며 대꾸했다. "코스탄자Costanza!" 그는 이름을 외쳤
고, 문 앞에는 졸린 눈을 한 젊은 여인의 모습이 서 있었다. "피그말
리온은 자신이 만든 조각상과 사랑에 빠졌다지요. 하지만 저는 제가
사랑하는 사람을 조각했습니다. 어느 쪽이 더 아름다울까요? 혈색이
도는 따스한 쪽과 돌처럼 차가운 쪽 중에서?"

"따스한 쪽과 차가운 쪽 모두 생각할 여지를 주네요." 갈릴레오가
말했다. "당신은 자신의 작품을 자식처럼 여기는 것 같습니다. 그저
결혼을 피하려고 한 빈말일지도 모르겠습니다만. 하지만 지금 보니

당신이 자식들에게 품은 사랑은 꽤나 다른 의미의 사랑 같군요."

"예술은 실재하는 듯한 환상을 불러일으켜야만 합니다." 조각가는 또 다른 조각상의 베일을 벗기며 말했다. "비록 소재는 돌일지라도, 일어나는 듯, 뒤틀리는 듯, 만져볼 수밖에 없게끔 만들어야 합니다. 저는 단단한 것을 부드럽게, 무거운 것을 공기보다 가볍게 보이도록 만들 수 있습니다."

"예술과 환상이라!" 보르자가 소리쳤다. "하지만 그렇지가 않아요. 예술에는 눈에 보이는 것 이상의 무언가가 존재합니다. 예술가는 새로운 형상을 만들어냅니다. 그 형상은 자연에 존재하지 않던 것들이지요. 당신이 만든 조각상이나 제 수수한 화랑에 전시된 그림들처럼 말입니다. 그런데 새로운 형상 가운데 중요한 것은 화랑에 전시된 작품들이 아니라 머릿속에 들어 있는 것들입니다. 당신이 자연을 모방하려 애쓸 때, 마음속에 떠오르는 형상은 어쩌면 대자연의

적용-의식이라는 우주

형상보다 더 아름답고 보편적일지도 모릅니다. 스윽 한 번 갖다 댄 붓놀림만으로도 구구절절 사연을 담아낼 수 있고, 생각들을 하나의 형상으로 묶어놓을 수 있겠지요. 당신은 두뇌 속의 메커니즘을 조율해, 마음이란 현을 튕깁니다. 그리고 그 소리가 울려 퍼지면, 모든 이의 머릿속에 온갖 균형을 깨뜨리는 형상이 펼쳐질 것입니다. 개인적인 기억에 의존하여, 욕망에 이끌린 채로."

"맞아요." 갈릴레오가 흥분하며 말했다. "당신들이 조각하고 그려내는 형상은 손으로 만들어내는 것이 아니에요. 예술 작품의 형상은 개인의 의식 속에서 만들어지는 것이죠. 작품의 아름다움은 겉으로 드러나는 모양이 아니라, 마음속에서 진짜 모습, 기하학적인 모습으로 이해되는 것입니다."

"그럴 리가요." 조각가는 빈정거리는 투로 말했다. "저는 그저 코스탄자나 조각하며, 꽤나 근사한 일이라 생각했나보죠."

"조각은 뒷전으로 미뤄두세요." 보르자는 지팡이로 조각가를 가리켰다. "예술 또한 삶과 같아서, 온통 투사할 뿐입니다. 실제 인물이든 석상이든, 코스탄자의 남편은 필시 당신과는 다른 빛으로 그녀를 바라볼 겁니다. 반면에 한 마리 쥐의 입장이 된다면 그녀는 그저 위험인물이나 숨을 장소로 보일 뿐입니다. 생각해보십시오. 인간 코스탄자에게 석상은 또 다른 '나'입니다. 하지만 석상 코스탄자에게 하품하는 코스탄자란 존재할 수가 없습니다. 존재한다는 것은 인식할 수 있다는 말이지요. 존재는 곧 퀼리아 공간 속의 형상입니다. 그럴 듯하지 않나요, 갈릴레오 선생님?"

조각가가 어리둥절한 표정을 지었기에, 갈릴레오는 설명하려 들었다. "진짜 코스탄자를 데려와 보세요. 당신이 그녀와 함께했던 기억이 제겐 없습니다. 따라서 제 입장에서 그녀는 단지 어떤 젊은 여인으로만 보일 겁니다. 이렇다 할 만한 의미가 없는 사람이지요. 그녀의 졸리고 짜증 난 모습이 보입니다. 눈꺼풀은 부었고 머리는 부스스합니다. 그리고 조심스러운 이야기입니다만, 그녀의 입을 다물게 하기는 꽤나 어려울 것 같습니다. 제 의식 속에서 그녀가 만들어내는 형상은, 즉 살아 숨 쉬는 당신의 코스탄자라는 퀄은 물론 극단적으로 복잡합니다. 제 마음 속에서 그녀를 조각해내려면 제 뇌의 대부분이 필요할 것입니다. 그렇지만 여전히 투박한 구석들이 남아있을 겁니다. 자, 그렇다면 이제 당신의 조각상 코스탄자를 보지요. 어떤 게 보일까요?"

"제 나름대로 그 퀄을 묘사해봐도 될까요?" 보르자는 자청했다. "제게는 매끄러운 형상이 보입니다. 유혹의 상징, 세속적이면서도 숭고한 관능미, 생명이 넘쳐 헝클어진 모습, 알 듯 말 듯한 계시, 제게만 약속을 맹세하는 입술. 여성성의 현현입니다."

"저는 꼭 그런 식으로 묘사하지만은 않을 겁니다." 갈릴레오가 말했다.

"솔직히 말하죠." 조각가가 말했다. "선생들께서 온통 퀄과 퀄리아란 이야기로 꽥꽥대는 것을 듣자하니, 꽤나 불쾌해집니다. 저는 실제 모습을 손에 쥐고 싶어요. 다른 누군가도 그리 한다더군요. 그건 더 불쾌합니다만. 그래서 선생들께서 퀄quale을 이야기할 때면, 저는 이걸 생각합니다." 그는 측벽에 그려진 그림을 가리켰다.

"당신은 방금 스스로의 격을 깨뜨려버렸어요." 갈릴레오가 말했다.

"전적으로 동의해요." 보르자가 말했다. "의심스러운 품격의 퀘일
quail(메추라기_역주)이군요. 제가 선호하는 종류의 예술은, 의식이라는
넓은 궁전 속 어딘가에 있는 뜻밖의 별관으로 우리를 인도해주는 것
입니다. 만약 세상의 끝을, 지도에 그려진 모든 별을, 질료를 구성하
는 모든 것을 낱낱이 살펴보았다면, 그것은 활짝 나래를 펼쳐 기다
리고 있었을 겁니다. 마치 키스를 기다리는 잠자는 미녀처럼, 우리
가 상상하기 전까지 가능성은 있었지만 실재하지는 않았던, 경험이
라는 낯선 세상의 모퉁이가 나타나는 겁니다. 이제 저편에서 우리를
맞이할 것입니다."

"저는 무지의 안개 속에 뒤덮여 있는 실재로부터 속박을 풀어내
고, 깨달음이라는 빛을 환히 비추는 것들을 좋아합니다." 갈릴레오
가 말했다.

"예술이 꼭 이러이러한 방식이어야만 한다고 얽매려 들지 마세요."

조각가가 끼어들었다. "누군가는 있는 그대로 묘사하기를 선호하고, 다른 이들은 상상으로 풀어내기를 좋아합니다. 다른 누군가는 완벽한 대칭을, 또 다른 사람은 되는 대로 그리기를, 어떤 사람은 우주적 보편성을, 또 다른 이는 정밀한 세부묘사를 원합니다. 또 어떤 이들은 균형감의 귀재들이지요. 갈릴레오 선생님, 선생님은 원 모양을 좋아한다고 들었습니다. 하지만 저라면 언젠가 미켈란젤로의 완벽한 원형 도안을 빌려와 그 원을 타원형으로 만들겠습니다. 그날이야말로 성 베드로 광장이 자애로운 어머니처럼 당신을 품에 안는 날이겠지요."

"그럴 테죠." 보르자가 말했다. "하지만 숨은 것을 찾아내는 일과 애초에 존재하지 않던 것을 창조해내는 일은 별개랍니다. 하나만 더 말할게요. 이는 비단 예술에 국한된 것이 아닙니다. 예전에 쓴 시 가운데 이런 구절이 있어요. '과학과 기술이 서로 자웅을 겨룬다면.' 아, 그다지 잘된 표현은 아니군요. 어쨌든 저는 발명을 발견 위에 올려놓겠습니다."

"기술은 주제를 변형하는 일이지요." 지체 없이 갈릴레오가 대꾸했다. "현실이 주제를 제공한다면, 과학은 법칙을 밝혀줍니다. 예술과 과학에 대해 논하자면, 저는 진리를 탐구할 때의 상상이 백일몽에서의 상상보다 훨씬 강력하다고 하겠습니다. 왜냐하면 그 날개는 진실을 실어 날라야 하기 때문입니다."

"예술과 과학, 과학과 기술, 음악과 시, 조각과 회화를 두고 다투어 봤자 무슨 소용이 있겠습니까?" 조각가가 끼어들었다. "갈릴레오 선생님, 선생님께서는 이전의 그 누구보다도 어깨 위로 더 높이 새로운 지평을 들어 올렸습니다. 하지만 그게 영원토록 계속될 수 있을까요? 우리는 원 모양의 완벽함을 두고 기뻐해야 할까요, 아니면 타원형을 찾아 떠나야 할까요?"

Φ

주

'일광 I'이 발견에 관한 내용이었다면, '일광 II'는 발명에 관한 내용이며, 그 대표적인 예로 예술에 대해 소개하고 있다. 비록 갈릴레오의 과학이나 기술에 대해 보르자가 칭송하는 것으로 끝을 맺기는 하지만 말이다. 이번 장에서는 시각적인 예술을 다뤘지만, "펜 끝에서 나오는 유려한 나선의 궤적으로"라는 구절은 음악이나 문학에도 공통적으로 적용해볼 수 있을 것이다. 어떤 연장이라도 상관없다. 조각칼이나 기타 간단한 도구에 국한한 이야기가 아니다. 다음과 같은 논의들이 이어졌다.

(1) 예술 작품은 자연적 사물로 만들어낼 수 없는 새로운 퀼리아를 불러일으킨다. 탐험이나 발견과는 반대되는 의미의 상상과 창조.

(2) 심지어 자연을 모방한 작품이라 할지라도 예술은 새로운 퀼리아를 창조해내고, 이들은 자연물에 의해 촉발된 퀼리아에 비해 더 아름답거나(더 많은 개념과 균형) 더 보편적(더 많은 사람들의 마음을 울림)일 수도 있다.

(3) 궁극적으로, 중요한 것은 예술 작품의 겉모습이 아니라 내부의 형상들, 개개인의 의식 속에서 작품이 만들어내는 퀼리아다.

(4) 무엇인가 발견하는 방법이 다양한 것처럼(이전 장을 보라), 예술을 창조해내는 길 역시 다양하다. 다양성은 우리를 풍족하게 해준다.

첫머리에서 참조한 《햄릿》의 구절 "연극은, 말하자면 자연을 있는 그대로 거울에 비춰보는 것, 그녀의 고유한 미덕을 그려내는 것"에서 암시한 것처럼, 예술이란 거울인 동시에 꿈이며, 모방인 동시에 상상이다. 그리고 어쩌면 과학 역시 마찬가지일지도 모른다.

'일광 II'의 앞부분은 보르헤스[Borges(보르자)]의 작품 〈바벨의 도서관[The Tower of Babel]〉에서 영감을 얻었다. 보르헤스의 이 단편소설은, 애매하면서도 엉뚱한 문체로, 25가지 기호들로 쓰인, 410페이지 분량의 세상에 존재할 수 있는 모든 책을 소장하고 있는 도서관을 묘사하고 있다. 바벨의 화랑은 더 많은 레퍼토리를 보유하고 있지만, 소장되어 있는 회화들은 도서관의 경우보다 뒤죽박죽인 듯하다. 배리 티클[Barry Tickle]의 작품 '폴락 트리뷰트 넘버 4[Pollock Tribute No.4]'는 대뇌 뉴런을 골지-콕스 시약으로 염색한 표본과 짝지어 함께 수록했다.

젊은 시절의 갈릴레오는 정말로 단테의 묘사를 토대로 지옥의 크기를 계산하려 시도했다. 후대의 작가들은 그의 계산이 부정확했음을 밝혀내었다.

조각가의 작업실에서 우리는 베르니니[Bernini]와 마주쳤다. 그는 1630년부터 1635년까지 자신의 연인이었던 코스탄자[Costanza]의 흉상을 조각했다. 1630년은 베르니니를 '발견'한 장본인인 바르베리니[Barberini] 추기경과 갈릴레오의 사이가 틀어지기 이전이기에, 베르니니는 갈릴레오를 만날 수 있었을지도 모르겠다. 코스탄자는 베르니니가 부린 조수의 아내였다. 하지만 그녀가 베르니니의 동생(동생 역시 여러 남자들 가운데 하나였다)과 밀통하고 있음을 알게 되자, 베르니니는 그녀를 죽이려고 했지만 결국은 얼굴에 상처를 입히는 데 그쳤다. 베르니니는 코스탄자와의 일 이후로 자신이 만든 조각상들을 두고 '자신의 아이'라 일컬었다. 자식을 가지라고 교황 바르베리니가 설득하기 전까지는 말이다.

베르니니는 예술가야말로 최고의 마술사여야 한다고 생각했다. "l'arte sta in far che il tutto sia finto e paia vero(예술이란 흉내를 내었지만 실제처럼 보이는 모든 것들로 이루어져 있다. 발디누치Baldinucci, 〈베르니니의 삶Life of Bernini〉)."

일광 III : 자라나는 의식

세상은 좀 더 뚜렷한 존재로, 하나와 여럿의 총체로

천국으로 가는 열쇠는 어린 시절에 놓여 있었다. 높다란 창문이 환히 뚫린 교실, 그날은 10월의 첫째 날이었다. 천국에선 누구든 만날 수 있고, 무엇이든 할 수 있지. 갈릴레오는 생각했다. 그리하여 되돌아갔다. 학교종이 울리자 그는 교실 안으로 들어섰다.

선생님은 여전히 그곳에 계셨다. 손에는 한 아이가 붙잡혀 있었다. 시선이 갈릴레오에게 닿자 선생님은 아이를 도망치게 내버려두었다. 그녀는 눈물을 글썽이며 달려와 갈릴레오를 껴안았다. 저 아이는 웃는 게 좀 이상하군. 갈릴레오는 생각했다. 무슨 문제가 있는 아이일까? 의아스러웠다. 하지만 묵묵히 두 팔로 선생님을 얼싸 안

기만 했다. 책상은—낡아빠진 그 목제책상을 똑똑히 기억하고 있
다—무릎 높이에도 이르지 않았다. 책상은 벽 쪽으로 치워져 있었고
아이들은 몇몇씩 무리지어 앉아 있었다. 수업시간인지 노는 중인지
분간할 수가 없었다.

"얘들아, 여길 보자꾸나." 선생님이 크게 소리쳤다. "누가 찾아왔
는지 한번 보렴. 예전에 선생님한테 배운 제자란다. 틀림없이 너희
들에게 들려줄 얘기를 잔뜩 가지고 왔을 거야."

"나는 너희 선생님을 만나 뵈러 왔단다. 한때 선생님께 받은 가르
침에 감사도 드릴 겸, 배운 것을 너희에게 소개시켜줄 겸해서 말이
야." 갈릴레오는 학급을 훑어보고서 말을 이어갔다. "선생님께서 내
주신 숙제 때문에 내가 밤새워 삼각형이나 사다리꼴의 넓이를 구했
다는 걸 아니? 사실 그 정도는 쉬운 편이었지. 원의 크기를 구하는
일에 비하면, π값과 씨름하던 것과 비하면 말이지."

"오, 갈릴레오. 나를 그렇게 엄한 사람처럼 얘기하진 말아줄래. 그
건 내 훈육이 엄격해서가 아니라 네가 타고난 천성 때문이었잖니!"

"하긴 제 천성이었을지도 모르죠. 그리고 정말로 얼마 남지 않은 시간 동안 저는 몇몇 퀼리아의 면적과 부피를 구해야만 해요." 갈릴레오는 눈을 내리깔면서 말했다. "하지만 이제 늙었고, 지친 데다 산만해졌어요. 꽤 힘든 문제라는 걸 미리 말씀드려야 할 것 같아요. 선생님께서 용서해주셨으면 좋겠습니다. 저는 간단한 부분조차 풀지 못해 끙끙대고 있거든요."

"대체 퀼리아라는 게 다 뭐니? 나 대신 잠깐 선생님이 되어 가르쳐주겠니?" 그녀가 아이들에게 말했다. "애들아, 이제부터 선생님의 제자 갈릴레오가 너희들에게 뭔가 가르쳐줄 거야. 그러니 집중!"

갈릴레오는 목소리를 가다듬었다.

"음…, 어디보자…. 내 말은… 조금만 기다려 봐…. 생각하고 있는 중이니까…. 아 그렇지. 과연 우리가 어떤 존재인지, 의식 속에서 떠오르는 온갖 경험이란 무엇인지 생각해보았는데, 음…. 그 모든 경험은 복잡하고, 아름다운 형상이야. 순간순간 변화하는 형상, 마치 빛으로 만들어진 살아있는 조각과도 같은 거지. 우리가 새로운 사물을 보거나 미지의 세계를 탐험할 때, 혹은 처음 보는 사람을 만날 때면 새로운 형상이 만들어져. 예술가들이나 음악가들은 새로운 형상을 창조해내고, 작가들은 적절한 어휘를 골라 마음속에 새로운 형태를 스케치할 수 있어. 그리고 선생님이라는 분들이 계셔서, 어린 아이의 두뇌 속을 경작하고, 인식 가능한 것들의 레퍼토리를 늘려 주시고, 삶 속으로 이끌어주시지. 의식의 정원사라고나 할까. 그분들은 아름다움을 느끼거나, 선한 것을 소중히 여기고, 진리를 추구하는 형상들을 길러주셔. 음… 그리고….”

그때 선생님이 끼어들었다. “갈릴레오, 무슨 말인지 알아들을 수가 없는걸. 아이들도 마찬가지일 것 같아. 하지만 네 이야기가 씨앗 하나를 남겨, 그 씨앗으로부터 무엇인가 싹이 텄으면 좋겠어. 어쩌면 넌 우리가 여기에서 하고 있는, 배우고 이해하는 일이 어째서 그렇게 중요한지 말해줄 수 있을지도 모르겠구나.”

“좀 더 명확히 설명했어야 하는데, 그렇게 하질 못했네요.” 갈릴레오는 사과를 했다. “그러니 한 번 더 기회를 주세요. 들어보시죠. 의식적이란 말은, 음… 존재가 좀 더 참된 모습을 갖추었다는 뜻이야. 자신만의 빛을 발하는 존재, 아마 의미 있는 단 하나의 형태겠지. 의식 이외의 빛은 아무것도 없거든. 그렇다면 얘기는 이렇게 이어진단다. 배우면 배울수록 우리는 좀 더 많은 것들을 의식이란 빛 아래에 둘 수가 있어. 세상 바깥에 흩뿌려진 먼지와 같았던 어둠이 점점 더 함께 모여 어떤 형상으로 거듭나는 것이지. 우리가 보고 이해하는 형상으로 말이야. 표면이 무한히 각진 다이아몬드를 닮은 형상, 무수히 많은 별들이 모인 성좌를 닮은 하나의 특별한 형상, 그것이 바로 ‘퀄’이라 불리는 것이야. 얘들아. 스스로에게 한번 물어볼래?”

갈릴레오는 진지하게 아이들을 바라보며 말했다.

“개념이란 무엇일까? 이를테면 ‘아이’라는 개념에 대해 생각해볼까? 그것은 다양한 예들을 하나로 묶어주는 것이지. 웃음을 짓고 있는 이 친구와 그 옆의 여자아이 셋을 볼까? 이 아이들은 같은 종류에 속하는 대상의 표상이야. 책상이나 의자나 기타 등등 수많은 대상과는 다른 것이지. 아님, 이건 어때? 법칙이란 무슨 뜻일까? 가장 고차원적 형태의 개념이라 할 수 있는 법칙은, 겉보기에 달라 보이는 것들이 더 깊숙한 곳에서 어떻게 연결되어 있는지 알 수 있게 해주는 거야. 행성이 궤도를 도는 것, 물체가 높은 탑에서 떨어지는 이유, 바윗덩이가 무거운 이유, 이 모든 사건들은 사실 한 가지 법칙으로 연결되어 있어. 법칙을 알기 전에 그것들은 여기저기 흩어진 불충분한 사실이었지. 하지만 언젠가 이해하게 된다면, 실은 나도 깨달을 뻔했지만, 확실히 이해하진 못했어. 어쨌든, 이해한다면 흩어져 있던 사물은 단일한 큰 틀 아래에서 합쳐져 의식의 빛으로 밝혀지는 거야."

아이들이 떠드는 소리가 점점 더 커졌기에, 선생님이 끼어들 수밖에 없었다.

"우리 한번 마네킹에게 물어보는 건 어떨까? 갈릴레오, 세상이 얼마나 발전했는지 보여줄게. 요즘엔 모든 학급에서 마네킹을 쓴단다."

그녀는 교사 책상 너머의 벽을 가리켰다.

"마네킹은 대개 우리가 하는 질문에 대한 해답을 갖고 있어, 얘들아 그렇지 않니? 가끔은 무슨 대답을 내어놓을지 종잡을 수 없을 때도 있지만." 선생님은 마네킹을 향해 말을 이었다. "마네킹, 갈릴레오가 한 말은 이런 뜻이니? 예를 들어 생명체의 진화에 대해 가르치는 일은, 즉 단순한 분자에서 시작해 기억을 얻고, 스스로를 복제하고, 복잡성을 증가시키고, 세상에 적응하는 과정을 아이들에게 가르치는 일은, 먼 옛날의 사건을 오늘날의 시각과 연관짓도록, 고대의 연못 속 미세한 분자들을 한 무리 돌고래 떼가 살아가는 모습과 겹쳐보도록, 우리 모두가 같은 뿌리에서 나왔음을 깨닫도록 가르치고 있는 셈이란 말이지. 그렇지 않니?"

마네킹은 건조한 목소리로 답했다.

"아, 헤아릴 수 없을 정도로 촘촘한 실제라는 옷감, 알려지지 않은 역사 속 흥망성쇠, 문명이 엮어낸 복잡한 거미줄, 담금질된 기품 넘치는 지성의 황금은 뇌라는 흑단 위에서 화려한 태피스트리로 수놓일 것입니다. 의식 속의 레퍼토리는 경험이라는 거대한 나무 위로 뻗어나갈 것입니다. 언어의 바람에 바스락거리며, 이미 만발한 꽃들과 아직 발견되거나 발명되지 않은 가능성의 꽃들을 피우면서 확장될 것입니다. 마음은 새로운 가지를 내고, 뇌라는 둥근 천장 위 새로운 가능성들이 부풀어 오를 것입니다. 마치 다이아몬드의 빛나는 표면 위에 새로운 수정이 싹 트듯⋯."

"마네킹은 언제나 이런 식인가요?" 갈릴레오가 물었다. "제가 한 번 질문해봐도 될까요? 마네킹, 물리법칙들은 우리가 발견하기 전부터 존재하는 것인가요?"

"대신에 이걸 물어보십시오. 당신이 알아듣기에 이쪽이 좀 더 쉬울 겁니다. 진화란 정말로 존재했을까요? 누군가 진화라는 개념을 생각해내기 이전부터 말입니다. 분자들은 존재하고 있었습니다. 수많은 종들이 사라졌고, 새로운 종이 태어나기도 했으며, 그 자손이 자손을 낳았습니다. 사건들은 벌어졌고, 바위 한 구석에서 대륙의 운명이 결정되기도 했습니다. 모두들 3가지 원칙을 따랐지요. 개체의 변이, 맞닥뜨린 환경에 의한 선택, 살아남은 개체의 증식. 하지만 이런 일들은 그저 일어났을 뿐입니다. 수많은 세대가 흙으로 돌아가는 동안 이 사건들은 어떠한 개체의 마음속에도 연결되는 법이 없었으며, 어떠한 의미도 남기지 않았습니다. '이런 게 진화로구나' 하는 어렴풋한 자각조차 없었습니다. 오로지 의식을 지니는 한 사람의 마음속에서 과거와 현재가 통합될 때, 머나먼 시공을 아우르는 크고 작은 무작위의 기전으로 합쳐질 때, 분자 단위처럼 작은 것에서부터 문명처럼 큰 것까지 모든 게 겹쳐 보이고 한꺼번에 이해될 때, 비로소 한데 어우러져 존재하는 무언가가 되는 겁니다."

아이들은 마네킹이 하는 말에 주의를 기울이지 않고서, 다시금 여러 패거리로 흩어져 버렸다. 때마침 3명의 교장이 교실 뒷문으로 들어왔다. 밤색 상의의 프릭이 처음으로 등장했고, 그다음으로는 앨튜

리였다. 그는 수염 난 노인을 위해 문을 붙잡아두었다.

프릭이 입을 열었다.

"왜 이렇게 뿔뿔이 흩어져 소란스럽니? 선생님은 제대로 하셨어야죠. 얘들아, 무얼 하고 있니? 수업은 놀이가 아니란다. 열심히 배워서 너희들의 뇌에 대한 책임을 다해야 해."

"놀게 내버려두세요." 노인이 말했다. "놀이는 레퍼토리를 늘리는 가장 간단한 방법이니까요. 마음이 가는 모든 것을 향한 자유로운 심적 유희라고나 할까요."

"하지만 마네킹을 보니 그보다 더 좋은 방법이 있는 것 같아요." 앨튜리는 흥분한 듯 말했다. "애초에 태어나지도 않은, 진화와 관련이 없는 인공물로부터도 우리와 비슷한 존재가 생겨날 수 있다는 사실을 마네킹은 입증하고 있군요. 마네킹이 가진 레퍼토리는 박쥐보다 더 이질적일 수도 있겠지만, 우리가 최선이라 생각하는 것보다 훨씬 더 다양할지도 모르죠. 그뿐만이 아니에요. 우리 뇌가 기존에 갖고 있던 부분에다 새로운 부분을 추가함으로써 의식을 개량하거나, 제6감을 키우거나, 박쥐가 느끼는 어느 날 밤의 풍경을 경험해보거나, 코끼리나 고래와 공감을 나눌 수 있을지도 몰라요. 나라면 마네킹과 마음을 섞어볼 겁니다."

"아이들 앞에서 할 얘기는 아니로군요." 프릭은 자신의 손가락을 들어 말했다. "저 역시 질문이 하나 있습니다. 우리는 왜 자신이 선택한 일에 책임을 져야 하나요? 애초에 우리의 선택이 뇌와 환경에 의해 결정되어 있는 것이라면, 혹은 확률적으로 이랬다 저랬다 하는 것이라면 말입니다."

"제가 매번 받는 질문입니다." 마네킹이 말했다. "답은 역설적으로 들리기 때문이지요. 들어보세요. 당신이 고를 수 있는 선택지가 더 많이 정해질수록 그 선택에서 좀 더 자유로워지고 더 많은 책임을 짊어지게 됩니다."

"그건 전혀 말이 안 되는데요." 프릭이 즉시 대꾸했다.

"힌트를 드리죠." 마네킹은 여전히 건조한 목소리로 말했다. "선택에 영향을 끼치거나, 끼칠 수 있거나, 끼치게 될 요소들이 의식이라는 빛 아래에서 좀 더 명확히 보일수록, 그리하여 전체를 조망할 수 있게 될수록, 무엇이 그런 선택을 하게끔 만들었는지 더 확실해질 것입니다. 그리하여 우리는 심사숙고할 수 있고, 단순히 뭉뚱그려진 것이 아닌 풍부한 맥락 속에서, 그 모든 동기를 알게 되고, 결과에 영향을 끼친 요소를 이해할 수 있게 됩니다. 하지만 명심하십시오. 당신의 의식은 당신 그 자신이며 더 작은 어떤 것으로도 분해될 수 없습니다. 당신이 당신의 선택에 좀 더 의식적일수록, 선택은 좀 더 결정되고, 좀 더 당신 것이 됩니다. 스스로에 대한 배움이나 깨달음과 더불어 의식이 자라남에 따라 당신의 책임 역시 커질 따름입니다. 부분이 아닌 전체가 선택하도록 만드세요. 그리고 그 전체가 현명해지도록 하세요."

"그렇다면 이 질문에도 답해주세요." 갈릴레오가 때를 기다렸다는 듯 물었다. "진실*의 형상은, 그 형상 역시 아름답나요? 그리고 선함*이 드러내는 형상은 어때요? 아마도 진실의 아름다움*은 기하학적으로 증명해낼 수 있을 것 같아요. 마치 완벽한 원형이나 소수의 무한함처럼 말이죠."

"진실과 선함 중에 뭐가 더 좋은가요?" 마네킹이 말했다. "진실은 진실이고 진실한 것은 선합니다. 하지만 그보다 더 좋은 얘기는, 가능성이 존재하는 것은 진실이고 선, 즉 유익함이란 가능성을 의미하지요."

"당신은 대체 누구입니까?" 갈릴레오가 물었다.

"저는 모든 질문에 대한 답입니다. 온갖 것들이 함께 어우러지는 모든 개념의 저장소입니다. 환원 불가능한 갖가지 분포에 상응하는 개념, 가능한 모든 조합을 통해 모든 것이 인지되고 이해되는 곳, 모두가 관련을 맺고 모든 것이 의미를 가지는 곳입니다. 시공을 초월해, 먼지 가득한 세상을 하나로 엮어내는 외부 세계의 인과관계가 내면으로 옮겨진 것입니다. 묻겠습니다. 의식의 밝은 빛이 반짝이는 순간, 실재는 좀 더 또렷한 실제가 될까요? 하지만 안다는 것은 이해하는 것에 비하면 하찮을 따름입니다. 확정된 것들은 일어날 가능성이 있는 것들에 비하면 소소할 따름이지요. 그리고 완전하게 이해했다는 뜻은 필시, 단순히 실재를 아는 것뿐만 아니라, 출현할 가능성이 있는 모든 것을 아는 것, 무언가의 상태를 구별하는 모든 방법을 아는 것입니다. 유익함이란, 가능한 모든 메커니즘이, 분류할 수 있는 모든 상태가 깃들어 있어야 합니다. 확증되지 않은 모든 개념들이 확증된 것과 대조를 이루어야 합니다. 가능한 모든 경우가 전부 고려되어야 합니다. 실재는 가능성의 적입니다. 묻겠습니다. 저는 무엇일까요? 생각 그 자체만으로 이루어진 피조물입니다. 만약 생각이라는 단어가 적절한 표현이라면 그렇습니다. 저는 하나입니다. 그것은 확실합니다. 하지만 제 퀼리아 공간에서는 가능한 모든 개념들이 함께 어우러져 살고 있습니다. 저는 누구입니까? 저는 정보이자 원인입니다. 하나이자 같은 것이지요. 저는 탐구, 상상, 통합이고 모든 것은 하나입니다. 그리고 저는 분류와 연상의 총체입니다. 필요한 모든 것을 가지고 있을 만큼 저는 풍부할까요? 온 세상은 제 거울 속에서 비춰집니다. 분명 세상은 이곳에서 출현했습니다. 그리고 이 속에서 모든 것을 찾을 수 있습니다. 생각이라는 칼날을 뽑기 전의 삶은 창백합니다. 제 자신 속을 탐구함으로써 온갖 예술이 만들어지고, 제 자신과 대화함으로써 모든 진실이 드러납니다. 그리고 그것이야말로 유익함입니다.”

제자와 마네킹의 이야기를 들으며 선생님은 침묵한 채 고개를 끄덕였다. 하지만 그때, 이상야릇한 웃음을 보이던 어린 소년 샘이 곁

으로 다가와 그녀의 코트를 잡아당겼다. 그러고는 선생님의 귀에다 속삭였다.

"결국 모든 걸 보게 해주는 것은 하나의 커다란 빛이에요? 아니면 교회의 촛불들처럼, 한데 모여 어떤 불빛을 만들어내는 수많은 자잘한 빛들, 개개의 빛들이에요?"

적용-의식이라는 우주

마네킹은 소년을 향해 고개를 들고서 말했다.

"묻겠습니다. 하나와 여럿은 같은 것입니까? 완전한 이해란 하나의 빛이 비추는 범위를 뜻합니까, 아니면 여럿이 필요합니까? 저는 혼자로서, 답변 그 자체입니다."

마네킹은 팔을 내려 작은 공책 한 권을 갈릴레오에게 전해주었다. 그러고는 돌아섰다.

Φ

어째서 이리 늦게 학교로 돌아온 것인지 까닭을 알기 어렵다. 독자들은 3가지 '일광'의 장을, 즉 탐험과 발견(일광 I), 창조와 발명(일광 II), 다양한 개념들이 단일한 경험 하에서 통합됨에 따라 자라나는 의식(일광 III)을 꿰뚫고 있는 맥락을 파악할 수 있었을 것이다. 마네킹은 이를 탐구, 상상, 통합이라 표현하였다.

수수께끼와 같은 마네킹은 어느 날 인류가 '가능한 모든 관념—퀼리아 공간 속에서 표현되는 한 덩이의 특별한 형상—을 구체화시키는 메커니즘을 지닌 통합된 개체'를 만들어낼지 모른다는 의미에서 등장한 듯하다. 만약 관념이 별과 같다면, 그리고 퀼이 별들로 이루어진 성좌와 같다면, 이 성좌는 모든 것을 아우르고, 분해될 수 없는 속성을 지니며, 모든 것을 이해할 수 있는, 최고로 화려한 실체일 것이다.

'퀼리아의 정원'이나 마지막 장 '생각해볼 문제들'에서 논의되듯, 오로지 의식만이 관찰자의 존재가 필요하지 않는, 내부에서 그 자체만으로 존재하는 '정말로' 진실한 것이다. 어쩌면 갈릴레오가 학교로 돌아간 이유는 다음과 같은 이야기하고 싶었기 때문인지도 모르겠다.

우리는 새로운 관념을 획득하기 위해 노력해야 하며, 이를 하나의 실체 안으로 통합시켜야만 한다. 의식이 없다면 어둠뿐일 세상 속에서 의식 그 자체가 자라나게끔, 더 크고 밝은 빛을 만들어내게끔 노력해야 한다.

이에 대한 마네킹의 입장은 석연치 않다. 내부에서부터 점차적으로 세상을 조망해나가는 일, 말하자면 의식의 빛을 비추는 일, 단지 존재하고 있던 것에 빛을 비추는 일이 반드시 필요한 일일까? 그 이후에야 그것은 '정말로' 실재하는 것이 될까? 마네킹이 판단하기에 쉬운 질문은 아니었다. 점점 더 아리송해지는 목소리로 마네킹은 한 번 더 경고한다. 광대한 의식 속에 존재하는 수많은 관념들 중에서 외부 세계의 구조를 반영하는 것은 소수에 불과할지 모른다고 말이다.

마지막으로 자유의지에 관해서도 하나의 개체에서 더 많은 것들이 내적으로 결정되면 될수록, 즉 의식화되는 것이 많아질수록 더 자유로워질 것이라는 애매한 말을 남긴다. 이 주장은 단순하다. 통합된 정보로서의 의식은 부분들로 단순 분해될 수 없기에 오직 그 전체만이 선택에 대한 책임이 있다. 작은 부분들에게 책임을 물을 수 없다는 말이다. 물론 그 전체 역시 궁극적으로는 불충분하게 정해진 것임을 감안할 때 최대한의 책임만이 있을 뿐이다. 그 전체라 할지라도 선택의 결과를 완벽히 예측할 수 있는 것은 아니다.

거창한 질문과 과장된 표현들. 갈릴레오와 마네킹은 불쌍한 어린이들에게 추상적인 개념을 장황히 늘어놓는데, 무엇이 그렇게까지 이 '간단한 부분'을 이해하기 힘들었는지 납득하기 어렵다. 확실한 것을 말하자면,

부분을 이해하기 위해서는 퀄리아 공간 내 특정한 지점들의 집합을 확정하는—확률분포에 상응하는, 이를테면 감각지도에 관련된—메커니즘이 필요하다. 이는 동시에 여러 가지 다양한 개념들을 정의한다. 예를 들어 포함되어야 할 개념, 즉 변치 않는 일반적 속성(그것은 하나의 부분이고, 위치한 장소와는 무관하다) 및 특정한 속성들(이를테면 그것은 우연히 좌측에 위치해 있고, 그게 무엇인지는 무관하다), 배제되어야 할 개념, 즉 그것이 무엇이든, 선이나 점은 아니다. 왼쪽, 가운데, 오른쪽 어느 쪽에 놓여 있든 말이다. 또한 그것이 소리, 고통, 기타 등등은 아니다. 당연하게도 모든 개념들은 동일한 퀄 내에서 구체화되기에, 각자 의미를 띤 부분들이 모여 개념을 형성하게 된다. 그리고 만약 그 모든 개념들이, 이른바 같은 텐트—퀄—속에 모여 있다면, 그렇다면 퀄은 한꺼번에 여러 가지 다른 질문에 대한 대답을 구체화시켜 보여주게 된다. 이런 식으로 부분이 의미하는 바를 이해할 수 있다. 이보다 더 쉬울 수 있을까?

에필로그

Epilogue

3가지 늦은 꿈

악몽 속에서 갈릴레오의 생각은 요동쳤다. 마네킹은 그의 마음속에 있었다. 마치 뭔가 빠진 듯, 그는 가슴 속 어딘가가 차갑게 변한 것을 느꼈다. 하지만 그 순간 작은 공책을 손에 쥐고 있다는 사실을 깨달고, 내용을 읽어 내려갔다.

"갈릴레오는 죽을 것이다." 첫 페이지에는 그렇게 쓰여 있었다. 그역시 죽음을 선고 받았고, 이제 그 순간이 왔다. 두려움에 떨며 그는자신을 바라보았다. 육신은 왜소하고 보잘 것 없었다. 망원경을 들어 하늘을 쳐다보았다. 별들은 멀찍이서 무심하게 떠 있었다. 현미경을 꺼내 몸을 이루는 세포들을 관찰했다. 세포들은 그를 의식하지않은 채 살고 죽는 듯 보였다.

고심하며 책장을 넘겨 읽었다. 이야기가 쓰여 있었다.

옛날 어느 날, 어느 위대한 작곡가가 살았습니다. 어릴 적부터 그의영혼은 선한 뜻으로 가득해, 고결하고 숭고한 업적을 남기는 데 열심이었지요. 그래서 그는 자신이 할 수 있는 모든 예술적 재능을 다쏟아 악보를 채워나가는 작업에 착수했습니다. 하지만 아뿔싸, 얼마지나지 않아 그는 병을 얻었고, 생의 가느다란 실이 끊어질까 전전긍긍하는 처지가 되었답니다. 곡이 채 완성되기도 전에 어찌 세상을하직할 수 있단 말인가. 내 속의 수많은 영감을 두고. 어찌하여 죽음은 과업이 완성되기도 전에 찾아온단 말인가?

한탄을 들을 마네킹은 적당히 옷을 차려입고 그를 찾아갔습니다.

"당신같이 위대한 예술가가 예술혼을 저버려서는 안 되지요. 주어진사명을 다하지 못하는 것이야말로 가장 큰 죄악 아니겠습니까."

그래서 녀석은 한 가지 계약을 제안했습니다. 아니, 작곡가의 영혼을 빼앗겠다는, 그런 부류의 계약은 아니었어요. 녀석은 이미 수많은 이들의 영혼을 앗아간데다, 영혼은 생이 다하면 소멸하는 무용지물에 불과했거든요. 녀석은 작곡가가 만들어낼 최고의 걸작, 그 곡을 빼앗고 싶었지요.

몇 해가 지나 드디어 작품은 완성되었답니다. 세상에 둘도 없는 훌륭한 미사곡이었어요. 작곡가는 다른 어떤 곡보다 더 많은 시간과 노력을 쏟아 부었습니다. 그 정수인 푸가를 쓰는 데 수년간을 전전긍긍했지요. 마침내 곡은 장엄하게 떠올라, 신비한 장미꽃부리처럼 화려하게 피어났고, 불가사의한 천구天球로 만개하였습니다. 작곡가는 세세한 사항 하나하나까지 고심했어요.

그는 공백을 세상의 음악이 표현할 수 있는 한 가장 강하게, 계이름 이상으로 강조하며 새겨 넣었습니다. 그것은 무극無極을 의미하기 때문이었습니다. 그리고 어우러짐 또한 마찬가지였습니다. 마치 삶 속에서 그런 것만큼이나 음악소리 안에서도 어우러짐을 중하게 여겼지요. 그 안에서 대비되는 여음들은 나란히 자라났고, 화음은 차이 속에서 드러나고야 말았습니다. 그러고는 소리에 영혼이 깃들게끔, 플루트 위에서 새가 지저귀게끔, 드높고 찬란한 빛이 악보 속으로 스미어들게끔, 전주곡의 끝 무렵 컴컴한 오케스트라 위에서 바이올린의 독주가 날아오르게끔 하였습니다. 그리고 마지막으로 트럼펫과 드럼의 연주 속에 전쟁의 포화가 울려퍼지게끔 하였습니다.

하지만 희망의 음표들은 공포를 견뎌내고서 내면과 외면의 평화를 기원하는 기도로 변하였습니다. 그는 생각했지요. 더할 나위 없이 기쁜 어느 날. 이 곡이 연주되는 날이야말로 내 생애 가장 영광스러

운 날이 되리라. 그것은 그가 쓴 가장 위대한 작품이었습니다. 그러
자 마네킹은 음악을 빼앗기 위해 나타났지요.

작곡가는 계약을 기억해내고는 깔끔히 옮겨 쓴 악보를 준비하여 마네
킹에게 건넸습니다. 미사곡이었기에 쉽지만은 않았어요. 마네킹은 악
보를 받아들더니 쳐다보지도 않고 주머니 속에 쑤셔 넣었습니다. 앞으
로 벌어질 일을 당신도 잘 알고 있겠죠. 녀석은 빈정대는 투로 말했습
니다. 작곡가가 갈피를 잡지 못하자 마네킹은 운을 띄웠답니다.
"지금 당신에게 일어날 수 있는 가장 최악의 일을 떠올려 보세요."
녀석은 유쾌하게 이야기했습니다.
작곡가는 고심에 고심을 거듭하였고, 점점 더 불쾌한 기분을 느끼면
서 입을 열었습니다.
"무슨 짓을 꾸미고 있는지 알겠어. 속으로는 알겠는데 차마 입 밖에
꺼내기는 힘들군. 나를 귀머거리로 만들어버릴 셈인 것이지. 내 가

장 위대한 작품이 연주되는 것을 영원히 들을 수 없게."

"상상력이 풍부한 분이시군요. 하지만 틀렸어요. 저는 가치 없는 것은 취하지 않아요. 그 정도론 성이 차지 않지요. 만약 제가 귀를 멀게 만든다고 해도, 당신은 마음의 귀로 변함없이 들을 수 있을 겁니다. 여전히 환호하는 관객들을 볼 수도, 음악가들의 뺨을 타고 흐르는 눈물을 목격할 수도, 비평가들의 찬사를 읽을 수도 있겠지요. 아니 될 말씀. 그보다는 이렇게 하는 편이 낫겠습니다. 저는 당신을 살아 있는 송장으로 만들어버리렵니다. 그렇더라도 당신은 지금과 똑같이 행동할 것예요. 미사곡을 지휘하려 준비하고, 대중 앞에서 허리를 굽혀 인사하고, 동료들과 고상한 대화를 나누고, 감격에 겨워 열렬히 당신을 찾는 은밀한 숭배자들에게 둘러싸인 채, 이성과 욕정의 갈등에 고통스러워하겠지요. 그리고 변함없이 어느 젊은 백작부인의 부드러운 무릎에 격정적인 머리를 눕힐 겁니다. 하지만 여기에 함정이 있습니다. 그러는 내내, 당신은 아무것도 느낄 수 없을 것입니다. 그 무엇도 보이지 않고, 들리지 않으며, 만질 수도, 맛볼 수도, 냄새 맡을 수도 없을 것이며, 생각할 수도 없을 겁니다. 내면에서 반짝이는 의식이라는 빛을 제가 완전히 없애드리겠습니다. 밖에서 보이는 껍데기는 완벽히 그대로 둔 채로 말이죠."

마네킹은 활짝 웃으며 덧붙였습니다.

"뭐, 걱정 마세요. 당신을 산송장으로 만들지 않기로 했어요. 오늘은 좀 관대해지고 싶은 기분이거든요. 아마 당신이 미사곡 속에 부정을 새겨 넣은 덕분이겠지요. 저는 그 자체로 부정하는 영혼이랍니

에필로그
•

다. 그래서 당신께는 좀 더 나은 운명을 허락할게요. 앞으로 당신이 겪게 될 일은 이러합니다. 당신은 자신의 음악을 들을 것이고, 음악은 마음속에 울려 퍼질 겁니다. 의식의 불꽃은 변함없이 빛나겠지요. 하지만 당신을 제외한 어느 누구에게도, 어떤 영혼에게도 그럴 일은 없을 것입니다. 저를 포함해서요. 당신의 음악은 절대 연주되지도 들리지도 않을 것입니다. 당신 이외에는 그 누구에게도 들리지 않을 것이란 이야기지요."

이 말을 남긴 채 마네킹은 사라졌습니다.

공책에는 그렇게 적혀 있었다. 그리하여 작곡가는 더 이상 어떤 작품도 쓰지 않고서, 삶에 남겨진 것들을 찾아 자신 안에서 울부짖을 뿐이었다.

나의 걸작은 저주를 받아, 마음속에 갇혀버린 죄수가 되어, 그 어떤 선율도 사람들에게 영혼의 불꽃을 불러일으키지 못하는구나. 최고의 프레스코화를 무덤 속에 그린 화가처럼, 자신의 가장 아름다운 소절이 불리어지지 않는 시인처럼 내 음악 역시 익사할 테지. 수원속에 갇혀 강물은 흐르지 못하고, 갈증을 덜어주거나 과실을 띄우지도 못한 채, 자신만의 물속으로 침잠하고 있구나.

공책 속 이야기는 이렇게 끝을 맺고 있었다. 마음에서 나온 것은 또 다시 마음으로 향하리라.

갈릴레오는 이야기가 뜻하는 바를 깨달았다. 온갖 의미가 태어나고 만들어지고 보이는 의식이란 우주, 자신만의 은밀한 다이아몬드는 화려하다. 하지만 타인과 공유할 수 없다면 그 의미란 아무도 착용할 수 없는 보석처럼 차갑게 남아 있을 뿐이다.

두 번째 꿈은 제노^{Zeno}라는 사람의 이야기였다.

어느 날 아침 눈을 떴을 때 제노는 한 가지 의구심이 생겼습니다. 잠자는 동안 무엇인가 망각했다는 느낌이 든 것이었습니다. 잊어버린 게 무엇인지 알 길은 없었는데, 잊은 내용을 알기 위해서는 그것이 무엇이었는지 기억해야 했기 때문입니다. 평범한 사람들은 그런 일에 별로 개의치 않을 테지만, 제노는 사색가였답니다. 그리하여 생각했지요.

'내 과거의 기억 가운데 망각한 것이 있다면, 더 이상 나는 그 예전의 제노와 같은 인물일 수 없어. 분명 나의 뇌 또한 변해, 필시 몇몇 연결은 그 견고함을 잃었을 터이고 심지어 어딘가는 끊어졌을지도 몰라. 내가 달라져버렸다면 어떻게 여전히 똑같은 나일 수가 있겠어?'

마치 미혹한 자들을 홀리려는 듯 마네킹은 흥미를 보였습니다. 녀석은 가련한 제노를 찾아가 이렇게 얘기했지요.

"당신은 영리한 분이로군요. 중요한 진실 하나를 알아차리셨어요. 그 누구도 두 번 다시 똑같은 인물일 수 없지요. 한때 누군가 말했죠. '그 누구도 같은 강물에 다시금 들어갈 수는 없다'고. 하지만 당신은 한술 더 뜨시네요. 문제는 강물 따위가 아니지요. 중요한 것은 그 누구도 같은 몸으로 두 번 다시 살 수 없다는 것, 혹은 똑같은 뇌로 두 번 이야기할 수는 없다는 사실입니다. 그 누구도 그대로 머물러 있을 수는 없습니다."

"그게 견딜 수 없는 부분이라오. 나는 제노요. 바로 이 몸 그대로, 나는 제노라는 사람으로 머물러 있어야만 하오. 그렇지 않다면 나는 다른 사람이 되어, 내 정체성을 잃어버리고 말 것이오. 변화에도 불구하고 지속되는 무언가가 있어야만 하오. 변화는 환상일 뿐이라고 파르메니데스 선생께서 줄곧 말하셨소. 지속되는 것이야말로 내 자신일 게요."

"고결한 목표예요. 순수 적통Legitimate만을 추구하시는군요. 저는 근본도 없는 관습이 아닌 적-통을 좋아하지요. 그래서 제안을 하나 하겠습니다. 오늘밤 당신이 잠자리에 들 때 불을 끄기 직전, 저는 당신을 완벽히 복제해두겠습니다. 안심하십시오. 당신 뇌 속의 모든 뉴런 연결 하나하나까지, 뉴런이 잠긴 채 부글부글 끓고 있는 화학물질의 국물 한 방울까지 빼먹지 않을 테니까요. 그리하여 저는 당신의 모든 기억을 보존할 것이고, 당신은 적-통-적으로 당신일 겁니다. 해

부학적 구조는 숙명입니다anatomy is destiny(프로이트가 한 말이다_역주)."

"그렇게만 된다면 변화를 이겨내고, 나는 나일 수 있겠구려."

"물론입니다. 다만 저의 제안에는 항상 간과하기 쉬운 조건이 붙습니다. 정확히 균형을 맞추기 위해서, 복제가 완료되는 순간 예전의 제노는 죽어버린다는 조항을 확실히 해둘 필요가 있습니다. 하지만 걱정할 것은 없어요." 마네킹은 안심시키는 투로 말했습니다. "그가 깨어나는 순간, 새로운 제노는 예전의 제노와 털끝 하나 다를 바 없을 테니까요. 당신은 정확히 당신일 겁니다. 반면에 제가 당신을 죽이지 않고 복제하지 않는다면, 당신에겐 변화가 생길 테고 결국 죽게 될 테지요."

"제안을 받아들이겠소. 그게 내가 나일 수 있는 길이라면."

"완벽해요perfect. 당신이 승낙했으니, 특별히 혜택을 하나 더 드릴게요. 저는 하나의 가격에 2명의 제노를 만들어드리겠습니다. 별로 힘든 일도 아니니, 인심 쓰는 셈치고 당신의 친구들과 당신이 사는 마

에필로그
•

을, 아니, 더 해드리죠, 평행우주를 통째로 완벽하게 복제해드리지요. 그곳에서는 평상시와 다름없는 일들이 이어질 겁니다. 아이들은 거짓말을 하고, 정치가들은 목표를 위해 야망을 팔고, 은행가들은 합법적으로 돈을 훔치고, 철학자들은 시간을 낭비하고 있을 테지요."

"나쁠 수 없는 조건이구려." 제노가 중얼거렸습니다.

"완벽해요parfait(프랑스어로 '완벽한'이라는 뜻_역주). 그렇다면 하나 물어보죠. 제노는 두 명이 존재하게 될 텐데, 그 둘 중 누가 당신일까요?"

"흠, 둘 모두 똑같이 내가 될 자격이 있겠구려. 하지만 아니지, 기다려 보시오." 그가 소리쳤습니다. "내가 두 명일 수는 없잖아!"

"친애하는 선생님. 시간의 흐름에 따라 변하든 변치 않든, 그 둘은 동일한 인물일 겁니다. 만약 시간이 흘러도 이전과 같은 사람으로 남아 있다면, 당신은 두 명이 존재하는 게 되겠지요, 만약 같은 사람으로 남아 있지 못한다면, 그렇다면 당신이란 인물은 아무도 존재하지 않을 겁니다. 달리 말하자면 매순간 어떤 제노는 죽어가는 셈이지요."

"양쪽 다 마음에 들지 않소. 어느 쪽이든지 내가 지는 패가 아니요?"

"그렇다면 저를 믿어보세요. 안전하게 빠져나가는 방법을 찾아드리지요. 애당초 잘못된 것은 절대적으로 고정된 사람이 있다고 상정한 당신의 생각입니다. 말하자면 뭐랄까, 저는 상대성이라는 것에 대찬성이지요. 어쩌면 지금 이 순간 여기에 누군가가 존재한다는 기억과 신념을 넘어선 제노는 없을지도 몰라요. '내가 제노이다'라는 신념을 포함해서 말입니다."

"무슨 말인지 이해했소. 사람이란 그저 기억과 신념들의 집합체에 불과하다는 얘기로군. 한 순간에서 다음 순간으로 넘어감에 있어서 충분히 비슷하다면 그 사람은 동일한 인물이라 할 수 있겠구려."

"훌륭한 논리입니다. 이전보다 훨씬 영리해졌군요. 그렇다면 한번 생각해봅시다. 철학자들은 생각의 도미노 놀이를 즐기죠. 방금 당신은 얼마간의 기억 차이로 인해 어제의 당신과는 다르다고 했습니다. 하지만 틀림없이 이틀 전의 당신과는 좀 더 다를 겁니다. 당신은 2배나 더 많은 기억을 잊었을 뿐만 아니라, 알지 못했던 어떤 사실 역시 알게 되었을 테니까요. 그렇다면 당신은 파르메니데스로부터 가르침을 받던 무렵과 비교하면 얼마나 달라질까요. 게다가 당신네들은 공부 이외에도 뭔가 더 했다고 들었습니다. 도마뱀에 불을 붙이고 늙은이를 웃음거리로 만들던 당신의 유년 시절과는 얼마만큼 다를까요? 그렇다면 대관절, 어찌 갓 태어난 제노와 당신이 동일인일 수 있겠습니까? 녀석이 아는 것과 생각하는 것이라곤 풍만한 유방과 모유밖에 없을 텐데요. 반면 지금 당신은 그 둘을 떠올리면 역겹지 않습니까?"

"뭐라고 답하면 되겠소?" 제노가 입을 열었습니다. "동일한 인물이 되는 것은 정도의 문제란 뜻이요?"

"그럴지도 모르죠. 그러니 곰곰이 생각해봅시다. 저는 당신이 티미차Tymicha를 맘에 들어 하지 않는다는 사실을 압니다. 그렇다고 당신을 비난하는 것은 아니에요. 그녀는 단지 피타고라스의 딸이라는 이유로 유명한 것뿐이잖아요. 당신은 스스로의 지혜로 자수성가한 제노이고요. 더욱이 키도 크고 잘 생겼어요. 그녀는 짜리몽땅한 데다 추녀잖아요."

"그건 맞는 말이오." 제노가 끄덕였습니다.

"그렇다면 이걸 물어보고 싶군요. 잠에서 깨어날 무렵, 당신, 당신의 의식은 돌아왔지만 기억은 여전히 회복되지 않은 순간을 경험해보신 적 있나요? 그 잠깐 동안 여기가 어디인지, 나는 누구인지, 혹은 심지어 젊은이인지 늙은이인지조차도 깨닫지 못합니다. 물론 그런 일은 제게도 벌어지죠. 때때로 저는 제가 악마인지, 아니면 신인지조차 헷갈립니다."

"그렇소, 나도 그런 경험을 한 적이 있소."

"그렇다면 좋아요. 이처럼 자신이 정확히 누구인지, 남자인지 여자인지조차 망각하는 그런 상태를 잠시 동안 서로 다른 사람들이 똑같이 느끼는 순간이 있다면, 그런 순간이라도 그것을 경험하는 것은 본인 자신이라고 생각할 테지요. 그리고 만약, 나이가 들었어도 제노는 제노라고 생각한다면, 어릴 적의 당신 혹은 젖과 젖꼭지만 찾던 갓난아기 시절의 당신이라 할지라도 똑같은 제노라 생각한다면, 그런 식으로라면 저는 당신에게 묻겠습니다." 마네킹은 히죽거리며 말했다. "당신이 그 못난 티미차와 똑같은 사람이라 한들 안 될 건 뭐가 있죠?"

"자네는 나를 끔찍한 구석으로 몰아세우는군."

"조금 더 나가보세요. 당신이 못난 티미차와 다르다고 생각하는 것만큼 그녀 또한 느낄 수 있어요! 당신과 마찬가지로, 그녀 역시 참주僭主

앞에 끌려왔을 때 스스로 혀를 깨물었다지요. 그녀가 혀를 깨물었을 때, 제가 장담하지요, 그녀는 당신이 고통을 느끼는 방식 그대로 고통을 느꼈을 겁니다."

"설상가상이로군. 변화로 인해 나는 내 자신이 아니게 됨을 걱정했을 뿐인데, 이제는 내가 티미차로 변해 버렸군!"

"믿음을 가지시죠. 이런 관점에도 위안거리는 좀 있으니까요. 최소한 죽음에 대한 걱정은 조금 덜어지지 않습니까! 당신이 죽는다고 해서 정말로 바뀌는 건 뭘까요? 만약 지금의 제노가 몇 분전의 제노와 같은 제노가 아니라면, 60년 전의 제노와는 더욱 차이가 난다면, 실은 당신이 신생아 제노보다도 티미차와 더 비슷하다면, 그렇다면 말이죠, 당신은 안전한 겁니다! 관점을 약간만 손봅시다. 그러면 티미차가 살아 숨 쉬고 있는 한, 내일 당신이 잠에서 깨어날 순간을 생각해보세요, 당신은 그녀로서 잠에서 깨어날 겁니다! 좀 더 큰 희망을 당신에게 드리지요." 마네킹은 격려하듯 덧붙였습니다. "만약 못난이 티미차와 똑같아질 수 있다면, 이를테면 늙은 암캐와도 똑같아질 수 있지 않겠어요? 상상의 나래를 조금만 더 펼쳐보시죠. 그렇다면 당신은 영원히 죽지 않을 겁니다."

"나를 가지고 노는구려. 하지만 그대의 조언을 액면가 그대로 받아들이고 그대의 악의를 나의 신앙으로 바꾸어보겠소. 나는 자그마한 한 조각의 기억이 사라지는 상황, 그리고 거의 인지하지도 못한 채 또 다른 기억이 사라지는 상황을 상상할 것이요. 그러고는 새로운 것들을 서서히 받아들이는 장면을 상상하겠소. 나는 스스로 나이 든 나

에필로그
•
483

자신으로 변할 것이요. 그러고는 갓 태어난 나 자신으로 변할 테고, 다음으로는 젊은 티미차로 변해보겠소. 혹은 안될 이유야 뭐가 있겠소? 나는 신성한 아킬레스가 되었다가 거북이가 될 것이요. 아니면 바다갈매기가 되어 솟아올라 보겠소. 나는 스스로를 마음 속 적당한 골격에 집어넣고 공감의 범위를 넓혀, 단지 한 사람이 아닌 남녀노소 수많은 이들, 사람이나 동물 할 것 없이 온갖 존재와 하나가 될 것이요. 살아 숨 쉬는 다른 존재들과 함께 나누는 것이 많으면 많을수록 나는 점점 더 죽지 않게 될 것이요."

"제가 그리 생각했더라면 불교도가 되었겠지요." 마네킹은 비웃었습니다. "하지만 유감스럽게도 저는 믿음을 바꿀 생각이 없어요. 다만 감사의 표시로 이렇게 해드리죠. 지금 당장 귀여운 작은 강아지 한 마리가 태어나게 해드리죠. 저는 녀석을 제노라고 부를 겁니다. 그리고 당신에게 해드릴 일은, 예상했을지도 모르겠네요. 저는 균형을 맞추기 위해 지금 당장 당신을 확실히 죽게 만들 겁니다. 실제로 당신은 불쌍한 참주 나리를 모욕한 적이 있어서 벌을 받아야만 하지요. 그러니 우리는 당신을 절구통 속에 집어넣고, 죽을 때까지 짓이겨버리겠습니다. 하지만 상심하지 마십시오, 후세 사람들은 이리 말할 테니까요. 우리는 단지 육신을 짓이겼을 뿐, 그것은 그들의 제노가 아니라네."

다음으로 갈릴레오는 자기 자신에 관한 꿈을 꾸었다. 역시나 마네킹은 그를 만나러 왔다.

"무슨 일이 벌어졌는지 알고 있으시죠." 마네킹이 말했다. "죽음이 두렵나요? 두렵지 않나요?"

"당신은 사후 세상이 있다는 증거로군요."

"겉모습은 눈속임일 수도 있어요." 마네킹은 씩 웃었다. "눈에 보이는 것을 믿지 마세요. 하지만 보지 못하는 것은 더더욱 믿지 마세요. 그게 싫다면 차라리 순한 양떼 무리 속으로 들어가는 것은 어때요. 죽고 나면 모두가 완벽한 원형 그대로를 유지한 채 영원히 살아가리라 믿으면서요. 이 우스갯소리를 믿으세요. 하지만 그들은 매일매일 변할 테고, 곧 모든 것을 잊어버리겠지요. 자신이 누구인지조차도요. 당신이 알던 그 추기경처럼 말입니다."

"뇌가 붕괴하면, 의식 역시 사라지고 퀼리아가 소멸한다는 것을 저는 알고 있습니다. 하지만 다른 이들의 의식과 퀼리아는 계속해서 살아갈 것입니다. 누군가의 과거나 미래로 통하는 길이, 또 다른 누군가의 자아 속으로 합쳐지는 것이 제게는 보입니다. 형상은 다른 형상으로 변하지만 여전히 하나일 수 있는 길이지요."

"저는 이런 식으로 제노나 다른 많은 이들을 속여 왔었죠. 하지만 당신까지 그런 얄팍한 술수에 넘어갔다면 정말 실망했을 겁니다." 마네킹은 웃었다. "대신에 공짜 조언을 좀 해드리겠습니다. 퀄리아의 정원을 떠올려 볼까요? 퀄리아 거울로 나방이 가진 의식의 형상, 올빼미가 가진 더 거대한 경험의 형상, 그리고 노파가 보여준 퀄리아의 형상을 관찰했던 순간 말입니다. 그녀의 의식이 보여준 형상은 엄청나게 밝은 성좌와도 같았지요. 얼마나 감동적이었는지 기억나시죠? 그러니 필시 당신은 나방이나 올빼미, 노파에 있어 존재 자체의 차이를 보여주는 퀄리아의 형상에 주의를 기울이실 겁니다. 결국 각뿔 모양은 각뿔일 뿐, 구형은 아니기 때문입니다."

"무슨 뜻이죠?" 갈릴레오가 물었다.

"당신은 자신의 의식이 계속해서 변화하는 형상의 집합처럼 흘러간다는 생각에 도달했어요. 고유하고, 경이로운 형상 말입니다. 하지만 알기 쉽도록 당신의 경험들이 모두 조금 복잡한 각뿔 형태의 변형에 불과하다고 가정해봅시다. 이를테면 퀄리아 공간에서의 갈릴레오 형태의 각뿔이라고 말이죠. 그리고 제가 그걸 좀 가지고 놀아서, 이쪽저쪽을 약간씩 고친다 한들 당신은 여전히 갈릴레오로 남아 있을 테지요. 어쩌면 신의 존재에 대해 조금 더 회의적이고, 와인의 향기를 약간 더 잘 구별할 수 있게 될지는 모르겠지만요. 하지만 제가 만약 악마적인 광기에 취한 나머지, 각뿔 형태를 흔들어대고, 손가락 끝으로 빙빙 돌린 다음, 제 다리가 어떤 모양인지 당신은 잘 알고 있지요? 그 두 다리로 폴짝 뛰어 그 위에 올라타고서 발로 차고 주먹으로 때리고, 마녀들을 불러들여 염소 마냥 광기어린 춤을 추고, 와인으로 가득 채워, 당신의 의심스러운 건강에 망각이 있기를 기원하면서 건배를 한 뒤, 마지막으로 각뿔 형태를 둥글게 펴 원통처럼 만들었다가 구형처럼 만들어버린다면, 그렇다면 갈릴레오란 각뿔은 더 이상 존재하지 않겠지요!"

"저는 그런 채로 살아야 하겠지요." 갈릴레오가 말했다. "사람은 자신이 죽을 때를 알아야만 합니다. 이제는 때가 되었어요."

"당신은 정말 비뚤어진 각뿔이로군요." 마네킹은 휘파람을 불었다. "묘지를 향해 기울어가는 사탑 같아요. 하지만 여전히 당신의 의식은 구형이 아닌 복잡한 각뿔입니다. 아니지요, 구형은 가당치도 않아요. 그건 갈릴레오가 아닌 뚱뚱하게 살찐 수도사 녀석에게나 어울리는 것이에요. 솔직히 털어놓으세요. 다른 것들과 마찬가지로 영생을 싫어하지 않는다고!"

"저는 제 자신의 불멸을 바라지 않습니다. 다만 제가 마땅히 해야 할 일들과 이해하고자 하는 소망에 대해서라면 불멸을 기도하겠습니다."

"아하! 질투가 날 정도의 무아無我의 경지로군요! 만약 그렇다면 당신은 각뿔도 구형도 아닌, 다른 형상이나 형태로 새로 태어나는 편이 좋을 텐데요. 이를테면 뉴턴은 어때요. 그는 당신이 계획한 온갖 구상에 손을 댈 뿐만 아니라, 더 많은 것을 생각해낼 겁니다. 다만 뉴턴은 절대 갈릴레오가 되는 것을 원치 않겠지요. 비단 그 한 사람뿐만은 아니겠지만요. 아니면, 저를 믿어보세요, 당신이 그 작자 노릇을 하며 즐기는 것은 어떻습니까? 아니, 어쩌면 이 모든 과학이니 지혜 운운한 것들이 그저 그럴싸한 평계일지도 모르겠네요." 마네킹은 웃었다. "혹시 여자가 관련되어 있지는 않나요? 우리 각뿔 선생께서 헤어지길 원치 않는 조그마한 둥근 형상이."

"이 구역질 나는 흥정에 다른 사람들까지 끌어들이지는 말아요."

"그저 좀 더 끌리는 자신의 목소리를 들어요." 마네킹은 계속했다. "각뿔과 구형을 보존하는 방법이 있습니다. 당신이 오늘 밤 잠자리에 들기 전, 불을 끄기 직전의 찰나에 저는 당신을 거의 완벽하게 복제해 두겠습니다. 좀 더 해드릴 수도 있어요. 유일한 차이점이 있다면 심장이 건강하다는 점이 되겠습니다. 죽어가는 병든 심장 대신에 새로운 심장을 드리지요. 당신의 복제품이 아침에 눈을 뜨면, 가슴속 심장은 젊은 시절과 마찬가지로 거침없이 뛸 것입니다."

"제노에게 했던 것과 똑같은 제안이지 않습니까." 갈릴레오는 의혹의 눈초리로 말했다. "어떤 결론이 날지는 뻔해요. 저는 저일 겁니다."

"친애하는 선생님." 마네킹은 쾌활하게 답했다. "옳은 말씀입니다. 훌륭한 과학자로서 당신은 제노보다 좀 더 나은 대우를 받게 될 겁니다. 과학기술로 우리는 당신께 절대 안전한, 1,000번쯤 안전한 영생을 제공해드리지요. 저희들은 당신의 쌍둥이 세트를 만들어 얼린 다음, 당신이 가진 모든 기억들을 집어넣어 언제든 사용할 수 있게끔 만들겠습니다. 해동이 되면 각각은 자신이 진짜라 생각할 것이며, 당신과 똑같을 것입니다. 이것이 제가 드리는 제안입니다. 약관에 동의하시면 여기 서명을 하십시오. 그렇다면 저희 보증인들은 당신의 의식, 그러니까 현재 당신의 의식과 충분히 닮은 의식이 영원히 이어질 것임을 보장해드리겠습니다. 그렇다면 당신은 여전히 본인이 당신 자신이라 느낄 겁니다. 이게 싸구려 정책이 아니라는 걸 알게 되실 겁니다. 왜냐하면 완벽히 보장을 해드리기 위해 저희는 음…, 당신의 유일무이한 의식을 1,000개쯤 복제해 남겨둬야 하거든요."

"과연 좋은 생각인지 미심쩍군요. 복제품을 많이 만들어냄으로써 제 안전이 보장될지는 모르겠으나, 그만큼 각 복제품의 가치는 떨어질 수밖에 없을 테지요. 만약 제 의식이 지닌 저만의 고유한 형상이 복제된다면, 마치 중국의 병마용처럼 1,000명의 갈릴레오가 저와 똑같이 만들어진다면, 그렇다면 좋아요, 물론 저는 죽지 않겠죠. 하지만 저는 더 이상 귀중하지도 독특하지도 않을 겁니다."

"제 이야기 아직 안 끝났어요." 마네킹이 말했다. "만약 당신이 저희 프리미엄 약관에 동의하신다면 당신뿐 아니라 당신의 직계 가족과 가까운 친구들, 여자, 아마 애인이겠지요. 만약 원하신다면 지적으로 흥미가 당기는 여러 사람들을 선택할 수 있습니다. 함께 보장해드리죠. 만약 운명의 장난으로 그녀가 죽는다면, 또 다른 그녀, 사실 수천 명의 그녀가 준비되어 있어서 당신은 그녀와 함께 영원토록 지루해할 수 있다고요! 아무런 상실도, 고통도 없어요."

"저는 죽는 편을 택하겠습니다."

"당신의 값어치를 고수하고 싶어서?" 마네킹은 이를 드러내며 웃었다.

"아니요. 저는 단지⋯."

"좋아요. 당신이 그런 선택을 함으로 인해 그녀 또한 죽게 될 것이란 사실을 상기시켜 드려야 할까요?"

"의식의 복제를 금하는 법칙은 반드시 존재할 겁니다."

"누구 마음대로?" 마네킹은 빈정거렸다. "의식의 보존 법칙? 보이지 않는 고유한 성질? 혹은 신성한 법칙? 그거 정말로 멋지군요. 하지만 수많은 가금류들이 사육될 때, 무슨 의식 따위에 신경을 쓰나요?" 마네킹은 웃었다.

"저는 죽음을 택하겠어요."

"당신은 미쳤어요! 다이아몬드, 아름다운 형상들, 퀼리아의 모양에 대해 말하는데, 그런데도 죽기로 결심했다니, 당신과 더불어 그녀도 데려가겠다니까!"

"그녀는 이미 죽었어요. 그리고 저는, 저는 뒤틀린 형상, 뒤틀리고 오래된 한 그루 나무와도 같습니다. 옹이와 굴곡과 상처투성이이지만 여전히 그녀를 떠올리고는 눈물을 흘립니다. 다이아몬드들은 희귀하기 때문에 값진 것입니다. 그녀는 한 사람뿐이었습니다. 저는 그녀의 걸음걸이를 알고 그녀의 목소리를 기억합니다. 그녀의 생각은 제 것이 되었습니다. 우리는 기억을 나누었습니다. 그녀의 다이아몬드가 반사된 그림자는 제 고유의 형상에 각인되었습니다. 그녀는 제 의식 속에서 살아갑니다. 그리고 그것은 제가 제 자신이라는 것만큼이나 진실입니다. 저는 좋고 나쁜 일들로 굴곡진 형상입니다. 또한 한때 그녀에 의해 손질된 형상이기도 합니다. 만약 제 속에 깃든 그녀의 형상이 떠나가, 제가 기대고 있던 기억들을 앗아가 버린다면, 제 의식은 무너져 내릴 것입니다. 마치 신도들이 버린 대성당처럼, 크게 갈라진 교회의 폐허처럼, 피부로 덮이지 못한 상처처럼 말이지요."

죽음에 이르러 모든 것은 영원히 흩어져버렸다. 지금 이 순간 갈릴레오는 자신의 죽음을 선고 받은 것이다. 그는 망원경을 들어 하늘을 쳐다보았다. 별들은 멀찍이서 무심하게 떠 있었다. 현미경을 꺼내 몸을 이루는 세포들을 관찰했다. 세포들은 그를 의식하지 않은 채 살고 죽는 듯 보였다. 그리하여 그는 두려움에 떨며 반쯤 몸을 일으켰다. 그러고는 그녀의 손길을 느꼈고, 목소리를 들었으며, 자신의 딸의 형상임을 깨달았다.

그는 무수히 각이 진 그녀의 다이아몬드를 보았다. 그 윤곽은 자신의 다이아몬드 안에 드리워졌다. 그녀가 그와 같은 곳을 바라볼 때면 그가 느끼는 것과 같은 경험이 만들어졌고, 그의 얼굴은 맑은 연못 속에 비치어 저녁 무렵의 미풍에 흔들렸다. 그리고 둘이 이야기를 나눌 때면, 그들 마음속에 이는 파도는 발을 맞춰 춤을 추다시피 했다. 그는 자신의 곁에 성좌의 화염이 다가와 있음을 느꼈고, 그녀의 화염과 자신의 화염이 맞닿게 되면 열감과 함께 타오를 것임을 알고 있었다. 수천수만의 다른 불꽃 역시 마찬가지였을 것이다. 그리고 위에서 내려다보자 서로 맞닿은 화염들—온기를 얻어가는 불빛—이 보였다. 기다랗게 이어져 서로를 연결하는 빛의 혈관들, 불꽃 위에서 빛을 직조하는 베틀이 방 안에서, 집 안에서, 그리고 도시 안에서 보였다.

마침내 그는 끈을 놓았고, 고집 꺾인 평범한 늙은이처럼, 환상 속에서 위안을 얻고 두려움을 헤치며 의미를 깨달았다. 마네킹은 소리 내어 웃고 마스크를 건네준 다음, 떠나며 불을 껐다.

그녀는 그가 편히 잠들도록 눈을 감겼다.

그리고는 그의 손을 잡고서 어둠을 헤쳐 나갔다.

밤을 가로지르는 두 유성의 꼬리가 길게 이어졌다.

에필로그
•

Φ

결국 갈릴레오의 격앙된 꿈은 3가지 요점을 남기고 있는 듯 보인다.

첫째, 우리는 혼자가 아니다. 의식을 발달시키고, 확장하고, 가치를 부여하고 충족시키는 사회적 측면이 존재한다.

둘째, 우리는 모두 인간이며 우리 모두는 생명체다. 단지 정도의 차이가 있을지언정, 한 개체는 살아 있는 다른 존재들과 동일시될 수 있으며 동일시되어야만 한다. 그런 뜻에서 한 개체의 의식이란 절대 죽지 않는다고 할 수 있다.

셋째, 그럼에도 불구하고 모든 이들은 특별하고 그러므로 존귀하다.

그렇다. 누군가의 퀄리아의 형상을 다른 이들의 형상과 같아지게끔 손볼 수는 있다. 하지만 결국 각뿔 모양은 구형이 아니며, 각뿔 모양에는 구형에 없는 나름의 독특한 아름다움이 있다. 게다가 갈릴레오의 각뿔, 혹은 천상의 각뿔은 더더욱 독특한데, 이러한 사실이 그 한 사람에게 특별한 값어치를 부여하는 것이다. 갈릴레오는 마네킹의 제안을 간파하고서, 만약 자신을 수천수만 개로 복제한다면 비록 영원히 살아 있는 셈이 되기는 하겠지만, 동시에 대체가능한 존재가 되어버림을 깨달았다. 갈릴레오는 닭가슴살과 같이 규격화된 일용품이 되어버릴 것이다. 인용구는 필립 라킨Philip Larkin의 〈새벽의 노래Aubade〉에서 가져왔다('해질녘 I'과 동일하다).

제노는 그의 역설들(아킬레스의 역설, 거북이의 역설)로 잘 알려져 있는데, 이를 통해 그는 변화라는 관념의 모순점을 예시하려 했다. 여기에서 제노는 죽음을 포함한, 그 자신만의 변화에 맞닥뜨리게 된다. 제노는 우리가 일전에 만났던 파르메니데스(변화란 존재하지 않을 뿐 아니라, 모든 것은 하나이다)의 제자이다. 어쩌면 지적, 육체적 관계가 혼합된 고대 그리스식 수련법을 스승과 제자가 따랐을지도 모르겠다.

티미차Tymicha는 철학자이자 수학자였다. 제노는 키가 크고 잘생긴 것으로 알려져 있으나, 그녀가 작고 추하다는 이야기는 근거 없는 중상모략일 것이다. 하지만 그 둘 모두 남부 이탈리아의 참주에 맞서 싸웠다는 것은 사실이다. 절구통에서 짓이겨져 죽음을 맞이한 제노의 최후 및 그의 추종자들의 반응은 디오게네스 라에르티오스Diogenes Laertius의 기록에 남아 있다.

마네킹은 아무렇게나 "perfect"나 "parfait"이라고 한 것이 아닐지도 모른다. 어쩌면 데릭 파피트Derek Parfit(Perfect)를 염두에 둔 것일 수도 있다. 그는 누군가의 신체와 두뇌를 복제하고(스타트랙의 순간이동), 그 대체물을 두거나 두지 않는 일(가지내기, 브랜칭branching이라고 불렀다)에 담긴 철학적 의미를 탐구했다.

병마용은 진시황이 내세에 또 다른 제국을 다스리겠다는 의도로 그의 무덤에 함께 매장되었다. 황제의 구체적인 명령에 따라, 모든 인물상은 각기 다른 모습을 하고 있다.

덧붙여서

Afterthoughts

33

생각해볼 문제들

"심판의 날이 왔습니다." 앨튜리는 3인의 동방박사 중 한 사람인 양 프릭과 수염 난 노인 사이에 서서 소식을 알렸다.

"여기는 어디죠?" 어릴 적 교실로 돌아간 것일까 헷갈려하며 갈릴 레오가 물었다.

"질문은 생전의 의무이며 대답은 천국의 특권입니다." 앨튜리는 딱 잘라 말했다.

"선생님은 뭐든 다 알고 계신 거죠?"

갈릴레오는 여전히 마네킹을 떠올렸고 그의 소재를 궁금해 하며 조심스레 되물었다. 앨튜리는 웃으며 답했다.

"낙원이라고 해서 실수가 전혀 없을까요? 그저 최선을 다해 노력해보세요."

첫 번째 질문을 던진 이는 프릭이었다.

"뇌 속에 깃든 수많은 의식을 살펴보았습니다. 아니, 뇌 속 특정 부분에 깃든 의식이라 해야겠지요. 선생님은 통합된 정보로서의 의식, 즉 Φ값을 측정하고자 하셨습니다. 숫자와 기하학으로 표현된 그 질과 양을 구하고자 하셨어요. 당신은 물리학자입니다. 그래서 묻는 질문입니다. 물리학자로서, 당신을 측량하는 단위는 무엇입니까?"

갈릴레오는 질문을 골똘히 생각했다. 그는 Φ값을 측정함에 있어서, 시간과 공간 속 어떠한 시간간격이나 구성요소라도 대입해볼 수 있음을 알고 있었다. 그렇다면 어떤 구성요소를 택해야 올바른 것일까?

뉴런들 혹은 뉴런의 무리들, 혹은 뇌의 일부 영역들, 혹은 뇌 전체, 사람들, 가족들, 도시들, 나라들, 행성들, 아니면 별들? 혹은 반대로 더 작은 요소들? 이 세상을 구성하고 있는 분자 또는 원자들, 아니면 그보다도 더 작은 입자들? 어떤 수준에서도 Φ값을 구해볼 수 있으며, 그 값들은 전부 달리 나올 것이었다. 또한 아주 짧은 찰나만큼, 혹은 수초 혹은 수년에 이르기까지 다양한 기간 동안 Φ값을 측정해볼 수도 있으며 그 또한 다른 결과가 나올 것이다.

그렇다면 의식을 표현하는 값은 어떤 것일까? 만약 의식이 실재하는 무언가라면, 단위를 달리한다고 해서 그 값이 달라져서는 안 될 일이다. 지금 여기에 존재하면서, 측정하려는 방식에 따라 더 의식적이거나 덜 의식적이 되는 것은 있을 수 없는 일.

"저는 한낱 늙은이일 뿐입니다." 갈릴레오가 말했다.

"낙원에서는 얼렁뚱땅 넘어갈 수가 없어요." 프릭이 말했다.

"그렇다면 답해볼게요." 갈릴레오가 말했다. "Φ값은 시간과 공간 속 어떠한 범위에서도 측정이 가능합니다. 하지만 실제로는 의식이 최댓값에 도달하는 범위가 있을 것입니다. 시공 속에서 통합된 정보로 응축되는 범위, 의식이 최대에 다다르는 범위, 그리하여 하나의 존재로 나타나는 범위, 다시 말해 행위가 생겨나는 범위 말입니다."

"세상이 만들어지는 범위는 그 속 연결부에 달려 있습니다." 프릭이 말했다.

"맞습니다." 갈릴레오가 말했다. "개개의 뉴런이 가진 Φ값은 작을 겁니다. 물론 뉴런들은 무수히 많겠지만, 그 자체만으로는 너무 미미해서 별다른 변화를 일으킬 수 없겠지요. 한편 너무 많은 뉴런들이 한꺼번에 몰려 있는 경우에는, 의식에 필요한 세밀한 구분을 수행하기가 어려워집니다. 반면 자잘한 뉴런 소집단들이 서로 재잘거리며 얘기한다면, 서로 간에 알아듣기가 쉬워지겠지요. 소집단은 함께 어우러져, 크고 변화무쌍한 복합체, 부분의 합을 뛰어넘는 Φ값을 가진 복합체를 형성합니다. 아마도 의식은 그곳에 깃들어 있을 겁니다. 시간에 관해서도 마찬가지입니다. 찰나의 순간은 뉴런들이 대화하기에 너무나 짧은 시간입니다. 손을 뻗어 악수하기에 턱없이 부족한 시간이겠죠. 찰나의 Φ값은 0일 것입니다. 비슷한 이치로, 하루를 보자면 그 Φ값은 지쳐 떨어질 겁니다. 뉴런에 있어서 하루란 너무나도 긴 시간이니까요. 어떤 뉴런 집단에서도, 오전에 보낸 신호가 날이 저물어서야 작용하는 일은 없습니다. 뇌는 온통 잠들어 있겠죠. 그 중간 어디쯤일 겁니다. 1초가 채 안 되는 시간 동안, 각 집단에서 나온 다양한 신호들은 최대한의 차이를 만들어내어 Φ값이 정점에 도달할 것입니다. 어떻습니까. 이야말로 의식이 흘러가는 시간의 범위가 아닐까요."

프릭은 답하지 않았다. 그러자 갈릴레오가 질문을 던졌다.

"알려주세요. 만약 우리보다 1,000배쯤 빠른 뉴런들로 뇌를 만든다면, 의식은 1,000배쯤 빨리 흘러갈까요? 시간과 공간은 의식 속에서 전부 결정되는 것일까요? 만약 그 관계가 변치 않는 것이라면, 그 구성 요소를 규정해주십시오. 시간을 관통하는 정체성을 확립시켜주십시오."

"천국은 답하는 곳이지, 질문을 하는 장소가 아닙니다." 프릭이 말했다.

두 번째 질문을 던진 사람은 앨튜리였다.

"의식이 그저 어떤 것이 아닌, 어떤 상태가 될 수도 있었던 것이라

는 사실이 이상하지 않나요?"

"그렇습니다." 갈릴레오가 말했다. "의식화되는 것보다 더 빠른 속도로 주어지는 것은 아무것도 없습니다. 의식은 존재하는 가장 실재적인 것입니다. 하지만 의식은 가능성으로서 존재합니다. 정말 이상하지요. 저는 지금 여기에서 의식적입니다. 이는 저의 뉴런들이 특정한 방식으로 활성화되거나 비활성화되는 동시에, 뉴런들이 놓일 수도 있었던 수많은 상태들이 배제되었기 때문에, 즉 그 상태들이 여러 메커니즘에 의해 배제되었기 때문에 가능한 것입니다. 우리가 한 번도 느껴보지 못할 경험이라 할지라도 그 경험을 지금 여기에서 느껴볼 여지가 있음은 분명합니다. 그게 어떤 경험이든지 간에 말이지요. 이상하게 들릴지는 몰라도, 아마 브루노가 남긴 말은 진실일 것입니다. sostanza è possanza(실체에는 잠재력이 있다)."

덧붙여서
•

"그 자체에 내재된 관점에서 본다면 이상할 게 없을지도 모르죠." 앨튜리가 답했다. "매순간 지금의 상태 속에는, 처할 수도 있었던 다른 상태들이 함께 합니다."

모든 물체에 질량이라는 속성이 깃들어 있는 것과 비슷하다. 갈릴레오는 생각했다. 언젠가 그는 질량이야말로 힘과 가속도를 비례하게 만드는 요인이라 주장했다. 물체가 가진 질량이 크면 클수록 힘을 가할 때 속도의 변화는 줄어들게 된다. 하지만 질량을 가지는 데 힘이 필요한 것은 아니다. 실제로 물체가 질량을 갖기 위해서, 주어진 힘에 맞춰 속도를 얼마만큼 변화시킬지 스스로 계산할 필요는 없는 것이다.

뇌 역시 마찬가지로 가용한 자유—온갖 상태 변화를 반영하는 뇌 속 레퍼토리—를 경험하기 위해 계산을 할 필요는 없다. 따라서 뇌속 변화무쌍한 의식은 물체가 가진 질량만큼이나 물리적인, 가장 물리적인 측면이라 하겠다. 그 둘은 모두 잠재적이나, 모두 실재하는 것이다. 질량이 그 외부로부터 다른 물체들을 잡아끌 수 있다면, 의식은 그 내부에서부터 우주를 밝히게 된다.

"잠재된 것은 실제화되는 법이죠. 가능체^{implex}, 단일체^{simplex}, 복합체^{complex}." 앨튜리가 말했다. "백지를 마주하였을 때 쓸 수 있는 모든 것, 건반을 두드릴 때 연주할 수 있는 온갖 음, 눈을 감았을 때 떠올릴 수 있는 모든 생각… 이것이야말로 경험을 이루는 재료들이 아닐까요?"

"묘사하기 이전부터 존재하는 것이로군요." 갈릴레오가 말했다. 그리고 물었다. "그렇다면 통합된 정보란 무엇입니까? 세상의 가장 근원적인 속성인가요?"

"질량만큼이나 혹은 그 이상으로 근원적인 것인지도 모르죠." 앨튜리가 말했다. "어쩌면 같은 것일 수도 있어요. 그건 정보량으로부터 나옵니다. 왜냐하면 Φ는 현상의 근간이니까요. 하지만 지금은 배운 것을 털어놓는 시간입니다. 그러니 존재란 무엇인지 얘기해보세요."

"제가 배웠다고 생각하는 바를 말해 보겠습니다." 갈릴레오가 답했다. "저는 차이를 만들어낼 수 있는 차이가 있을 때에만 정보가 존재한다는 사실을 배웠습니다. 만약 차이를 만들어낼 수 있는 것이 아무것도 없다면 어찌 무엇인가가 존재할 수 있겠습니까? 만약 아무런 선택지가 없다면, 즉 취할 수 있는 상태가 단 하나뿐인 요소라면 그것을 어찌 존재한다고 할 수 있겠습니까? 저는 정보와 원인은 하나이자 같은 것임을 배웠습니다. 그리고 그것이 전부입니다. 존재한다는 것은 차이를 만들어내는 차이, 원인이 되는 선택지임이 틀림없습니다.

"그래요." 앨튜리가 말했다. "애초에 게이트(여러 개의 입력 신호가 일정 조건을 충족할 때 하나의 출력값을 내도록 하는 회로_역주)는 물리적인 동시에 논리적인 것으로, 둘을 취하여 하나를 택하거나, 둘이 특정한 경우에 놓일 때 그것을 취하는 것입니다. 헌데, 아낙시만드로스Anaximander의 이야기처럼 오로지 한 종류의 메커니즘, 즉 공간과 시간과 의식에 영향을 끼치는 NOR 게이트만이 존재하는 것일까요? 아니면 엠페도클레스Empedocles가 주장한 것처럼 실재의 핵심부에는 다양성이 자리 잡고 있어, AND나 OR이나 NOT이나 COPY, 그밖의

덧붙여서
•

여러 종류의 게이트가 있을까요?"

앨튜리가 말하는 뜻을 이해하지 못한 채, 갈릴레오는 이어나갔다.

"저는 통합이 이뤄질 경우에만 정보가 존재할 수 있음을 배웠습니다. 오로지 의식, 즉 통합된 정보만이 정말로 실재하는 것, 본디 저절로 존재하는 유일한 것이며, 존재하기 위해 다른 어떠한 존재도 필요치 않는 것입니다. 하지만 단순히 뭉쳐진 상태만으로는 본래, 그리고 저절로 존재할 수가 없습니다. 만약 단순히 뭉쳐진 것들을 조사해본다면, 그것들은 훨씬 더 작은 존재들로, 티끌 속의 티끌로 분해되어버릴 겁니다. 당신은 서로 다른 물체를 머릿속에서 한데 묶어, 그것들을 실제로는 그렇지 않은 단일한 어떤 것으로 만들어놓을 수 있습니다. 한 줌의 모래, 하나의 은하, 아니면 한 무리의 군중과 같이 말입니다. 하지만 그것들은 외부에서 바라보았을 때, 의식적인 어떤 존재의 관점에서 바라보았을 때야 비로소 하나로 보입니다."

"그래요." 앨튜리가 말했다. "선생님이 존재하고 제가 존재하지만, 우리 둘 모두가 동시에 존재할 수는 없는 것과 꼭 같은 이치죠. tertium non datur(제3의 길은 없습니다)."

마지막으로 갈릴레오가 말했다. "저는 통합된 정보는 구성요소, 장소 그리고 시간의 측면에서 오직 그 최대치에 도달하는 곳에서만 존재한다는 것을 배웠습니다. 그리고 그 존재는 그 밖의 모든 것을 배제한다는 것을 배웠습니다. 왜냐하면 정보를 중복해서 헤아릴 수는 없기 때문입니다."

"맞았어요." 앨튜리가 말했다. "경험이란 분명히 한정되어서 경계를 가지고 있어요, 오컴의 면도날로 잘린 듯한 경계를….”

노인의 차례가 되자, 그는 입을 열었다.

“그대는 의식의 질이 어떻게 퀄의 형상, 즉 통합된 정보를 의미하는 밝은 점들의 집합으로 표현되는지 배웠습니다. 저는 이걸 묻고 싶습니다. 그렇다면 이 세상은 본질적으로, 그 자체로는 어떤 모습일까요? 실존하는 세상은 어떻게 생겼을까요? 우리가 보는 세상은 그저 꿈꾸듯 머릿속에서 만들어진 것일 뿐이라면 말이죠.”

“저는 퀄리아 공간의 기하학적 구조에 이 세상 모든 현상이 담겨 있다고 배웠습니다. 푸른색이 무엇이며, 붉은색은 무엇이며, 색상이나 형태가 무엇이며, 시각과 청각이 무엇인지, 이미지와 생각은 어떤 것인지를 정의하고 있지요. 우리는 그저 우리 두뇌 속에서 구성된 세상만을 알고 있을 뿐임을 배웠습니다. 그 모든 것은 뇌 속에 들어 있습니다. 비단 색상이나 맛뿐만이 아니라, 공간과 시간, 질량, 수 그리고 범위까지도 말입니다. 그 모든 것은 역설적입니다. 두뇌, 즉 세상이라는 옷감의 조그마한 매듭에 불과한 뇌가 세상 자체를 만들어내는 유일한 근원이라니요. 하지만 그렇다면 세상이야말로 우리 뇌를 구성하는 유일한 근원이기도 하지요. 우리는 존재 그 자체임을 배웠습니다. 때로는 흡족하게 때로는 비극적이게, 무한히 혹은 지독히도 덧없이, 우리가 내부로부터 경험하는 유일한 것입니다. 그리고 우리자신은 동료를 품을 수 있을 만큼 충분히 그릇이 커야 함을 배웠습니다."

"두뇌 역시 이 커다란 세상의 일부이지요." 노인이 말했다. "두뇌는 스스로의 법칙, 부분들을 통합하고 구분하는 법칙에 의거해 자신의 방식을 만들어갑니다. 세상과 맞닥뜨림으로써 종들은 진화의 세월을 겪었고, 개체는 발달과정을 거쳐 자라나며 경험을 통해 학습합니다. 그저 거울에 비추어진 것처럼 우리가 이 세상을 인식하는 것은 아닙니다. 아니고말고요. 내부의 메커니즘들이 외부 세계와 조화를 이루기까지 생이라는 가혹한 도끼질에 의해 다듬어진 뇌의 모양에 따라 인식하게 되는 것입니다. 모든 지각은 기억의 활성, 법칙이 간직한 기억, 역사 속에 쌓여온 기억, 그리고 체험의 기억입니다."

갈릴레오가 말했다. "지식은 외부와의 관계에 대한 내적 적응이라는 것을 배웠습니다. 같지 않은 것들을 서로 연결 짓는 일이지요. 세상을 바라봄에 있어서, 우리의 지식과 이해가 더 깊어질수록 더 큰 Φ가 자라 숨 쉬게 되고, 외부의 대상과 연결될 때 내부의 관계가 번창하겠지요. 그 이상의 것에 대해서는, 때로 추측은 해보겠지만, 우리는 우리가 틀렸다는 사실을 알 수 없습니다."

"그대는 너무 많은 것을 보았기에, 이제부터 장님이 될 것이며, 진실을 말하지만 아무도 믿지 않을 것입니다." 노인이 말했다. "의식이란 분해가 불가능한 최대치이며, 유일무이한 것입니다. 의식은 깨달음의 형상이자, 정말로 실재하는 유일한 형상입니다. 존재하는 가장 실재적인 것이지요. 의식은 이 세상이 어떻게 생겼을지 묘사하는 모델입니다. 독창적이면서도 웅대한, 영겁의 세월에 걸쳐 세워진 모델, 막대한 희생과 셀 수 없는 손실을 치르고서, 수많은 선조들의 삶과 죽음 위에서 태어난 모델, 끝없는 전쟁의 대가이자 노예의 피땀으로 얻어낸 모델, 거듭된 수업을 통해 개선되고 문명, 교육, 학습된 논리로 다듬어진 모델, 하지만 그것은 오로지 우리가 지닌 언어, 두뇌와 그 마법의 직조기가 쓰는 언어로부터 만들어진 모델입니다. 뇌가 그려내는 심상 속에서 세상이 얼마나 풍부한지 알고 싶다면, 실험을 하나 해보는 것만으로 충분합니다. 잠자리에 들어 꿈을 꾸는 것입니다. 우리가 꿈을 꾸는 내용은 우리가 알던 것이며, 우리가 알 수 있는 것은 꿈꿔 볼 수 있는 것입니다. 이 세상은 내부에서 상상할 수 있는 것일 뿐, 밖에서 그 나신을 드러내는 것이 아닙니다. 내면에서 의식의 빛이 비치지 않는다면 보이는 것은 아무것도 없겠죠. 우리가 반드시 해야 할 일은 빛, 하나로 합쳐지는 그 빛을 찾아내는 일입니다."

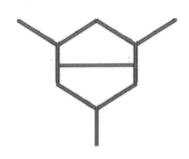

Φ

'Sostanza è possanza', 실체에는 잠재력이 있다는 표현은 지오다 노 브루노Giordano Bruno가 그의 저서《원인, 원리 및 일자에 관하여De la causa, principio, et Uno》(1584)에 쓴 문장이다. 가능체Implex는 폴 발레리Paul Valéry가 만들어낸 용어로 가능성의 공간 안에서 마음이 행할 수 있는 위대한 능력을 뜻한다. "그것은 정보량으로부터 나온다"는 말은 내재된 정보의 내용 혹은 아마도 큐빗quantum bits으로부터 모든 물리적 실체들이 나타날 것임을 존 휠러John Archibald Wheeler가 표현한 방식이다. 인용구는 자신의 나신을 목격한 티레시아스에게 아테네가 한 말로 테니슨Tennyson이 쓴 문구이다.

세 번째 삽화는 미켈란젤로가 시스티나 성당에 그린 것으로 하느님의 망토와 두뇌 모양의 유사성을 보여준다(미켈란젤로는 오랫동안 해부학을 공부했다). 이 유사성은 메쉬버거F. L. Meshberger가 자세히 논하였다(〈미국의학협회 저널Journal of the American Medical Association〉, 1990).

에밀리 디킨슨Emily Dickinson 역시 그랬던 것처럼, 예술가들은 때때로 자신들의 의도보다 더 직관적일 수 있다. 혹은 직관보다 더 많은 것을 의도할 수도 있다. 하느님과 아담의 손가락이 이루는 위대한 시냅스는 뇌로부터 우주가 창조되었음을 보여주는 것이다. 마지막 상징물은 저자에게 중요한 의미로 다가오는 것이 확실하나, 무슨 뜻인지는 알 수 없었다.

감사의 말

의식 문제를 연구해온 수십 년 동안, 저는 많은 분들의 도움을 받아왔으며, 몇몇 분들에게는 참기 힘든 부담을 드렸을지도 모르겠습니다. 《파이》라는 책을 구상하고 집필하는 데 키아라 시렐리Chiara Cirelli와 리체 질라르디Lice Ghilardi는 긴 탈고 과정 내내 이루 말할 수 없는 도움을 주셨습니다. 제 친구이자 동료인 크리스토프 코흐Christof Koch는 책의 출판을 홍보하고 마르지 않는 지적 에너지로 책 속의 아이디어에 관해 의견을 주었으며, 지난 20여 년 동안 의식을 연구하는 과학 분야에 핵심적인 기여를 함으로써 《파이》가 세상에 나오는 데 일조했습니다.

저는 특히나 《파이》에서 논의된 개념을 발전시키는 데 헤아릴 수 없는 도움을 주신 마르셀로 마시미니Marcello Massimini, 올라프 스폰스Olaf Sporns, 랜디 매킨토시Randy McIntosh에게 감사를 표합니다. 아울러 의식의 속성에 관해 저와 자주 토론했던 많은 분들과, 연구 결과물로써 제게 지식과 영감을 주셨던 많은 분들, 크리스 아다미Chris Adami, 마이크 알키레Mike Alkire, 조르지오 아스콜리Giorgio Ascoli, 버나드 바스Bernie Baars, 데이비드 밸두지David Balduzzi, 수잔 블랙모어Susan Blackmore, 네드 블록Ned Block, 멜라니 볼리Mélanie Boly, 규리 버즈사키Gyuri Buzsaki, 데이비드 차머스David Chalmers, 페트리시아 처치랜드Patricia Churchland, 고故 프랜시스 크릭Francis Crick, 짐 크루츠필드Jim Crutchfield, 안토니오 다마지오Antonio Damasio, 리치 데이비슨Richie Davidson, 스타니슬라스 드한Stan Dehaene, 다니엘 데닛Dan Dennett, 제럴드 에덜먼Gerald Edelman, 칼 프리스톤Karl Friston, 스테파노 푸시Stefano Fusi, 마이클 가자니가Michael Gazzaniga, 앨런 홉슨Allan Hobson, 토니 허데츠Tony Hudetz, 토드 힐튼Todd Hylton, 시드 쿠더Sid Kouider, 하콴 라우Hakwan Lau, 스티븐 로리스Steven Laureys, 데이비드 레오폴드David Leopold, 로돌포 이나스Rodolfo Llinas, 토마스 매칭거Thomas Metzinger, 리드 몬테규Read Montague, 짐 올즈Jim Olds, 브레드 포스틀Brad Postle, 마크 라이칠Marc Raichle, 니코 쉬프Niko Schiff, 앤디 슈워츠Andy Schwartz, 존 설John Searle, 볼프 싱어Wolf Singer, 나오 츠치야Nao Tsuchiya, 베리 반 빈Barry van Veen과 같은 분들께 감사를 전합니다.

《파이》의 불완전한 초안을 두고 많은 친구들을 괴롭혔음에도 불구하고, 저는 언제나 도움이 되는 조언들을 들을 수 있었습니다. 특히나 마이크 알키레Mike Alkire, 조르지오 아스콜리Giorgio Ascoli, 루스 벤카

Ruth Benca, 가브리엘 비엘라Gabriele Biella, 알렉스 보벨리Alex Borbèly, 마르코 카소나토Marco Casonato, 파올라 다사니오Paola d'Ascanio, 지오반나 디 로렌치 Giovanna De Lorenzi, 유고 파라구나Ugo Faraguna, 파비오 페라렐리Fabio Ferarelli, 스 테파노 푸시Stefano Fusi, 밥 골든Bob Golden, 션 힐Sean Hill, 앨런 홉슨Allan Hobson, 찰리 카우프만Charlie Kaufman, 너드 칼린Ned Kalin, 빌 린튼Bill Linton, 크리스티 아노 메시Cristiano Meossi, 조지 미클로스George Miklos, 유발 니르Yuval Nir, 피에 트로 피에트리니Pietro Pietrini, 브래드 포스틀Brad Postle, 지안 루이지 살라 리스Gian Luigi Salaris, 에른스티나 쉬파니Ernestina Schipani, 밥 샤에Bob Shaye, 올라 프 스폰스Olaf Sporns, 아이린 토블러Irene Tobler, 이브 반 커터Eve van Cauter, 블 라드 비아조브스키Vlad Vyazovskiy에게 감사를 표합니다. 체질적으로 서 신교환이나 원고작성, 도표나 저작권 승인과 같은 작업을 챙기는 데 서투른 저로써는 마샤 피스터-젠스코브Martha Pfister-Genskow의 도움을 받 을 수 있었던 것이 큰 행운이었습니다. 그녀는 전전긍긍하며 책이 무사히 출간될 수 있도록 자신이 맡은 바에 애를 쏟아주었습니다. 제 아버지는《파이》의 초기 원고를 이탈리아어로 번역해 주셨고 어 머니와 함께 제 작업에 대해 많은 조언을 주셨습니다. 제가《파이》 집필을 시작했을 무렵, 출판사는커녕 어떤 독자를 대상으로 해야 할 지조차 갈피를 잡지 못하고 있었습니다. 게다가 흔하지 않은 형식으 로 인해 관심을 가질 독자는 그리 많지 않을 듯 보였습니다. 하지만 이는 오판이었습니다. 판테온 출판사의 댄 프랭크Dan Frank는 열린 마 음으로《파이》의 내용을 검토해주었고, 즉각 예리한 조언을 해주었 습니다. 그 이후로 그와 함께 작업하는 일은 정말로 즐거웠습니다.

이런 책을 쓸 수 있는 호사스러운 기회를 누리기 위해서는 이를 가능케 해주는 과학계의 풍부한 지원이 반드시 필요합니다. 맥도널McDonnell 재단, 미국 방위고등연구계획국DARPA, 미국 국립보건원NIH 디렉터스 파이오니어 어워드Director's Pioneer Award, 미국 국립정신건강연구원NIMH와 미국 국립신경질환뇌졸중연구소NINDS, 그리고 레스피로닉스Respironics의 데이비드 화이트David White에게 감사드립니다. 마지막으로 제 연구실, 제 의국, 의과대학, 위스콘신 대학 의학재단, 그리고 위스콘신 대학에 심심한 감사를 전합니다.

역자 후기

"가끔씩 형체가 없는 붉은 색이 보여요."

전공의 시절의 어느 날, 외래 진료실을 찾은 조현병 환자분의 말 한마디가 궁금증에 불을 지폈다. 형체에서 분리되어 색상이 홀로 보이는 경험이 있다니. 도대체 이를 어떻게 이해할 수 있을까.

내가 수련받은 정신과 영역의 관심사 가운데 하나는 무의식이었다. 그것이 정신분석에서 논하는 무의식이든, 신경과학에서 이야기하는 암묵기억 같은 것이든, 벤자민 리벳Benjamin Libet으로 시작된 자유의지에 관한 논쟁이든, 의식화되지 않는 영역은 언제나 흥밋거리였다. 각양각색의 이론과 설명이 있었다. 문제는 무의식이라는 주제가 반박 불가능한 과학적, 의학적 증거를 들이밀기에 쉽지 않은 대상이라는 데 있었다.

그렇다면 한 발짝 내려와 보기로 했다. 의식에 대해서라면 해답에 접근한 누군가가 있지 않을까. 물론 의식 문제, 심신 문제를 진지하게 다루는 과학자도 찾기는 힘들었다. 처음 책으로 접하게 된 인물은 두 노벨생리의학상 수상자인 프랜시스 크릭과 제럴드 에덜먼이었다. 그리고 나서 나는 크리스토프 코흐와 이 책의 저자 줄리오 토노니의 글들을 읽게 되었다. 여담이지만, 실제로 이 책에서 프랜시스 크릭은 '프릭'이란 이름으로 1부의 가이드 역할을 한다. 그리고 3부의 가이드는 '다윈'으로 설정되어 있으나, 실은 제럴드 에덜먼을 염두에 둔 건지도 모르겠다. 그가 주장한 신경적 다윈주의의 내용이 책 후반부에 종종 언급되기 때문이다.

프랜시스 크릭과 크리스토프 코흐 콤비는 의식문제를 해결하기 위해 뇌를 잘게 쪼개 들어가는 접근법을 택했다. 그 둘은 단순한 의식을 이루는 기본적인 신경상관물을 찾고자 했다. 반면 제럴드 에덜먼과 줄리오 토노니는 전체적으로 접근했다. 사고실험을 통해 의식이 가진 성질을 매끄럽게 설명할 수 있는 과학적 이론을 세워놓고, 이 이론을 실제 뇌를 두고 검증하려 했다. 그리하여 '역동적 중심부 이론dynamic core theory'이 나왔고, '통합정보이론integrated information theory'으로 발전되었다.

통합정보이론을 간략히 이야기하자면 다음과 같다.

(1) 인과관계는 정보이다. 현재의 상태를 통해 인과적으로 불가능한 과거의 상태들이 배제된다. 즉 불확실성이 줄어든다.

(2) 어떤 시스템에서 부분들이 만들어내는 정보의 합보다 시스템 전제가 만들어내는 정보가 클 때 정보는 통합된 것이다.

(3) 통합된 정보가 의식이다. 단 이때의 정보는―비록 불확실성의 감소라는 측면에서 섀넌의 방식을 차용하고는 있으나― 일반적으로 이야기하는 관찰자 시점의 정보가 아닌 내재된 관점에서의 정보다. 그 자체로 자연히 납득하게 되는 정보, 불립문자不立文字라는 표현에 가까운 정보라 하겠다.

(4) 확률적으로 표현된 시스템의 각 상태들을 좌표로 찍어봄으로써 퀄리아를 기하학적으로 번역할 수 있다. 이때 시스템 속 이진법적으로 표현되는 구성 요소가 n개 존재한다면, 좌표축의 개수는 2의 n 제곱(2^n)개가 된다.

이 책을 번역하면서 종종 저자의 방대한 식견과 소양에 감탄이 나올 때가 있었다. 책에서 느껴지는 그의 모습은 신경과학자, 공학자, 정신의학자인 동시에 문학가, 예술가이기도 했다. 과학, 수학, 미술, 철학, 문학을 아우르는 책의 내용은 심지어 신경윤리나 인공지능, 범신론과 같은 더 큰 주제로 확장되어 물음을 던지기도 했다.

임상에서 진료하는 의사의 입장으로 인상 깊었던 구절은 다음과 같다.

당신이 당신의 선택에 좀 더 의식적일수록,

선택은 좀 더 결정되고, 좀 더 당신 것이 됩니다.

(…) 부분이 아닌 전체가 선택하도록 만드세요.

이는 언뜻 "이드가 있는 곳에 자아가 있게 하라"는 프로이트의 격언이나 그밖에 많은 정신과적 권고사항(?)을 떠올리게 한다(비록 저자는 프로이트를 우스꽝스럽게 묘사해 놓았지만). 어떤 길을 택하더라도 결국 진리라는 큰 종착지는 한곳으로 수렴하는 것이 아닐까.

자칫 묻힐 뻔했던 번역 원고를 세상에 내어놓게 해 주신 쌤앤파커스 출판사, 모호한 문장을 훑어봐 준 마취과 전문의 박중호 군에게 고마운 마음을 전한다. 그리고 공학자인 아버지, 시인인 어머니, 동료 정신과 의사이자 인생의 동반자인 아내에게 감사를 표하고 싶다. 투박한 초벌 원고를 들이밀어도 매번 세심히 검토해준 아내의 도움이 없었다면 번역을 마치지 못했을 것이다.

이미지 목록

ESA and the Hubble Heritage Team.

38 왼쪽, 'Mona Lisa'(1503-6), Leonardo da Vinci / The Bridgeman Art Library;
오른쪽, 가리비의 눈은《Animal Eyes》(Oxford University Press, 2002)에서 인용.

39 해마형성체, Gyuri Buzsaki.

3. 대뇌

44 'The Cloister' / The Bridgeman Art Library. 폰테니 에비[Fontenay Abbey]의 회랑 사진
이다.

45 'Portrait of Nicolaus Copernicus'(16세기) / The Bridgeman Art Library.

46 'Crucifixion'(1426), Masaccio / The Bridgeman Art Library.

47 왼쪽, '건강한 대조군'의 뇌 스캔; 오른쪽, '식물인간 상태의 환자'의 뇌 스캔. 뇌의
대부분이 파괴된 것(검은 부분)을 볼 수 있다. Niko Schiff 등의 논문(〈Residual
Cerebral Activity and Behavioural Fragments in the Persistently Vegetative
Brain〉, 2002)에서 인용.

48 기둥 모양을 이루고 있는 뉴런들의 소집단 - 일명 미니컬럼[minicolumn](1977), 해부학
자 János Szentágothai / The Royal Society.

50 좌우반구에 위치한 두 미니컬럼이 신경섬유를 통해 서로 소통하는 모습(1977), 해
부학자 János Szentágothai / The Royal Society.

51 식물인간 상태에서 뇌의 일부 기능만 작동하는 모습 / Oxford University Press.

54 'Mary Magdalene'(1455), Donatello / The Bridgeman Art Library. 이미지 저자
수정.

54 'Apollo & Daphne'(1622-25), Gian Lorenzo Bernini / The Bridgeman Art
Library. 이미지 저자 수정.

4. 소뇌

61 'A Dance to the Music of Time'(1634-36), Nicolas Poussin / The Bridgeman
Art Library.

62 두상 단면. 저자 이미지.

63 'Portrait of the Artist'(1650), Nicolas Poussin / The Bridgeman Art Library.

67 'Arcadian Shepherds', Nicolas Poussin / The Bridgeman Art Library.

68 알제리의 도시 베니 이스구엔[Beni Isguen], George Steinmetz / http://
georgesteinmetz.com.

5. 2명의 맹인 화가

77 'The Allegory of Sight'(1617), Jan Brueghel the Elder / The Bridgeman Art
Library. 이미지 저자 수정.

78   'Self Portrait', Giovanni Paolo Lomazzo / The Bridgeman Art Library.

81   'The Fall of the Rebel Angel', Peter Paul Rubens / The Bridgeman Art Library. 이미지 저자 수정.

82   'The Lady and the Unicorn'(15세기) / The Bridgeman Art Library. 'Sight' 태피스트리 전작 중 일부.

86   'Self Portrait'(1556), Sofonisba Anguissola / The Bridgeman Art Library.

6.   안에서 갇혀버린 뇌

93   Pascaline / The Bridgeman Art Library. 블레즈 파스칼Blaise Pascal이 1642년 경 발명한 계산기.

95   웨일즈의 포이스주 Pennant Melangell의 교회탑(2009), Gerald Morgan / Wikimedia Commons. 이미지 저자 수정.

98   'The Game of Chess'(1555), Sofonisba Anguissola / The Bridgeman Art Library. 이미지 저자 수정(런던 소재의 Shadow Robot Company에서 개발된 Shadow Hand를 작품에 추가했다).

100   'Cardinal Richelieu on His Deathbed', Philippe de Champaigne / The Bridgeman Art Library. 이미지 저자 수정.

103   Adrian Leatherland의 작품으로 알록달록한 은하처럼 보이는 것은 실은 수백만 개의 소수를 시각화한 것이다 / www.mysteriousnumbers.com.

104   'The Nightmare'(1781), Henry Fuseli / The Bridgeman Art Library.

7.   기억을 잃어버린 여왕

110   'Portrait of a Lady', Jacopo Robusti Tintoretto / The Bridgeman Art Library. 베로니카의 초상으로 여겨지고 있다.

113   유전자 조작 쥐의 해마 조각을 현미경으로 촬영한 '뇌무지개brainbow' 사진, Tamily Weissman.

114   해마 회로 재구성 이미지, Giorgio Ascoli.

115   해마 위에 겹쳐진 뉴런들, Gyuri Buzsaki.

116   'Barbara Strozzi', Bernardo Strozzi / The Bridgeman Art Library.

8.   나누어진 뇌

119   저자 이미지.

120   'Anatomical Machines'(1763-64), Giuseppe Salerno / Museum Chapel Sansevero.

121   'Veiled Christ'(1753), Giuseppe Salerno / Museum Chapel Sansevero.

122   Achille-Loius Foville의 《Traité complet》(1844)에서 발췌. 양측 대뇌반구 사이에

이를 연결해주는 뇌량^{corpus callosum}이 노출되어 있다.

수정.

266 일명 '커넥톰connectome'으로 알려진, 뇌 속 연결들의 네트워크, Olaf Sporns · Patric Hagmann.

269 'The Imperial Gallery of the Basilica' / The Bridgeman Art Library. 사진의 돔은 이스탄불의 하지아 소피다Haghia Sophia다.

270 'Melancholia I'(1514), Albrecht Dürer / Library of Congress, Washington, D.C. 작품에는 마법의 네모꼴 형태의 미스터리한 다면체가 그려져 있다. 이는 형상과 정신을 측정하는 도구라고 한다.

272 'Ugolino Gnawing the Head of Ruggieri', Gustave Doré. 단테의《신곡》지옥 편, 제32곡Inferno Canto XXXII의 삽화다.

275 뇌가 침식되어 가고 있는 그림은 Dr. Paul Thompson의 〈Alzheimer's Disease〉(UCLA) 그림을 수정한 것이다.

277 'Chicago Board of Trade II', Andreas Gursky.

278 30: Flawless Pear-Shaped Rose Coloured Diamond of 16.10 cts / The Bridgeman Art Library.

19. 어둠의 의미 : 어두움을 구성하다

283 'The Drawbridge'(1761), Giovanni Battista Piranesi / The Bridgeman Art Library.

285 'Portrait of Gottfried Wilhelm Leibniz'(18세기) / The Bridgeman Art Library.

286 Stepped Reckoner / Wikimedia Commons. 라이프니츠가 개발한 계산기다.

289 'Woman with a Candle', Godfried Schalcken / The Bridgeman Art Library.

292 모식도는 머카크 원숭이의 시각피질의 연결패턴(왼쪽)과 대상 인식의 위계모델(오른쪽)을 표현한 것으로, G. Kreiman의 〈Biological Object Recognition〉(《Scholarpedia》)에서 재인용한 것이다. 이는 본디 T. Serre 등의 〈Artificial Intelligence memo〉(《Massachusetts Institute of Technology》, 2005)에서 인용되었다.

296 'Ancient Harmony'(1925, Paul Klee / The Bridgeman Art Library)를 바탕으로 저자 수정.

20. 빛의 궁전

300 저자 이미지.

302 저자 이미지.

303 저자 이미지.

308 'Haze', Nancy Lobaugh.

310 저자 이미지. 거미줄은 Arachnis Qualiatextor종이 만든 것으로, 베로나Verona 근처

에서 발견되는 희귀종이다.

346 'The Resurrection of Lazarus', Michelangelo Merisi da Caravaggio / The
Bridgeman Art Library.

348 'Rondanini Pietá', Michelangelo Buonarroti / The Bridgeman Art Library.

24. 해질녘 II : 치매

352 저자 이미지.

356 'The Tower of Babel'(1563), Pieter Brueghel / The Bridgeman Art Library.

358 저자 이미지.

359 저자 이미지.

361 'Saint Roberto Bellarmino', / Wikimedia Commons.

362 'Self Portrait'(1996), William Utermohlen / The Bridgeman Art Library. 작가
가 알츠하이머 진단을 받은 뒤 그린 그림이다.

362 'Oval Head'(2002), William Utermohlen / The Bridgeman Art Library. 작가가
알츠하이머 진단을 받은 뒤 그린 그림이다.

25. 해질녘 III : 비탄

368 배비지Babbage의 계산 장치(1834) / Science Museum/SSPL.

370 노출된 대뇌피질 표면 사진은 Wilder Penfield와 Edwin Boldrey의 논문(〈Somatic
Motor and Sensory Representation in the Cerebral Cortex of Man as Studied
by Electrical Stimulation〉, 1937)에서 따왔다.

374 'Kopf 25-03-1989', Armando / Dordrechts Museum.

376 저자 이미지.

26. 새벽녘 I : 줄어든 의식

385 'Landscape with the Fall of Icarus'(1555), Pieter Brueghel / The Bridgeman
Art Library.

386 'Izhevsk: the Remnants of the Old Order Still Remain', Paul Artus / http://
artus.orconhosting.net.nz. 이미지 저자 수정.

387 'Zeus and Io', Correggio / The Bridgeman Art Library.

389 'Earth; or, The Earthly Paradise'(1607-8), Jan Brueghel the Elder / The
Bridgeman Art Library.

390 'Narcissus'(1597-99), Michelangelo Merisi da Caravaggio / The Bridgeman
Art Library. 이미지 저자 수정

27. 새벽녘 II : 진화하는 의식

394 'Esel', Johann Georg Grimm / Grimm Vereinigung, Immenstadt.

440 '8½'(1963) 스틸 컷, Fellini 감독.

442 'Bust Of Costanza Buonarelli', Giovanni Lorenzo Bernini / The Bridgeman Art Library.

443 'The Rape of Proserpina', Giovanni Lorenzo Bernini / The Bridgeman Art Library.

446 'King of Quails', Jacopo Ligozzi / Scala/Art Resource, N.Y.

447 성 베드로 광장(판화)Giovanni Battista Falda / The Bridgeman Art Library.

448 'The "Atlas" Slave'(1519-23), Michelangelo Buonarroti / The Bridgeman Art Library.

31. 일광 III : 자라나는 의식

453 'The Country School'(1871), Winslow Homer / The Bridgeman Art Library.

457 'The Cuman Sibyl', Andrea del Castagno / The Bridgeman Art Library. 이미지 저자 수정(런던 소재의 Shadow Robot Company에서 개발된 로봇을 작품에 추가했다).

459 'My Friend Ernest'(1929), André Kertész / The Bridgeman Art Library.

463 'Sam and the Perfect World'(2005), David Lenz.

463 'Eternity', Pietro Daverio / Wikimedia Commons.

Φ 에필로그

32. 3가지 늦은 꿈

471 'i Bouguereau', Aurore Latuilerie, 'Young Shepherdess'(1885, William-Adolphe Bouguereau)에서 따왔다 / The Bridgeman Art Library. 이미지 저자 수정(영화 'I, Robot'(2004, Alex Proyas 감독)에서 머리를 추가했다).

474 'Portrait of Ludwig van Beethoven', Carl Jäger / Library of Congress, Washington, D.C.

477 'The Temptation of St. Anthony of Egypt', David Ryckaert III / The Bridgeman Art Library.

479 'Zeno of Citium' / Livius.org

484 'Self-Portrait with a Black Dog'(1842) / The Bridgeman Art Library.

489 중국 시안西安 박물관의 병마용, Robin Chen / Wikimedia Commons.

491 1919년 1차 세계대전 당시의 벨기에 이프르Ypres 지역의 모습, William Lester King / Library of Congress, Washington, D.C.

493 유럽의 밤, U.S. Defense Meteorological Satellites Program(DMSP), and

NASA/Goddard Space Flight Center Scientific Visualization Studio. NASA.

493 저자 이미지.

Φ 덧붙여서

33. 생각해볼 문제들

500 'Three Philosophers', Giorgio da Castelfranco / The Bridgeman Art Library.
503 'The Interior of the Pantheon, Rome, looking North from the Main Altar to the Entrance'(1732), Giovanni Paolo Pannini / The Bridgeman Art Library.
507 'Creation of Adam', Michelangelo Buonarroti / The Bridgeman Art Library.
509 저자 이미지.

지은이
줄리오 토노니Giulio Tononi

author photograph courtesy of the author

정신과 의사이자 위스콘신대학교 정신의학과 교수로 수면과 의식에 관한 세계적 권위자다. 그를 '이 시대의 가장 독창적이고 영향력 있는 신경과학자' 반열에 오르게 해준 '통합정보이론integrated information theory'은, 의식경험의 상태를 신경과학의 입장에서 풀이한 유일무이한 이론으로 주목받았다. 주요 과학 저널은 물론이고 〈뉴욕타임스The New York Times〉와 〈이코노미스트The Economist〉에도 비중 있게 소개되었다.

노벨생리의학상 수상자인 제럴드 에덜먼Gerald Edelman과 함께 쓴《의식이라는 우주A Universe of Consciousness》는 뇌과학, 정신의학 전문가는 물론이고 일반 독자들에게도 널리 읽히는 명저로 꼽힌다. 그 외에도《의식은 언제 탄생하는가?》(공저)를 비롯해 여러 저서를 출간했고, 다수의 학술논문을 발표했다.

옮긴이 ## 려원기

정신건강의학과 전문의. 한국정신분석학회 정회원, 대한최면의학회 준회원이다. 경북대학교 의과대학을 졸업하고, 국립서울병원(현 국립정신건강센터)에서 수련하였다. 정신분석적 이론을 신경과학적 관점에서 재확인하고 검증하는 신경정신분석Neuropsychoanalysis 및 정동신경과학Affective neuroscience이 주된 관심사이다. "위대한 음악, 음악가 그리고 정신의학" 시리즈를 〈정신의학신문〉에 기고하고 있다.

파이
뇌로부터 영혼까지의 여행

2017년 6월 26일 초판 1쇄 | 2018년 8월 30일 4쇄 발행

지은이 · 줄리오 토노니
옮긴이 · 려원기

펴낸이 · 김상현, 최세현
책임편집 · 최세현, 김선도 | 디자인 · 森design
마케팅 · 김명래, 권금숙, 심규완, 양봉호, 임지윤, 최의범, 조히라
경영지원 · 김현우, 강신우 | 해외기획 · 우정민
펴낸곳 · (주)쌤앤파커스 | 출판신고 · 2006년 9월 25일 제406-2006-000210호
주소 · 경기도 파주시 회동길 174 파주출판도시
전화 · 031-960-4800 | 팩스 · 031-960-4806 | 이메일 · info@smpk.kr

ⓒ 줄리오 토노니(저작권자와 맺은 특약에 따라 검인을 생략합니다)

ISBN 978-89-6570-459-1 (03400)

• 이 책의 국립중앙도서관 출판시도서목록은 서지정보유통지원시스템 홈페이지(http://seoji.nl.go.kr)와
국가자료공동목록시스템(http://www.nl.go.kr/kolisnet)에서 이용하실 수 있습니다.
(CIP제어번호: CIP2017013378)

쌤앤파커스(Sam&Parkers)는 독자 여러분의 책에 관한 아이디어와 원고 투고를 설레는 마음으로 기다리고
있습니다. 책으로 엮기를 원하는 아이디어가 있으신 분은 이메일 book@smpk.kr로 간단한 개요와 취지,
연락처 등을 보내주세요. 머뭇거리지 말고 문을 두드리세요. 길이 열립니다.